はじめに

本書は、

EC運営のプロを目指す方、
現在、EC運営プロとしてEC業務の幅を広げたい方
短時間で、EC成長企業の取り組みを確認したい方

向けに、株式会社いつもが持つ、延べ9800件以上のEC参入・売上拡大支援で培ったノウハウ・事例から厳選してまとめました。

ECシフトが急加速する今、「ECサイト運営のバイブル」として、その時必要な知識・ノウハウを必要に応じて選んでいただき活用してください。

2020年は、「巣ごもり消費」の拡大の影響も含め、実店舗の一時閉鎖・閉店が相次ぎ、EC業界の歴史上最大級の「ECシフト」が起きた年となりました。

ECの市場規模も10兆円規模となり、百貨店の約5兆円を大きく超え、ドラッグストア・コンビニと並ぶ市場となっています。

多くのブランドメーカーは、自社ECサイト、楽天市場、Amazon、PayPayモールなどを活用して直接販売する「DtoC (Direct to Consumer)」モデルへの転換を加速させています。

一方で、EC運営を行う店舗間の競争も激しくなってきており、短期間で運営ノウハウを習得して、実践する必要性も高まっています。

今は「とりあえず売上が伸びそうだからECを始めよう」では思うように売上が伸びません。2020年以降は、すでにECで成長している企業の基本的な取組みを実行できる「プロレベルの運営」が必須な状況です。

ただ、実際のEC事業を行う企業においては、プロを育成するために教育する時間にも限りがあります。また、EC上位企業が取り組む、自社ECサイト、楽天市場、Amazon、Yahoo!ショッピング、PayPayモールなど複数チャネルに対応した知識や実践ノウハウを説明してくれる人材も少ない状況です。

本書はそのような状況を受けて、自分自身でプロの担当者になるための知識と実践ノウハウのポイントを学んでいただき、日々の業務で効率的に経験を積んでいただける内容になっております。

1章、2章では、プロの担当者に必要な基礎知識、EC事業を伸ばすための戦略・考え方を整理して掲載していますので、今後EC事業全体を担うことを想定してご一読ください。
3章からは、当社でプロ人材として活躍するメンバーが成長する中で特に必要と感じる項目を中心に、自社ECサイト・楽天市場・Amazon・Yahoo!ショッピング（PayPayモール）の主要販売チャネル別に実践ノウハウを掲載しております。自分の担当に限らない部分を含めて、EC成長企業が取り組んでいることを理解することにご活用ください。
これから数年は、急速にECに関わる業務が増えることに伴い、EC戦略策定から主要販売チャネル別に売上を伸ばせる「プロ人材」へのニーズが高まることは確実です。

今後10年で15兆～20兆円規模とも予測されているEC業界の中で、プロとして活躍するために、本書を「EC担当者として稼げる人材になるための教科書」としてご活用いただければ幸いです。

2021年2月
株式会社 いつも

執筆メンバー
立川 哲夫、高木 修、本多 正史、加藤 至繁、小関 里香、石井 千寛、浜田 佳祐、酒井 萌、米山 綾乃、鈴木 貴大、高橋 秀大、山内 綾子、三浦 文香、他

Contents

Chapter 1 プロの担当者に必要な知識 001

Chapter 2 ECの戦略・計画を立てる 043

Chapter 1

プロの担当者に必要な基礎知識

EC運営のプロとして活躍する上で最低限知っておいて欲しい項目に絞って掲載しました。
成長を続けるECの市場規模、商品を売る上で良い棚の変化、スマホファースト・アプリ化の状況、EC業界をリードする企業の動向、新潮流となるEC直販「DtoC」モデル、ECの成長を支える「フルフィルメント」の重要性、海外販路拡大を視野に入れて中国・ASEANの動向をまとめています。広い視点を持ちながら成長トレンドに乗るため知識の習得を目指してください。

Chapter 1-1

[日本のEC動向]

コンビニを超える勢いで成長を続けるEC市場

Keyword ECの市場規模、デジタルシェルフ、スマホファースト、ECプラットフォームのアプリ化

経済産業省の調査によると、現在日本の小売市場規模は約140兆円となり、そのうち物販分野におけるBtoC-EC市場規模は約9兆円。小売市場全体にしめるEコマースの比率は約8%となっています。図1-1-1にもあるように、EC市場はすでに百貨店の市場規模約5兆円を超え、日本中に店舗を展開するコンビニ市場をも上回る勢いで成長しています。

しかも、百貨店は引き続き売り場としては減少傾向で、コンビニも成長が成熟期に入っています。日本全体は2020年を機に以前よりも外に出て買い物をするという動きは鈍り、どこでも欲しいものが購入できるEコマース市場の成長が期待されており、予想では前年10%以上で成長する見込みとなっています。

日本全国の実店舗数はこれまで増え続けていましたが、2019年を境に減少に転じました。すでにアメリカではこの動きが進んでおり、Eコマースが成長するとともに実店舗数が減少しています。メーカー・ブランドにとって実店舗が減少し、新しい顧客との接点が減っていく中で、従来主要の卸経由で販売を行っていた、大手メーカーや全国展開している専門店など様々な業種がEコマースに新規参入・投資拡大する動きが目立っています。

「家ナカ消費」が加速する中、すべての企業にとってEコマースは外せない市場になっています※。

※ 経済産業省 大臣官房 調査統計グループ 経済解析室「2019年小売業販売を振り返る」参照。

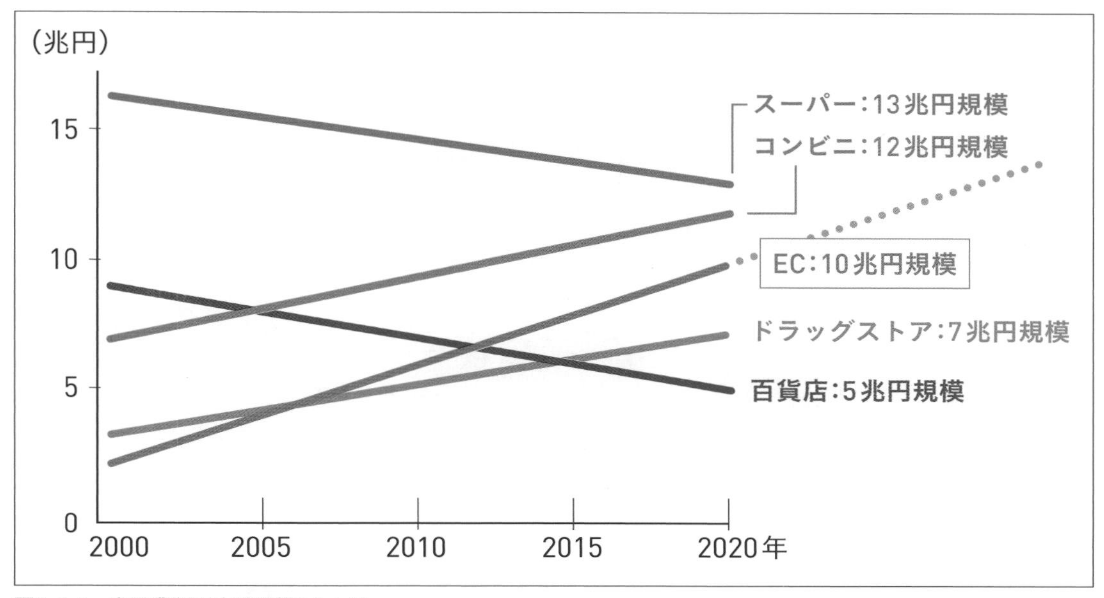

図1-1-1　**主要業種の市場規模トレンド**
出典：経済産業省：経済解析室「2019年商業販売額」および経済産業省「電子商取引に関する市場調査」(ECの市場規模について)を元に、簡易化して作図。

EC市場成長に伴う一等地の変化

販売チャネルとして前年比10%前後で成長し、数少ない市場として注目を集めるEC市場。一方でメーカー・ブランドは、これまで実店舗の「良い棚」を奪い合うという形でシェアを獲得してきました。ここではその「良い棚」の大きな変化を振り返っていきます(図1-1-2)。

2000年代までは、郊外型の専門店を中心に良い売り場が一等地として展開され、その売場の人通りの多い「エンド棚」や目にとまりやすく手に取りやすい「ゴールデンゾーン」に商品を展開することで売上が伸びるなど、実店舗の存在感がまだまだありました。

そこからPCでの取引を中心としたECが出始めます。2010年代に入るとスマートフォンが台頭し、一気にEC消費が増え始めます。

その頃には、高単価を中心に「良い売場」としての百貨店・地方都市の専門店の勢いが衰え、イオン・アリオ・ららぽーとといった郊外型ショッピングモールと、全国に行き渡るコンビニエンスストア・ドラッグストアの売り場価値が高まりました。

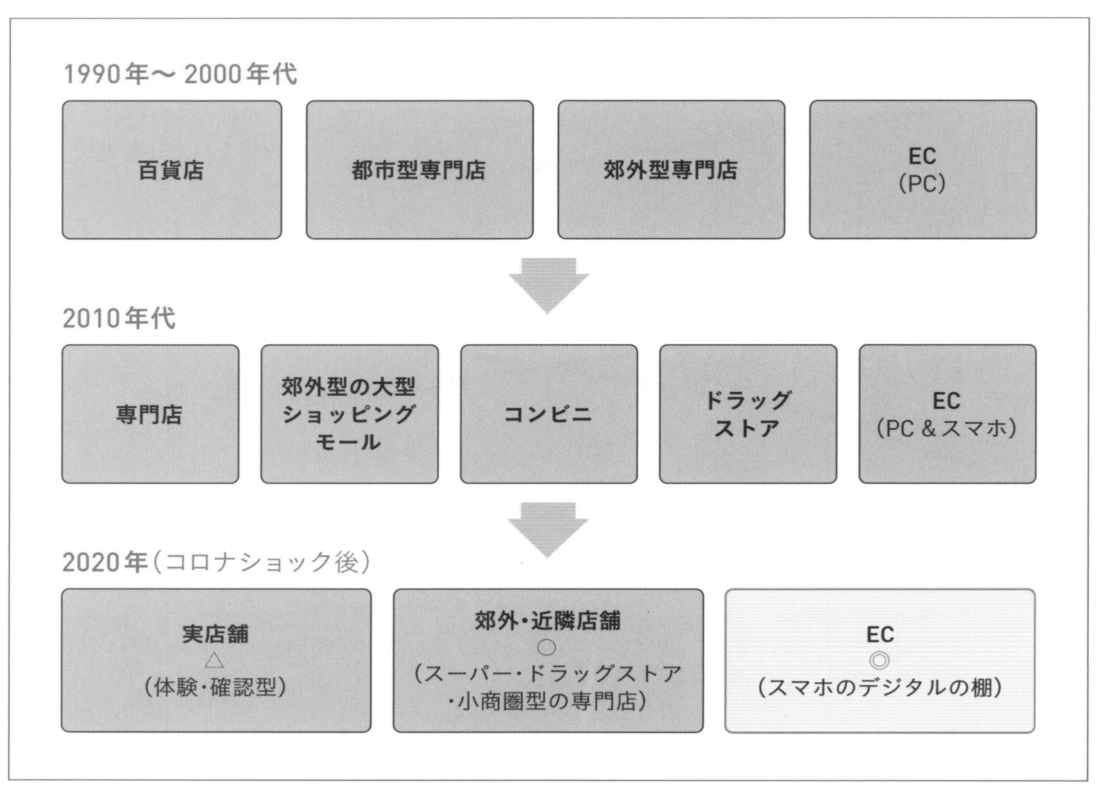

図1-1-2　**時代とともに「良い棚」が変わっていく**

さらに、売り場の価値は2020年代に入って大きく変わり、消費構造が大きく変わっています。わざわざ実店舗にいってモノを買うということが急速に減っており、実店舗はネットで調べた商品の実物を触って体感する場に移りつつあります。一方でスマートフォンを中心に、「デジタルの棚の価値」が高まり、どうやってデジタル上の一等地を確保するかという構造が主流になっています。このスマホ・アプリを中心とした「デジタル棚（デジタルシェルフ）」をいかに短期間で効率的に獲得していくかが、本書のテーマになります。商業の歴史は「良い場所」「良い棚」の奪い合いでした。この変化に対応できた企業のみ成長をしてきたという歴史があることを知っておいてください。

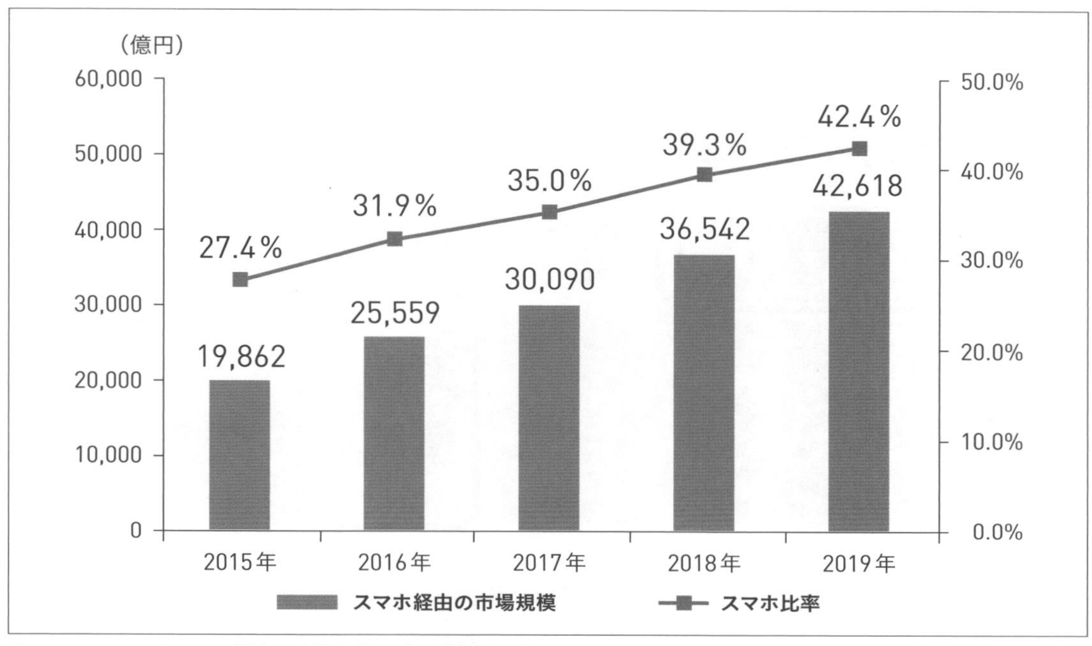

図1-1-3 **スマートフォン経由の市場規模の直近5年間の推移**
出典：経済産業省「電子商取引に関する市場調査」
(https://www.meti.go.jp/press/2020/07/20200722003/20200722003-1.pdf)

7割以上がスマホ経由へ。スマホシフトの現状

今やスマートフォンでの消費行動が当然のようになっていますが、今一度モバイルシフトの現状を確認しておきましょう。

スマートフォンの保有率を見ると、20代30代はほぼすべての人がスマートフォンを持っている状態で、40代では85%、50代でも約9割、60代でも50%に迫る勢いで保有率が上がっており、多くの年代でスマートフォン保有率は高くなっています。経済産業省の調査では、Eコマース全体でスマートフォン経由での利用率が40%に近づいてきており、5年前の30%に比べても確実に伸びています(図1-1-3)。

ECプラットフォームの楽天市場においては、スマホ比率が75%を超えている状況で、まさにこれからのEコマースは、すべてにおいて「スマホファースト」の取り組みが必須です。手元にあるスマホの各検索画面の中でも、最初の検索結果表示される場所が「一等地」に変わり、その一等地を獲得するための広告活用や上位表示されるための取組みが「EC運営」の重点テーマになります(図1-1-4)。

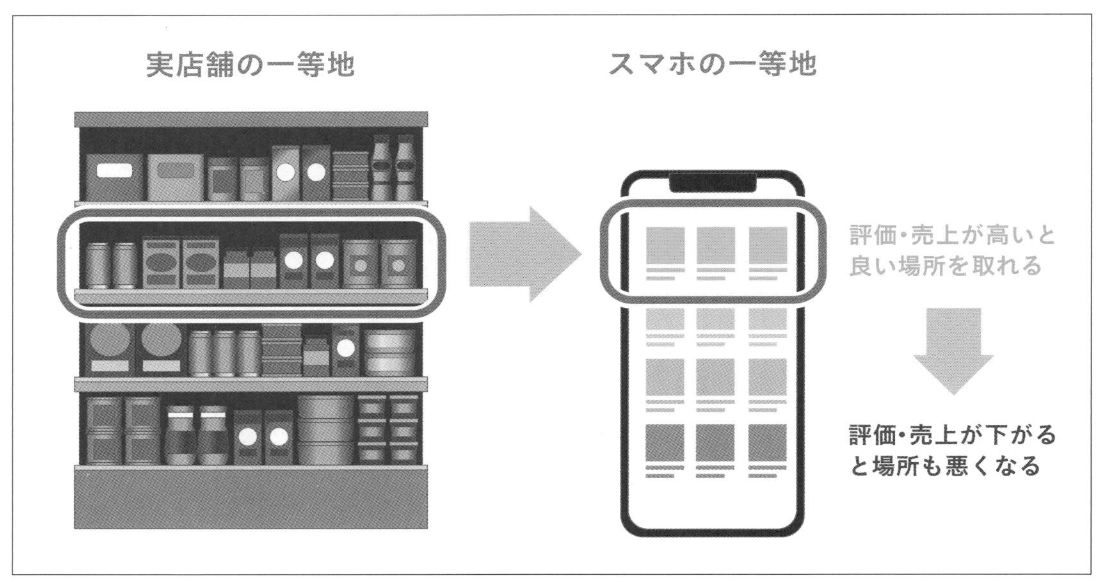

図1-1-4　**一等地が、スマホにシフト。「スマホファースト」対応が基本に**

　このような動きからも、メーカー・ブランドにとっては、従来の実店舗小売棚の特に「商品を手に取りやすい場所」が一等地となっていたものが、スマートフォンの「検索1ページ目の上位表示」が一等地に変わるということが言えるでしょう。

　また、EC大国の中国ではスマホ対応というより、有力な「アプリ」に顧客が集中しています。日本においても、EC関連アプリなら、Amazon、楽天市場、Yahoo!、ZOZOTOWN、メルカリなどに集中する可能性が高いです。スマホ化が進む中で、自社単独でアプリで顧客を囲い込める企業は、実店舗含めてすでに知名度のある、ユニクロ、ニトリ、ヨドバシカメラなどの各業界のトップランナーに集中する可能性が高いことを理解しておく必要があります。

Chapter 1-2

[EC企業の動向]

ランキングで見る成長企業の特徴

Keyword　複数出店比率、ECプラットフォーム

売上ランキングから見る成長企業の特徴

日本ネット経済新聞※が毎年調査しているネット通販売上高ランキングを確認すれば、日本のEC業界で成長している上位企業の特徴を知ることができます。特にECのランキングを見る際には、まず上位企業の顔ぶれと売上規模をつかみ、そのような企業がどのチャネルに出しているかということも合わせて確認しておきましょう。

※　日本ネット経済新聞 https://www.bci.co.jp/netkeizai

日本のEC市場規模を確認すると、ネット通販で年間売上50億円を超えると150位以内にランキングされます※。100億円を超えるとおよそ80位以内。300億円を超えると30位以内となっています(図1-2-1)。

※　ちなみにランキング第一位のAmazonは120%の伸びとなっているが、本ランキングに反映されているのはAmazon自身が仕入れて販売しているモデルで約9,000億円、これ以外に各企業が出店して販売するケースで、同等の売上があると言われている。

ランキング上位企業には、ヨドバシカメラ・上新電機・ビックカメラなど家電量販店が名前を連ねるほか、アスクル・ミスミ・モノタロウ・DELLなど法人向け(BtoB)EC企業の存在も目立っています。

直近のランキング上位企業の特徴としては、複数のチャネルに出店する企業の比率が増えている点で、自社のECサイトを持ちながら楽天市場・Amazon・Yahoo!ショッピング(PayPayモール)や、ファッションであればZOZOTOWNなど複数のプラットフォームに出店や出品をしています。売上を伸ばしている企業の代表格はニトリ・ユニクロ・アダストリアなどがありますが、いずれもメーカー小売型(SPA型)かつ自社で物流センターを持つような規模で展開している企業が、企業全体の売上に占めるネット売上比率も10%を超える勢いで伸ばしているのが特徴です。一方で、従来型のカタログ通販で強かった企業や百貨店・スーパー系の企業売上の伸び悩みも見受けられます。

EC業界に関わるプロとして、まずはランキング上位企業の売上規模感とスマホサイト・PCサイトを確認して、その特徴を掴んでおいてください。

順位	会社名	ネットショップ名	19年度売上高（百万円）	出店形態											取扱商品ジャンル
				独自サイト	楽天市場	ヤフー	PayPay	au Pay (Wowma!)	アマゾン	ポンパレ	ZOZOTOWN	Qoo10	海外モール	その他	
1	アマゾン（日本事業）	Amazon.co.jp	1,761,350	○											総合
2	アスクル	アスクル/LOHACO	360,000	○		○	○						○		日用品
3	MonotaRO	モノタロウ	126,543	○											工具
4	大塚商会	たのめーる	124,986	○											日用品
5	ヨドバシカメラ	ヨドバシカメラドットコム	122,000	○											家電
6	資生堂	ワタシプラス	120,000	○											化粧品
7	ミスミグループ本社	MiSUMi-VONA	113,215	○											金型部品
8	ビックカメラ	ビックカメラドットコム	108,100	○	○		○								家電
9	楽天（直販事業）	爽快ドラッグ／ケンコーコム	100,000	○	○	○		○	○	○		○	○		日用品
10	ユニクロ	ユニクロオンラインストア	83,200	○											アパレル
11	カウネット	カウネット	68,000	○	○	○	○		○						オフィス用品
12	ビィ・フォアード	BE FORWARD.JP	67,145	○											中古車
13	ディノス・セシール	ディノスオンラインショップ/セシールオンラインショップ	58,165	○	○	○		○	○						総合
14	デル	DELL	58,000	○	○	○			○						ＰＣ
15	上新電機	Joshin web	57,134	○	○	○	○	○	○						家電
16	ジャパネットたかた	ジャパネットたかたメディアミックスショッピング	55,000	○		○									総合
17	ヤマダ電機	ヤマダウェブコム	50,000	○	○	○	○	○							家電
17	花王	花王ダイレクト販売サービス	50,000	○					○						トイレタリー
19	ファンケル	ファンケルオンライン	49,896	○	○	○			○					○	化粧品・健康食品
20	千趣会	ベルメゾンネット	45,000	○	○	○			○						総合
21	ニトリ	ニトリネット	44,300	○	○	○									家具
22	アダストリア	.St	43,600	○	○						○			○	アパレル
23	キタムラ	デジカメオンライン	40,000	○	○	○	○		○						カメラ
23	ソニーマーケティング	ソニーストア	40,000	○											ＰＣ
23	マウスコンピューター	マウスコンピューター	40,000	○											ＰＣ
26	イトーヨーカ堂	イトーヨーカドー ネットスーパー	39,732	○											総合
27	ベイクルーズグループ	スタイルクルーズ	39,500	○							○			○	アパレル
28	MOA	PREMOA	37,133	○	○		○	○	○	○				○	家電
29	TSIホールディングス	mix.tokyo	36,337	○							○			○	アパレル
30	オイシックス・ラ・大地	Oisix	35,820	○											食品

図1-2-1　**ネット通販売上高ランキング（2019年度 1～30位）**
データ出典：日本ネット経済新聞

存在感を増す巨大ECプラットフォーム

日本のEC市場は、全体で約10兆円規模に成長する中で、主なECプラットフォームである楽天市場・Amazon・Yahoo!（PayPayモール、ZOZOTOWN）をすべて合わせると約7兆円規模で、EC全体の約7割を占めています。市場全体からECプラットフォーム市場を引いた、自社ECサイトやカタログ通販の総合サイトなどが残り3割を占める状況となっています。スマートフォン化が進み、楽天市場・Amazon・Yahoo!・ZOZOTOWNといった、アプリに強いECサイトの安定性が目立っていると言えるでしょう（図1-2-2）。

その中で、楽天市場はEC物販系の年間流通総額3兆円を突破しており、

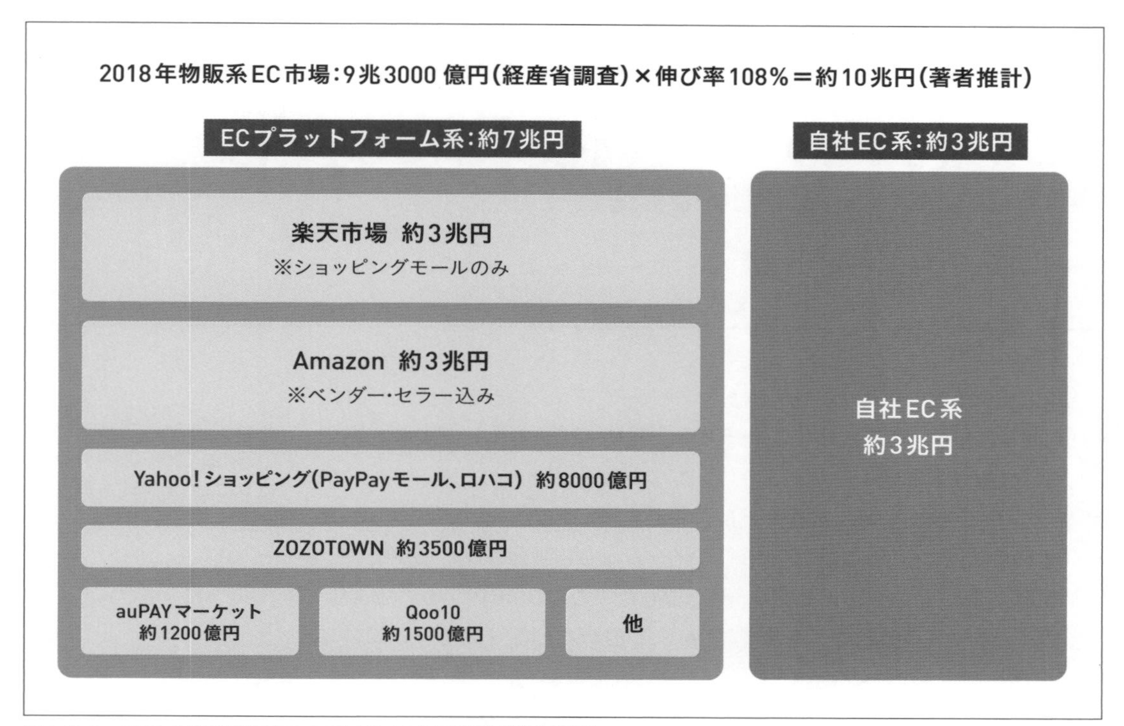

図1-2-2 **2019年度物販系EC市場は約10兆円規模（著者推計）**

Amazonも推計で3兆円に近付いていると言われています。いずれも前年110%を超える勢いで、今も成長を続けている状況ですので、ここにきて大手メーカー・知名度のあるブランドが新たにお客さまとの接点を求めて、楽天市場・Amazonを活用する機会が増えてきています。

Yahoo!ショッピングも、最近ではZOZOTOWNと連携し、その中でプレミアムモールとして決済連携しているPayPayモールの市場拡大が期待されています。当面は楽天市場・Amazon・PayPayモール（ZOZOTOWN）の3大プラットフォームが中心となって日本のEC市場を牽引していく情勢です。

このようなECプラットフォームが成長する分、店舗同士競争も激しくなり、シェア・ポジション争いも激しく続いていくこととなるでしょう。

巨大ECプラットフォーム中心に市場が伸びているアメリカ・中国では、良好なレビューを持っている企業か、知名度があり広告予算を持つ企業にお客が集まる傾向が強まっています。日本のECプラットフォームの成長余地は大きいので、先行者利益が残っている間に、良好なレビューを増やしたり、広告の最適活用ができるノウハウを身に着けていくことが必要です。

Chapter 1-3

[ECビジネスモデルの動向]

ビジネスモデルの転換「DtoC」とは

Keyword　日本流DtoC（D2C）、メーカーのEC直販、DtoCの3つのモデル

日本のEC業界の最近のトレンドは、メーカーやブランドを持つ企業がSNSやECサイトを通じて直接販売を行うDtoC※というビジネスモデルが主流になりつつあります。図1-3-1のように日本では従来、メーカーやブランドが卸や代理店を通して販売するモデルが中心だったのに対して、アメリカでは3年前くらいからソーシャルを中心にメーカー自らお客さまと接点を持って販売するところからDtoCがスタートしました。このDtoCの広がりにより、メーカー企業がEC直販参入を加速させ、EC直販を増やすためのビジネスモデル転換のきっかけになっています。

※　DtoC
Direct to Consumerの略。D2Cと略すこともある。

昨今、日本でも実店舗減少が加速し、メーカーの商品が置いてあった棚が減少したり店舗での人件費削減が進むことにより自社商品を接客にて説明・販売してもらう機会が減ってしまうという背景から、メーカー自らが顧客接点を持って商品を売ろうとする動きが活発になっているのです。

現在、DtoCのモデルは大きく3つに整理できます。

1. 小規模の都度対応型DtoC（EC比率：90%以上）

ほぼ通常のECが中心で、問い合わせのあったお客さまのみショールームなどに来店対応する程度。既存のECオフィス・ショールームを使って来店できるようにしている。

2. 体験型DtoC（EC比率：70%程度）

ECで十分な売上を上げており、顧客との接点を積極的に求めて主要都市に3〜10店舗ほどの体験型ショップを展開している。

3. 有名ブランドによるDtoC（EC比率：20%以下）

アンダーアーマー・ナイキ・ネスレに代表されるような、すでに有名なブランドを持っており、実店舗での売上が大きい企業が自分たちのブランドショップを展開している。

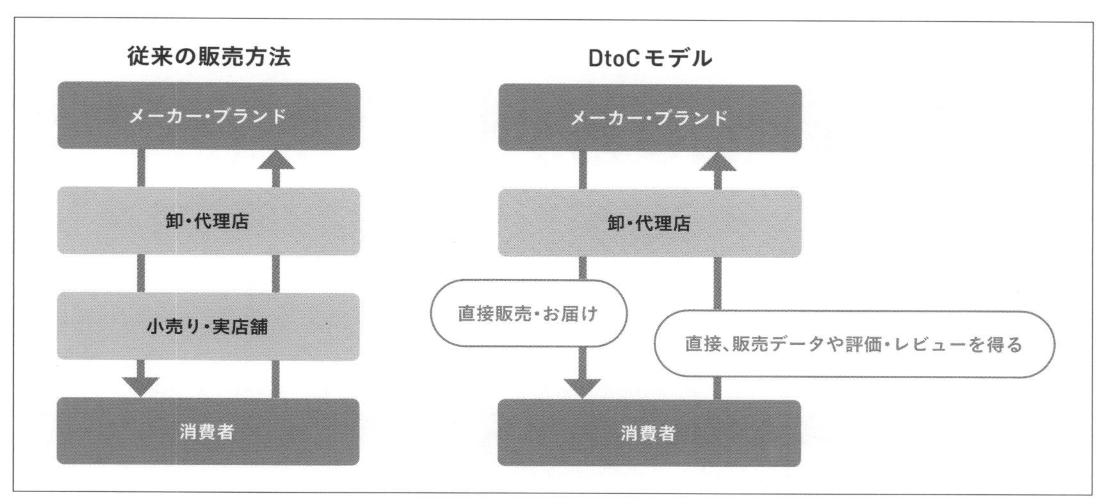

図1-3-1　**従来の販売方法とDtoCモデルの違い**

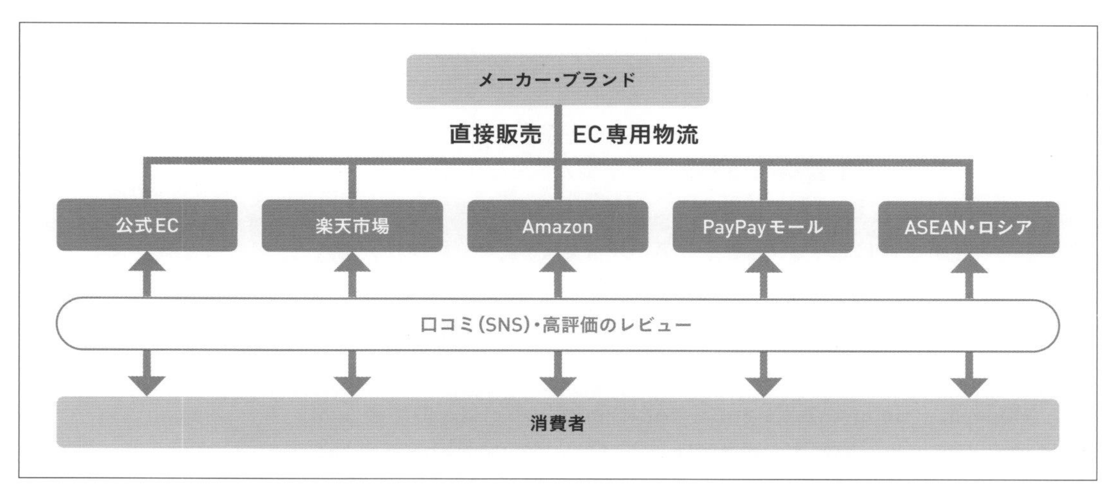

図1-3-2　**いつも式「日本流DtoC」販売モデル**

ただし、DtoCで先行したアメリカではすでに参入障壁の低さから、競争激化により先行したDtoCブランドも業績を落とすという現象が出始めています。日本市場においては、日本でECの顧客を集めるAmazon・楽天市場・Yahoo!ショッピング（PayPayモール）と、中国・ASEAN・ロシアなどの越境ECでメーカーが直接販売するという日本流のDtoCが主流になっていくでしょう（図1-3-2）。

Chapter 1-4

[ECビジネスモデルの動向]

ECで実店舗の役割が進化する

Keyword　店舗のショールーム化、デジタルトランスフォーメーション、ブランド価値評価の変化

在庫・接客が必要なくなる？実店舗の役割が変わる

2020年3月度のコロナウイルス拡大時に著者が調査したデータによると、以前より実店舗に行かなくなったという消費者の比率が30%以上増えているという結果が出ており、従来のように実店舗で接客を受けながら商品を選んで購入するというモデルが大きく変わりつつあります。このような流れも受けて、今後実店舗は商品の確認と体験の場としての役割が中心になっていくでしょう。よって従来のように豊富な種類の在庫も抱えながら接客販売で売上を伸ばしていくというモデルがなくなっていく可能性が高くなっています。

さらに5G時代が到来すれば、図1-4-1のように実店舗の役割が変化する流れを加速するでしょう。生活のあらゆる行動をスマホ、ウェアラブル端末、家電製品、「Google Assistant」、「Amazon Alexa」などの音声認識スピーカーが把握し、AIが商品を提案してくれたり、従来の実店舗にあるような商品がスマートフォンを介して手のひらの中で確認して購入できる流れが多くなるでしょう。

一方、実店舗ではECサイトも含めた全店の在庫を即時に確認したり、バーチャルで試着できるようになり、店舗からネットで購入して家で受け取れるといったモデルも増えてくるでしょう。

このように2020年が大きな転換点となり、実店舗が増えることで売上を伸ばしていくモデルが崩壊し、「デジタル化」「オンライン化」に対応した新しい店舗のモデルが開発され進化していく一方で、スマートフォンを中心とした商品検索結果画面の「デジタル上の棚＝デジタルシェルフ」の獲得とデジタル上での接客（情報提供）・レビューの蓄積を増やす取り組みがECのプロ人材に求められることになります。

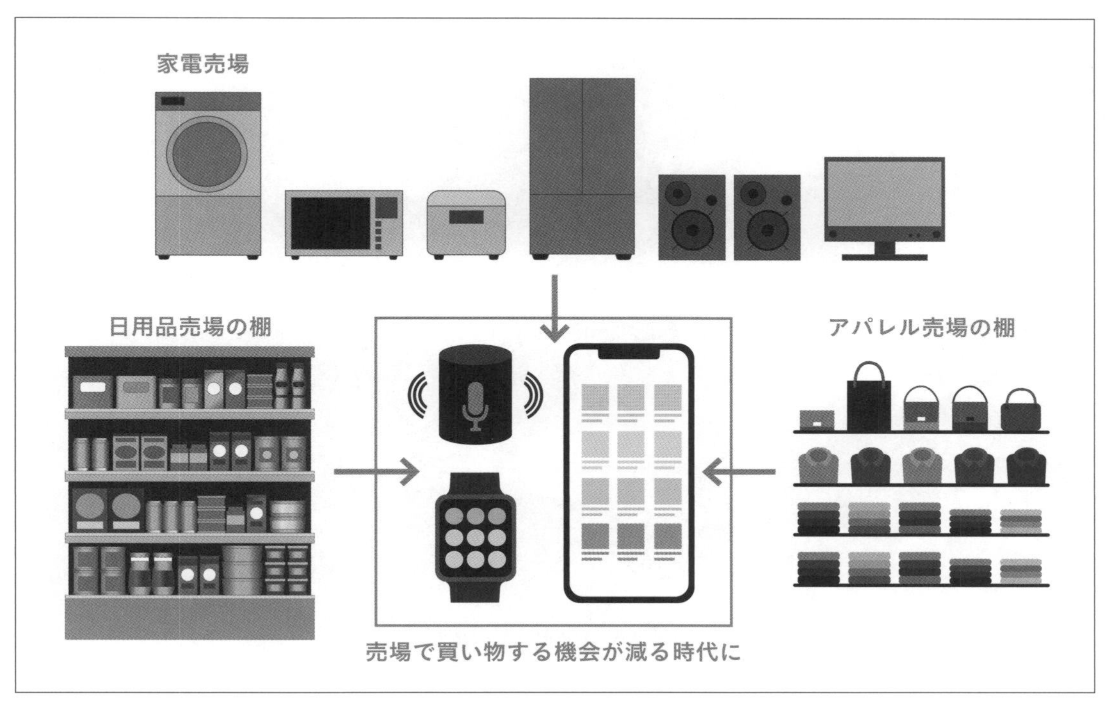

図1-4-1　**実店舗の役割の変化**

ブランド価値評価法が変わる。ECビッグデータ×実店舗データの融合が必須

いま小売業界では、デジタル化を推進するデジタルトランスフォーメーション（DX）という取り組みが重要視されており、「DX推進できない企業は成長できない」というくらいの危機感のもと、デジタル対応が重要テーマとなっています。それに伴い、ブランドの価値評価の仕方も図1-4-2のように変わりつつあります。

商品を製造し販売する企業において、従来はPOSデータから出てくるデータや店舗運営企業経由で集まるお客さまの声、もしくはインターネット調査によるお客さまの評価、生活行動分析やテレビコマーシャルの投下量によって認知度の高さを評価するという方法が主流でした。

しかし、アメリカで先行しているSNSやGoogle・Amazonなどの検索などのデジタル情報が消費判断に半分以上影響するということも分かってきており、SNSでの投稿量やウェブ広告上のシェアなど、デジタル上の行動に価値があり、正確に評価する必要があります。

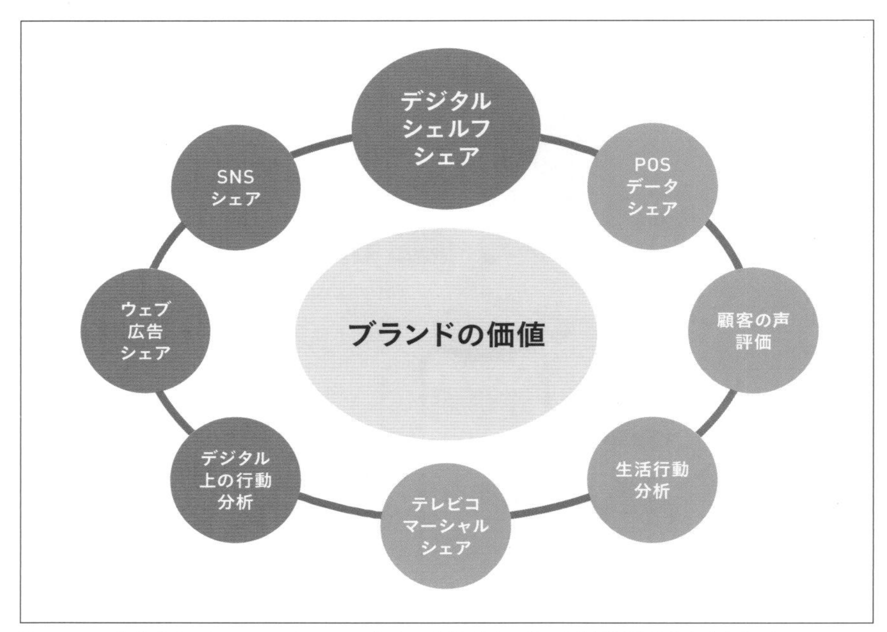

図1-4-2 「デジタルシェルフ」シェアの台頭によりブランドの価値計測が大きく変わる

例えば最終的には楽天市場で購入された商品であっても、TwitterやInstagramで情報収集し、GoogleやAmazonで評価を確認。そして楽天市場で購入するという様々な行動を通しているため、正確なブランド価値を判断するためには、デジタル上の行動すべてを分析する必要があるのです。

もう1つ、「デジタルシェルフ」シェアという概念を著者は提唱しています。自社の公式ECサイト・楽天市場・Amazonといったデジタル上で、主にスマートフォンでどれだけ良い棚を獲れているかが重要で、デジタル上の棚でシェアを獲れているか、価値を評価するように変わってきています。特に新興ブランドはデジタル上でのシェアや評価の高さを、データを集めて分析していくことが主流になっていくことを理解しておいてください。

Chapter 1-5

[ECビジネスモデルの動向]

DtoCで注目集める「サブスクリプション」

Keyword　サブスクリプション、定期購入、頒布会

いま世の中でサブスクリプション（サブスク）というビジネスモデルが注目を集めています。

サブスクリプションとは、商品やサービスを一定期間ごとに一定の金額（利用料）で提供するビジネスモデルのことで、一般的にサブスクリプション方式で販売される内容は、商品やサービスそのものではなく、定期的に利用する権利を指します（図1-5-1）。

代表的なものでは、Amazon PrimeやNetflixなどがありますが、アパレルやファッション雑貨で毎月違う服を選んでレンタルのように利用できるモデルも存在します。ただし、ECでは物が介在することが多いため、「定期購入」や「頒布会」と呼ばれるような販売モデルの方が主流となっています。

定期購入は主に健康食品や化粧品などを扱う企業が取り組むことが多く、最近は特に若年層を定期購入に引き上げる難易度が高い傾向にあります。定期購入に引き上げるには、電話で直接話をして定期購入のメリットを進めるようなコールセンター機能を持つ会社のほうが有利で、特に年代が少し上の層の利用が高まっています。

また、「ネスカフェ バリスタ」や「ビールサーバー」のように最初に機械を無料か安価で配布し、中身を定期的に購入してもらうモデルや、アメリカの洗剤メーカーのようにボトルが最初に届いて、その後定期的に詰め替えパックが届けられる「eco」をコンセプトとしたモデルも広がっています。

頒布会は季節の商品などを決まった金額分、定期的に届ける販売モデルで、スイーツ・果物・お酒など食品系で取り組む企業が多い販売モデルです。定期的に商品をお客さまに提供するため、顧客基盤が安定し、計画的に商品を作って提供できることがメリットになります。

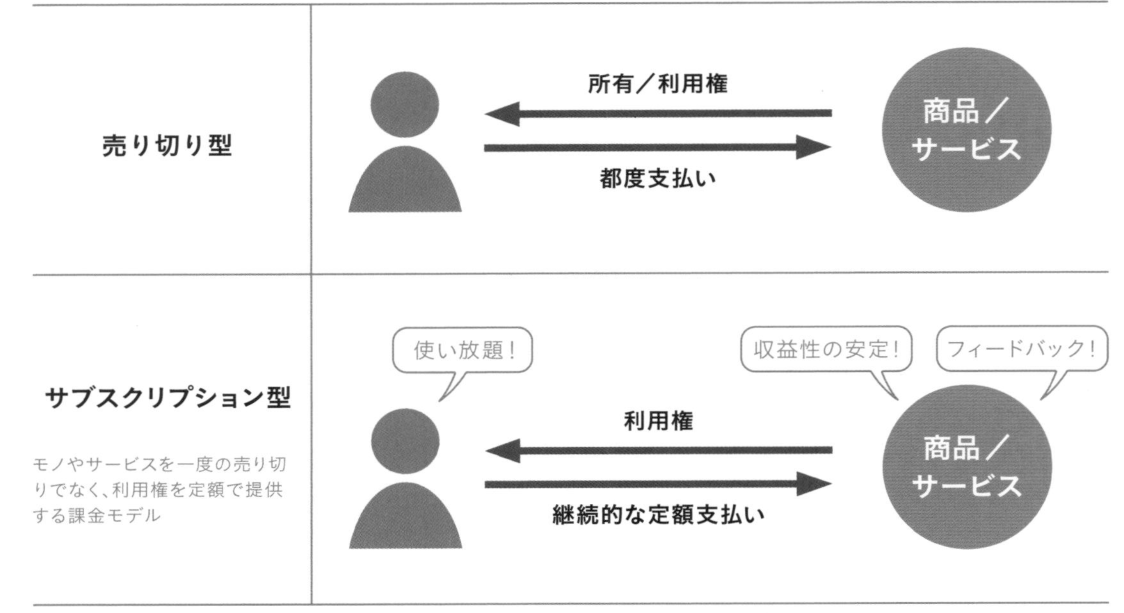

図1-5-1 「サブスクリプション」モデル

ただし、定期購入や頒布会は会員獲得や誘導までのコスト・手間がかかる場合もあるため、安定的に増やしていく事が難しく、最近ではスマホ経由の購入も増えているため、LINEやアプリで直接リピートを促すような販売手法が主流になりつつあります。

注目の「DtoC」は、自社ECサイトがメインとなりますが、自社ECサイト中心にリピートモデル＝サブスクモデルを行う企業が増えてくることを知っておいてください。

Chapter 1-6

[EC運営の動向]

ECの成長を支える「フルフィルメント」の現場

Keyword　レビューの評価と直結、受注スルー率、受注管理システム

Chapter 1

お客さまから注文を頂いてからお手元に商品をお届けするまでの、バックヤード業務の全てを「フルフィルメント」と呼びます。

注文が入ってから、注文処理や問い合わせ対応、物流における倉庫からのピッキング・同梱・配送業者引き渡しまでの全ての流れはもちろん、商品がお客さまの手元に届いた後の返品交換対応まで、全てを含めてフルフィルメントと総称します(図1-6-1)。

ECにおいてフルフィルメントは非常に重要です。

サイトを見栄え良く作って導線なども整え、広告も活用してお客さまを呼ぶことができても、

- **物が納期通り届かない**
- **梱包の中がぐちゃぐちゃ**
- **コールセンターの問い合わせ対応が悪い**
- **メールの返信がない**
- **顧客への対応が悪い**

などフルフィルメントが良くない状態の場合、レビューの評価が下がり、リピート率や売上が下がってしまいます。フルフィルメントはECの中でもお客さまの評判に直結する場所となるため、重要なポイントと言えるでしょう。

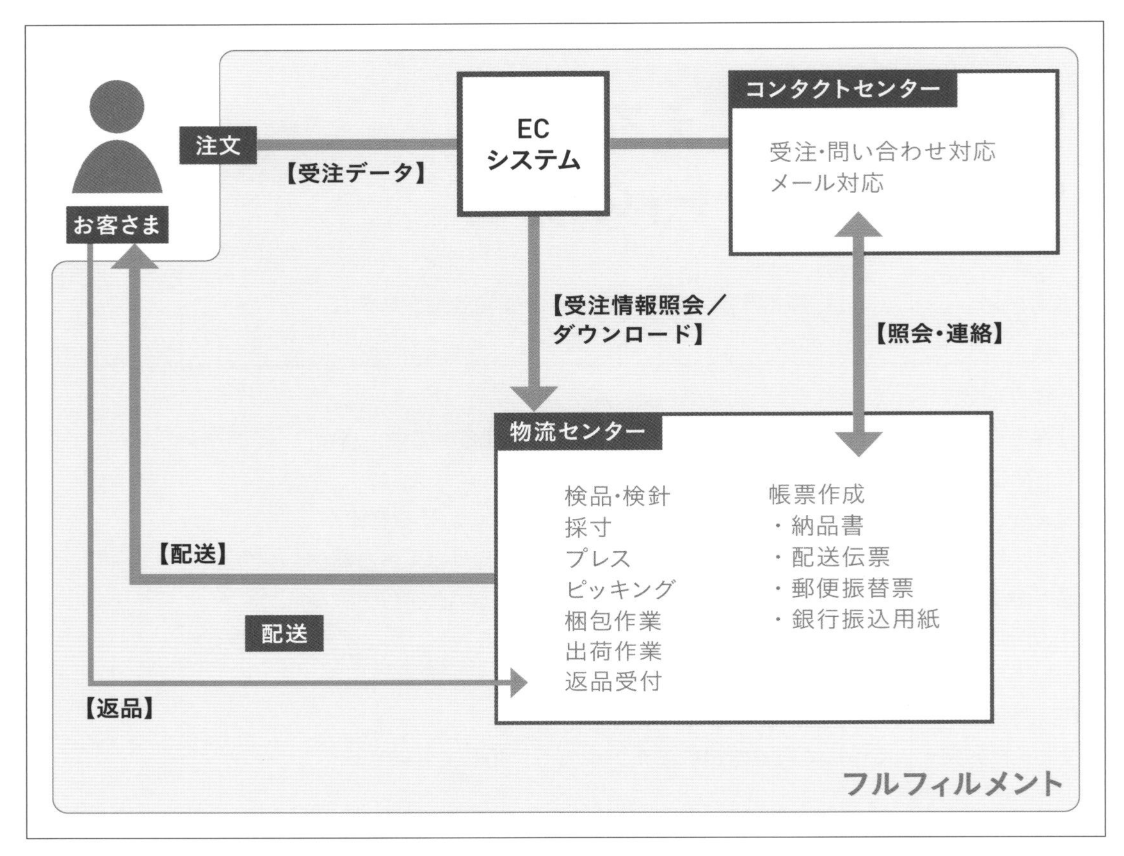

図1-6-1　フルフィルメントの全体図

レビューの評価に大きく影響する

ECで商品を販売する際、サイト作りや広告・集客が重視されがちですが、レビューでの評価も含めて、フルフィルメントの改善は強く意識するべき部分なのです。

特に昨今は「またこのお店を使いたい」「次回も購入したい」などの、ポジティブなレビューを参考にして購入される方も多くなっています。フルフィルメントを充実させて、高い評価を得ることで、新規の方でもレビューを見て安心して注文してくれるようになるため、カスタマーサービスとフルフィルメントの対応を、重要視して考える必要があります。

EC成長とともに増え続けるフルフィルメント業務

最初にお客さまから注文が入り、発送できる状態か確認を行い、倉庫に出荷指示を出すまでの作業を受注処理と呼びます。

楽天市場・Amazonなどのモールカートの注文処理の場合、キャンセル・色の変更・送付先住所の変更・各種決済処理のほか、支払い方法がクレジットカードであればオーソリと呼ばれる与信確認、前払いの場合はコンビニ・銀行振込など入金処理の確認、注文時の備考欄に要望や質問が入っている場合は、確認して注文に反映したりメール返信を行います。

他にもギフトラッピングの希望や配達の希望日・時間帯の確認、商品によって配送方法を宅配・メール便によるポスト投函かの確認など、全てをチェックしてから、お客さまに注文確認メールを送ります。

また、お店によって様々ですが、ノベルティやサンプルなどを同梱して出荷する対象者の確認や、○回目の購入の場合はプレゼントを同梱するなど、条件を確認して出荷指示を出す作業も発生します。

注文処理が終われば、出荷指示書や納品書、配送業者の荷札や送り状を確認して、出荷指示を出します。出荷指示が終われば、物流会社の荷物番号を確認して、お客さまに注文商品の確認と物流会社・荷物番号などを発送完了メールとして送信します。

商品が手元に届いた後も、数日後には商品はいかがでしたかといったフォローメールを送ったり、手元に届いた商品に間違いがあったり中身に破損などがあった場合の返品交換など、アフターフォローまで含まれます。

ざっと書き出しただけで、これだけある業務を全て手動で対応しようと思うと、大変な手間がかかります。まだ規模が大きくない店舗などは手動でも対応できますが、1日100件を超える規模になってくると、それだけで1～2人の担当者がつきっきりで対応することになる上、ミスも起きやすくなり、お客さまに迷惑をかける原因になってしまいます。

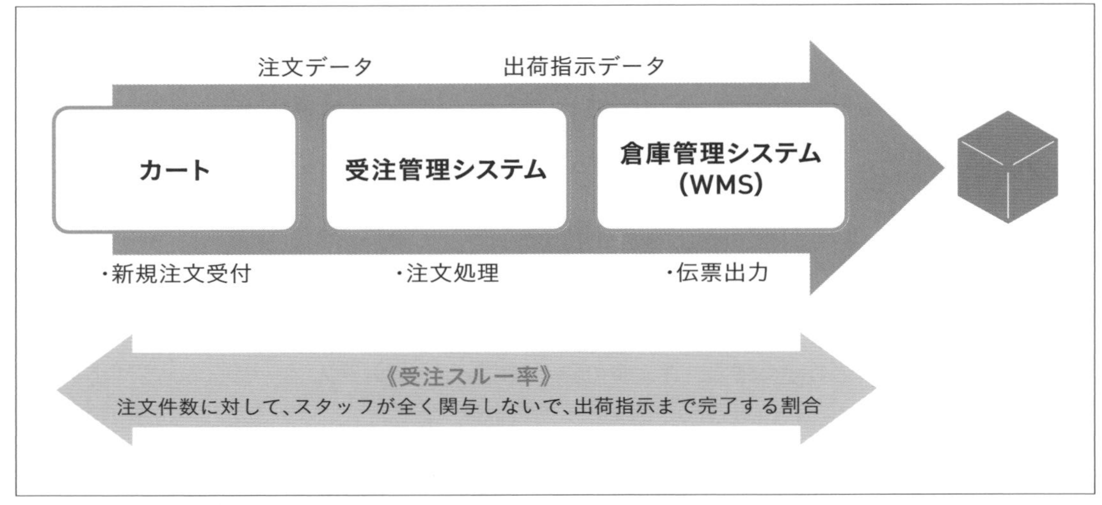

図1-6-2　受注スルー率の概念図

自動化の指標「受注スルー率」を高める

そこでフルフィルメントの1つの指標としてどれだけ自動化ができているかを示す、「受注スルー率」という指標があります。この受注スルー率を高めるため、ネクストエンジン※やクロスモール※などに代表される受注管理システムというものがあります（図1-6-2）。

自社ECサイト、楽天市場・Amazon・Yahoo!などのECモールの注文情報を一旦受注管理システムに取り込むことで、前に書いたような大体の処理を一気に自動処理できるようになります。都度お送りするメールも、手動で1件1件対応する必要がなくなり、全て受注管理システムで一括自動配信できるため、人の手で作業したり、目視で確認することを減らすことで、当日12時までの出荷など最短発送を可能にするだけでなく、人的ミスもなくなります。

金額はまちまちですが、気軽に利用できる受注管理システムも多数あるため、売上が伸びていき規模が大きくなる先のことを考えれば、受注スルー率を上げ、時短でミスなく受注管理をスムーズに行うことができるようになる、受注管理システムの活用を検討してみると良いでしょう。

※　ネクストエンジン
https://www.facebook.com/

※　クロスモール
https://cross-mall.jp/

Chapter 1-7

[EC運営の動向]

進化するEC専用の物流倉庫

Keyword　倉庫管理システム、ピッキングリスト、ロケーション管理、感動を生む梱包箱の工夫

倉庫管理システム「WMS」連携が基本に

受注処理で出荷指示が出た後の物流倉庫の作業は、標準的なものでは、注文内容が記載されているピッキングリスト、商品に同梱して発送する納品書、配送会社の送り状の3種類の帳票を印刷して、1注文ずつセットするところからスタートします。

ピッキングリストを確認して、倉庫の棚から商品を探してピッキングし、中身が合っているか検品を行います。アパレルであれば丈つめや、腕時計であればベルトとフェイスの組み合わせセットやコマ詰めなど、取り扱い商材によって付帯作業が伴います。商品の準備が完了すれば梱包作業に入り、ちょうど良いサイズの箱に帳票・同梱物・商品を入れて、送り状を貼付して出荷となります。

このような出荷作業において、最近は**WMS**※を活用するケースが多く標準化されつつあります。

※　WMS
Warehouse Management System
倉庫管理システムの総称。

WMSを使うことで、まず商品のロケーション管理が可能となります。**ロケーション管理**とは、商品が置いてある棚に、何丁目何番地といった住所のようなデータがあり、どの棚にどのような商品がいくつ入っているかを全て管理できるようになるというものです。

出荷指示が出た際に、注文のピッキングリストに住所が記載されており、すぐに棚から該当商品をピッキングすることが可能となるため、初めて倉庫作業を行う人でも、商品のある場所にすぐたどり着くことができます。

WMSがない場合、どの棚にどの商品があるのか記憶する必要があり、初めのうちは誰かに聞いたり、棚を端から探す必要が発生してしまい、どうしても属人化してしまいます。ロケーション管理することで誰でも素早く、ミスもなくなる上、バーコードをスキャンするだけで検品も行うことが可能になります。例えば、目視でトップスはAのブラウスのＭサイズでピンクと

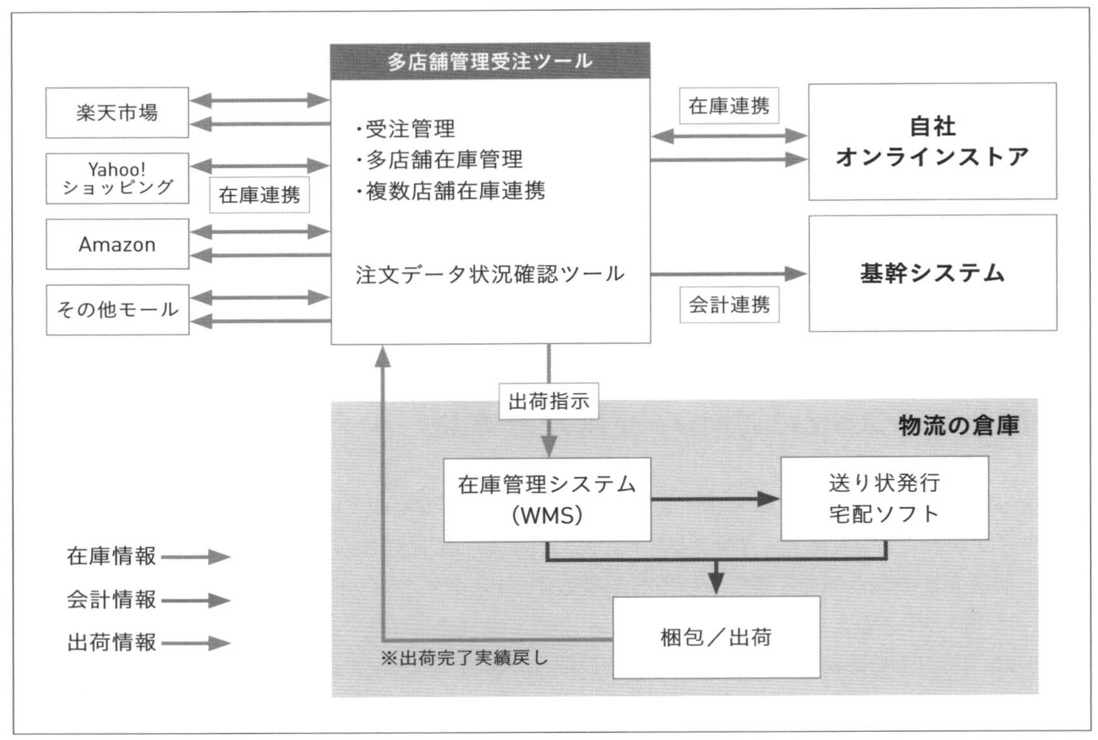

図1-7-1　**倉庫管理システムの全体像イメージ**

いう情報を、目で見て現物を確認する必要がなくなります。取り違えの場合、エラーが出て、合っていれば確定できるため、スムーズに出荷作業を行うことができるようになります。

さらにWMSに登録することで在庫の管理もデータで行うことができ、検品の際には送り状にもバーコードが付いているため、送り状もスキャンするだけで確認することができるようになります。出荷作業をする際は、スキャナを使ってピッキングリストや納品書などをスキャンし、中身や送り状の検品も全てバーコードで可能となります。2件以上続けて作業を行う際、納品書の入れ間違いなどもスキャナーを使うことで防ぐことができるため利点が多くミスが減ります。

特に納品書は個人情報が載っているものなので、入れ間違い＝個人情報の流出となってしまうため、システムで管理できるメリットは大きくなります。個人情報を気にする人は、入れ間違いが合った際にレビューに書かれてしまい、お店の信用度にも直結してしまうため、WMSを使うところが増えているのです。

顧客満足度を高める対応力で差がつく

出荷作業で、お客さまの満足度を増やしてファンを増やすためには、初回購入者には、お店で扱う商品カタログを同梱したり、2回目購入の方にはすでにカタログを送っているため、店が推したい別の新商品カタログやサンプルなど同梱物の入れ分けを行うことも有効です。また、ブランドコンセプトに合った箱を用意することなども、レビューに写真を貼られたりするため「**箱を開けた際にテンションが上がった**」などお客さまの満足度アップに繋がります。一方でポストに入るギリギリのサイズにして不在時の持ち帰りを減らしたり、資材や箱は基本ゴミとなるためなるべくコンパクトにするなど、小さな商品はコンパクトな梱包を実現することでも満足度を上げることに繋がります。このように、物流の観点からリピーターを増やしたり、売上アップに繋がることも多く存在します※。

※　パッケージの工夫については、Chapter 3-16も参照。

自社で物流・受注管理・カスタマーサポートなどをやるのであれば、意識してできることをやっていく必要があります。外注であれば、フルフィルメントが大事なことを踏まえて、委託先の物流倉庫や受注処理を代行してくれる会社が、実際にどこまで対応してくれるのか、確認検討しておくことがその後重要になります。できれば安い方が良いという判断で選んでも、ECの規模が成長した後でやりたいことが出てきた際に、対応できなくなる倉庫も多いため、その度に倉庫を変えるのは負荷がかかってしまいます。先を見据えて、どこまで対応できるのかを検討した上で外部に委託するようにしましょう。

Chapter 1-8

[EC運営の動向]

次世代型のEC物流が主流に

Keyword 顧客満足度を高める、カスタマーエクスペリエンス(CX)、自動化、省人化、従量課金制

ネット通販売上高ランキングでの上位企業の特徴として、Amazon・ヨドバシカメラ・ZOZOTOWN・ユニクロ・ニトリなど、自ら物流センターを持ち、注文から出荷まで高機能なEC専用物流センターで対応できる点があります。今後、EC業界ではこれらの企業のように高機能なロジスティクス・フルフィルメントや物流倉庫と同等のものを持ちマネジメントすることが、これからECに参入する企業にも求められています(図1-8-1)。

DtoCを支えるEC物流の変化

著者が考える日本流DtoCモデルを支えるEC物流に対応するポイントは3つあります。

まず従来のように単純に倉庫作業が正確で、早くて安いということは当然のこととして、今後は運営する店舗の購入顧客の高評価に繋がり、レビューをすみやかに増やせたり、リピートがしやすいといった「顧客満足度を高める」「顧客体験(カスタマーエクスペリエンス)」という視点を実現できるフルフィルメントが求められるようになります。

次に日本流の複数チャネルで販売する場合、それぞれに違うシステムを繋いで1つのシステムで統合しながら物流センターと繋ぎ合わせる、システムのワンプラットフォーム化が必須となります。

3つ目は料金体系です。従来の物流は面積に応じて固定費がかかる料金体系が基本でしたが、今後は巨大な次世代型倉庫をシェアしながら、そのとき取り扱う荷物の量に応じて変動する「変動費型モデル」が中心になっていきます。今後、感染症拡大や人件費高騰に備えて「人に頼り過ぎない」ロジスティクスが主流となり、ロボット活用※が標準化されてくることが予測されますが、シェアリング型であれば1つの企業が大規模な投資を行うことなく、複数企業でシェアすることができるため、早期の対応が必要になります。

※ ロボット活用＝ロボティクス
ロボットの設計・製作・制御を行う「ロボット工学」。物流の現場でも活用が広がっている。

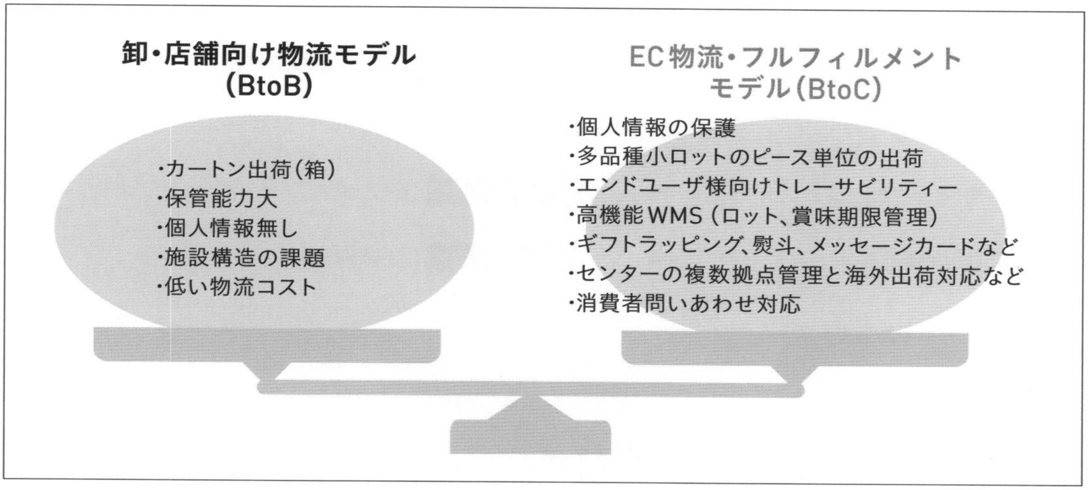

図1-8-1　EC物流選定のためのキーワード

2020年以降のEC物流キーワードは自動化・省人化

配送会社の運賃値上げや、倉庫スタッフの人手不足など、物流を取り巻く事業環境は厳しさを増しています。こうした課題に立ち向かう上で、キーワードは倉庫の「自動化」と「省人化」となっています(図1-8-2)。

ピッキングや製函※、梱包、仕分けといった業務はこれまで人の手で行うのが一般的でしたが、近年はそうした作業をロボットに置き換え、自動化する動きが急速に進んでいます。

標準化できる作業はロボットが担い、個別対応が必要なギフトラッピングや機械による自動化が難しい作業だけ人間が行う。こうしたハイブリッド型の物流によって、ECのサービスを強化しながら作業の効率化を追求することが、EC物流のスタンダードになるでしょう。

実際、次世代型EC物流倉庫はすでに稼働し始めていて、例えば物流大手の日立物流が運営している「ECプラットフォームセンター」では、ピッキングや検品、梱包などの工程のほとんどを自動化し、大幅な省人化を実現しています。

※　製函
ダンボール箱を作る作業。

今まで			今後
倉庫作業・早い安い	➡	選定の目線	自動化 ＋ 顧客満足度
複数倉庫・システム使い分け	➡	システム	システムワンプラットフォーム
物流・固定費化	➡	費用	変動費化・シェアリング型

図1-8-2　**EC物流の転換キーワード**

24時間365日出荷や即日出荷が標準に

倉庫内作業をロボットが行う次世代型の物流倉庫は、夜間であろうが祝日であろうが24時間・365日稼働します。そのため、ネットショップの受注データが倉庫管理システム（WMS）に自動的に流れていくプログラムを組めば、例えば夜11時に注文を受けて、翌日の早朝に出荷するようなスピード配送も不可能ではありません。これまでAmazonやヨドバシカメラなど、EC業界のトップランナーしか行えなかったようなスピード配送を、すべてのネットショップが行えるようになっています。

1日の出荷能力が向上・出荷量の波動対応も円滑に

梱包や出荷などを人間が行う倉庫では、1日に行える作業量によって1日当たりの出荷個数の上限が決まります。倉庫スタッフの作業スピードが、ネットショップの売上の上限を決めると言っても過言ではありません。一方、自動化ロボットが24時間稼働する次世代型EC物流であれば、出荷個数は人力の倉庫と比べて数倍から数十倍に達します。そのため、出荷キャパシティが売上のボトルネックになりません。

また、EC物流ではシーズンごとに出荷量が大幅に増減する「波動」への対応も必要です。通年で倉庫スタッフをたくさん雇っておけばセール中も遅延することなく出荷できますが、それでは人件費がかかりすぎてEC事業が成り立ちません。次世代型EC物流は作業の多くをロボットが行うため、スタッフの雇用調整を行うことなく波動対応が可能です。

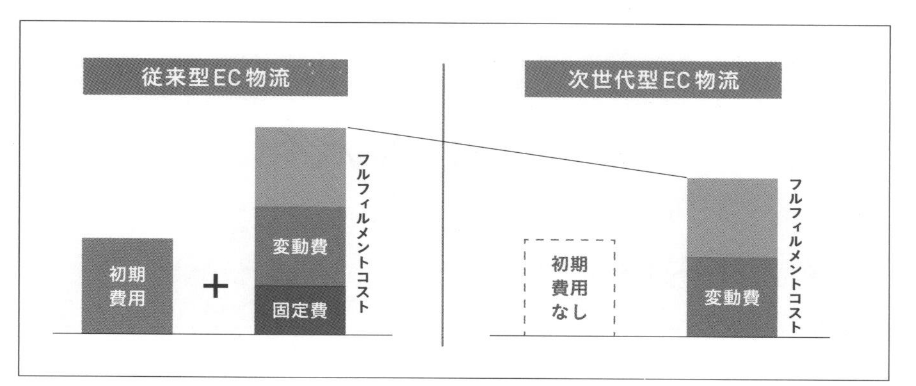

図1-8-3　**物流コストの変化**

従量課金制で物流コストはすべて変動費へ

物流をアウトソーシングする際の費用は、一般的に契約時の初期費用と保管スペースの月額費用、出荷個数に応じた手数料が発生します。しかし、次世代型EC物流の中には初期費用や固定費がかからず、出荷個数に連動した完全従量課金型の料金体系のサービスもあります。

従量課金制であれば物流コストは売上に連動する「変動費」となるため、EC事業のキャッシュフローや利益率が改善し、成長を加速させやすくなります。

また、売上が少ないネットショップにとって物流倉庫の初期費用と固定費の負担がネックとなり、物流を委託できないことも多くありますが、従量課金制であれば、中小規模のネットショップでも利用しやすくなります（図1-8-3）。

このように、DtoCモデルで、新規参入やEC成長を加速させる企業企業にとって、EC物流倉庫選定は重要となることは理解いただけたかと思います。ご説明した視点・キーワードを持っていただければと思います。

Chapter 1-9

[EC運営の動向]

EC運営の現場で求められる人材

Keyword　ECシフトによる配置転換、内製化、外部委託

「分析」「戦略」「計画」できる人材を育成し、他は外部活用が主流に

実店舗減少、ECシフトが進むと人の配置も変化が生まれます。これまでリアル店舗で働いていた人の数を減らしていくと同時に、EC部門の人手を増やす必要が出てきます。そうしたECのプロ人材育成にはいくつかの選択肢があります。まずは社内での「配置転換」、あるいは「新規採用」、もしくは「外注の活用」といったところです。

配置転換で考えた場合、例えば10年前であればEC部門への配置にあたり、エクセル操作が上手いであるとか、少しネットリテラシーが高いなどの人材を充てていました。

ECを強化している企業ではCDO※のようなポジションを作って、有能な人材を起用するということも行われています。こうした人がトップに立ち、自社EC強化やモールの多店舗展開、リアル店舗との連動といった取り組みを推進しています。ここまでECの重要性が高まると、以前のように少しリテラシーが高い人を配置転換で起用するといった形では追いつかなくなっているのです。

とはいえ、CDOのようなポジションでDX（デジタルトランスフォーメーション）などの施策の舵をとれる人材というのはそう多くはいません。今は各社がそうしたプロ人材を奪い合っている状態と言えます。

※　CDO
Chief Digital Officer
＝最高デジタル責任者

「分析」「戦略」「計画」を内製化する

有能な人材がそう簡単には採用できないとなると、社内でECのプロ人材を育てざるを得なくなります。ECが今後伸びていくのははっきりしてい

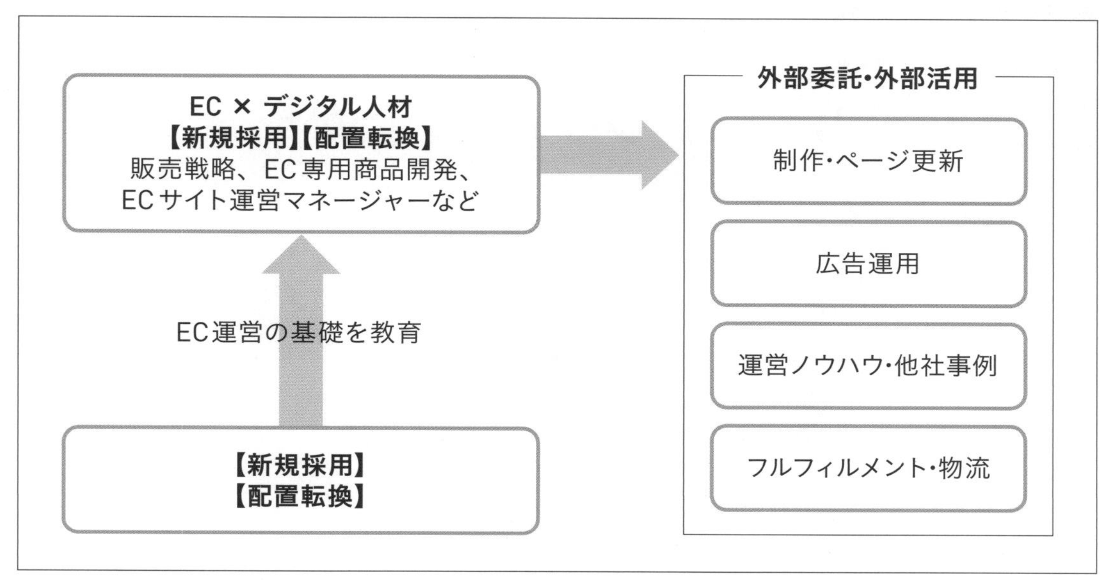

図1-9-1　ECのプロ人材の育成・活用例

る中で、どういったポジションに登用して育てていくべきでしょうか。

継続的な成長には、「分析」「戦略」「計画」といった側面を担う人材を社内で育成することが必要です（図1-9-1）。

一方で、販売状況データのレポート作成などは外注して専門家の知見を活用するのも有効でしょう。例えば出店している楽天市場やアマゾンの売り上げデータがあれば広告費の配分など年間計画を立てることも可能になります。こうしたデータ収集を得意とする企業の協力を得てデータドリブン※なマーケティングを行って、PDCAをまわしていくというイメージです。

また、HTMLなどコードを読めてデザインができるような実務系の人材についても外注してよいと思います。ECというのはデザインが良くなったから売り上げが2倍になるというわけではありません。そのため運営の肝であり頭脳の部分である「分析」「戦略」「計画」といった部署は内製化を進める一方で、デザインなどの実務系は適宜、外部の人を活用するので十分だと考えます。

これからは、実際に売上を上げるノウハウや、広告の分野においてプロ人材同士の戦いとなるため、外部の経験や知見を活用する必要があります。その上で、ECとデジタル化推進を商品や業務を理解したメンバーが、全体のデータを分析しながら戦略を推進するチームや部署作りが必要となります。

※　データドリブン
収集した膨大なデータを分析し、意思決定や企画の立案に役立てていくこと。

Chapter 1-10

[EC先進国の動向]

消費の50%にデジタル・ECが関与するアメリカ

Keyword　デジタルインフルエンス、オムニチャネル、Amazonエフェクト

アメリカのEC市場は、日本におけるEコマースのデジタル化の近未来を予測する上で参考になります。過去の日本におけるデジタル化、ECシフトの進化を見ると、大きなトレンドに関して、アメリカに2～3年遅れる形で同じことが日本でも起こることが確認されています（図1-10-1）。

例えばオムニチャネル。アメリカでは2013年にネットとリアルを融合してお客さまを囲い込もうという動きがありました。こちらは約2年遅れる形で、2015年ごろに日本でもオムニチャネル概念の広がりとデジタル戦略に取り込む動きが活発になりました。

今では日本でも当たり前となっているInstagramも、アメリカでは2015年が成長のピークとなっているのに対して、日本の利用者数増率は2017～2018年頃にピークを迎えます。

今日本で注目を集める、Amazonエフェクト※、DtoCも、2年くらい前からアメリカで注目企業が出てきています。EC比率の上昇の影響も受けて、老舗百貨店の破綻、アパレル専門店の閉鎖などの現象が顕在化していることも、2020年代に入り日本でも同様の現象が起こる可能性が高まっています。また、現在アメリカでは「デジタルインフルエンス」という指標の考え方が出てきており、これは、今後日本でも重要な指標となるでしょう（図1-10-2）。

アメリカは、小売全体に占めるECの割合が15%くらいまで成長しており、市場規模も日本の約6倍規模となる約50兆円の市場として今も成長を続けています。そこで注目すべきは、消費をする上で何らかのデジタル「SNS・Amazonレビュー・Google検索」で調べるなど、『消費を決める際にデジタルを参考にする比率』＝デジタルインフルエンス比率が、小売全体の約半分となる200兆円を占めるというデータも出ています。Eコマースで実際に消費するのは15%でも、消費全体の半分はデジタルが影響を与えているのです。

※　Amazonエフェクト
Amazon.comが進出する業界や市場で、小売業を始めさまざまな業界に影響を与えていること。

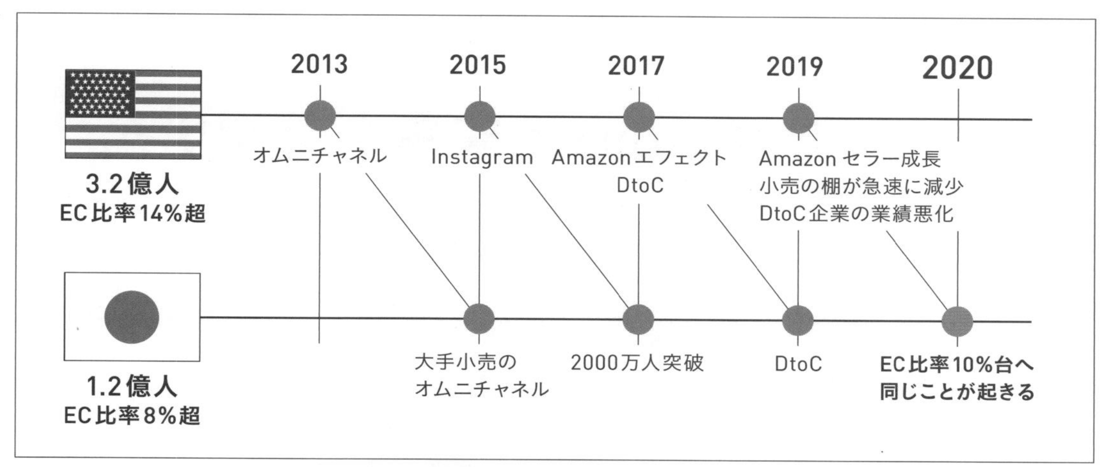

図1-10-1　アメリカのトレンドが2〜3年遅れて日本に来る

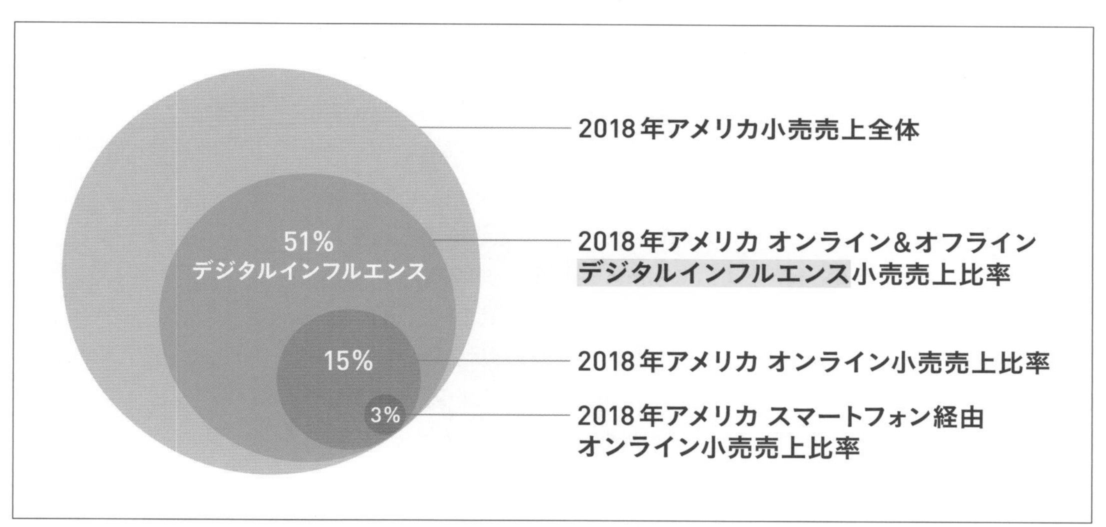

図1-10-2　デジタルインフルエンス比率
出典：Forrester Analytics：Digital-Influenced Retail Sales Forecast,2018 To 2023 (US)

日本においても特に若年層を中心にこのような動きが起きているため、企業としてはECはもちろん、SNSも含めたデジタル上での顧客接点を持つことの重要性が高まっています。

アメリカ市場で起きていることが、すべて日本で起こるわけではないですが、デジタル化・ECシフトに関しては、市場規模の大きさから近未来を予測する上でウォッチしておきたい市場です。

Chapter 1-11

[EC先進国の動向]

EC大国「中国」から近未来を確認する

Keyword Tmall、JD.com、Pinduoduo、WeChat (微信)

世界的にECが成長する中で、すでに年間200兆円規模に成長している中国の動向を理解しておくことは、今後の日本のEC成長、中国市場にてECで販売する「越境EC」活用を強化する上で必要となりますので動向を理解しておきたいところです。

中国ではTmall (天猫)・JD.com (京東) が主要な2大プラットフォームとして知られており、2017年頃まではTmallを中心としたアリババグループ (阿里巴巴) のシェア55%・JD.com 25%と全体の80%を占めていました。しかし、2018年ごろからPinduoduo (拼多多) が急速に成長しており、2019年のシェアはアリババ 50%・JD.com 26%・Pinduoduo 13%となっており、近年はこの3つのプラットフォームが3台巨頭として知られるようになってきました。Pinduoduoに次いでSuning.com (蘇寧易購)・Vipshop (唯品会) と続き、常に変化を続ける市場となっています (図1-11-1)。

2012年～2019年までの数字を確認すると、アリババは2014年でピークとなるシェア60%となっており、その後はだんだん落ちて50%台で安定、JD.comは安定的な成長で20%台、Pinduoduoは2015年発足で16年～18年で急速にシェアを伸ばしています (図1-11-2)。Pinduoduoが急速に成長してきた背景には、TmallとJD.comがターゲットにしていない地方のユーザーをメインに据えている点が挙げられます。基本的に販売している商品も安く、ブランド品も取り扱っていませんが、テンセントが開発したメッセンジャーアプリWeChat (微信) を活用して、共同購入を募ることで値引きとなるプロモーションが地方のユーザーを中心に支持され、一気にユーザー数や取引額を拡大してきました。

中国の主要プラットフォームで流通総額が1兆元を超えているのはTOP3のみで、3つのプラットフォームのメインの数字を見ると、Tmallはタオバオ (淘宝) と合わせたアリババ全体で約6.6兆元、JD.comが2兆元、Pinduoduoが1兆元を超えています。アクティブユーザー数は、Tmall 7.26億人とほぼ中国人口の半分を占めており、JD.comが3.87億人、Pinduoduo

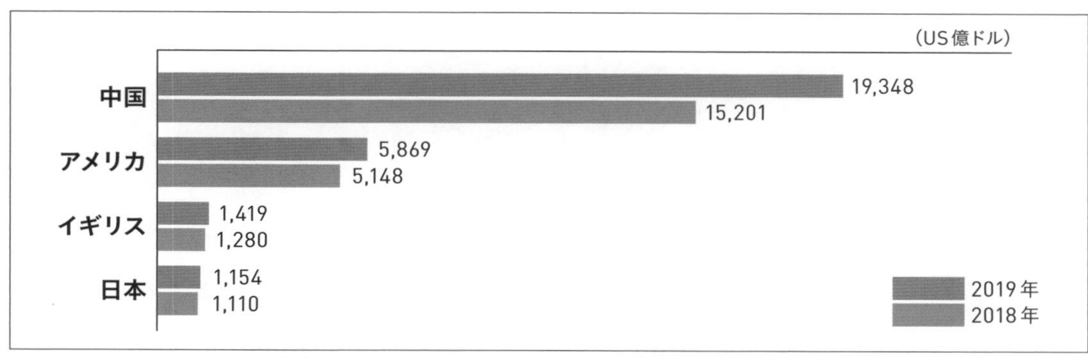

図1-11-1 **主要国のEC市場規模（中国、アメリカ、イギリス、日本のみ掲載）** 出典：経済産業省「電子商取引に関する市場調査」(https://www.meti.go.jp/press/2020/07/20200722003/20200722003-1.pdf)

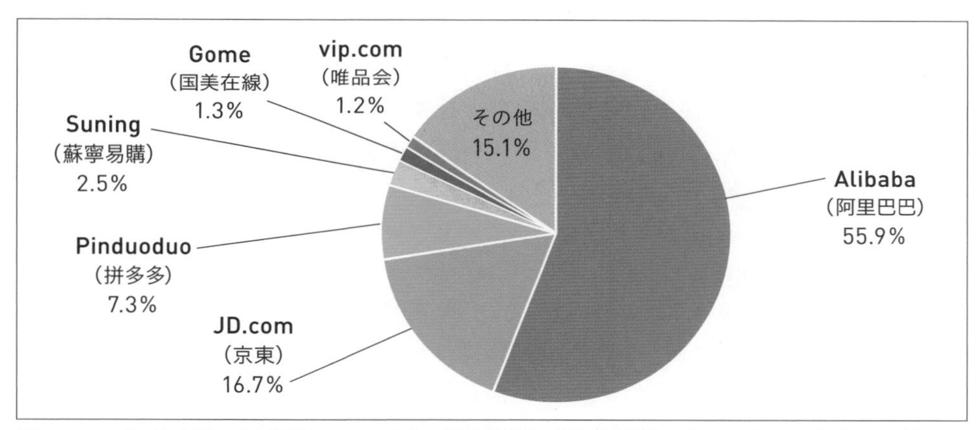

図1-11-2 **2019中国のEC市場シェア** 出典：経済産業省「電子商取引に関する市場調査」(https://www.meti.go.jp/press/2020/07/20200722003/20200722003-1.pdf)

は6.28億人とユーザー数ではJD.comを超えています。

Pinduoduo はTmallとの距離を急速に縮めており、Tmallが20年をかけて7億人のユーザー数となっていますが、Pinduoduoは5年で6億人と、その差分は1億人にまで迫っています。一方で、Pinduoduoのユーザー数は多いものの、平均購買価格はTmall・JD.comとの差が大きく、2019年でTmallの購買平均単価は9,076元・JD.com 5,071元・Pinduoduo 1,720元とJD.comの1／3、Tmallの1／5となっています。今はまだPinduoduoの購買金額は低い状態ですが、その分成長の伸びしろがあり、Pinduoduoへの注目度は非常に高まっています。

2大勢力中心に成長しつつも新しいプラットフォームが急成長する点も中国の特徴であることを理解して定期的に最新動向を整理しておく必要があります。

Chapter 1-12

[EC先進国の動向]

中国ECの起爆剤となるライブコマース

Keyword タオバオライブ、TikTok(ティックトック)、Kuaishou(快手)

中国のEC市場は、Tmall(天猫)・JD.com(京東)・Pinduoduo(拼多多)がメインとなっていますが、ECの販売手法もライブコマースの誕生により、新たな変化が生じています。中国ECにおけるライブコマースは2018年から非常に盛んになっており、先端を走るのがタオバオライブ(淘宝直播)・TikTok(ティックトック)・Kuaishou(快手)の3つが挙げられます。TikTokと快手は元々ショートムービーアプリでしたが、アプリ内にEC機能を追加したことで、ライブコマースの戦場に立つようになりました。

ショートムービーアプリとして、TikTokと快手はユーザーを急速に増やしており、TikTokの2019年データ報告によると、DAU(Daily Active User)は、2020年1月で4億人を超えています。この4億人という数字が中国では非常に重要な境目になると言われており、中国国内で4億ユーザー以上を持つアプリは、基本的にWeChat(微信)とタオバオ(淘宝)くらいしかないため、TikTokは2019年に名実ともに中国SNSアプリのトップグループをリードする存在となりました。TikTokのライバルである快手も堅実に成長しており、快手の2019年オフィシャル報告書によると、2020年初にDAUが3億人を突破。また、タオバオライブも独立アプリがあり、ユーザー数は約4億人となっています。

ライブコマースの取引額を見ると、最も高いシェアがタオバオライブで、2018年に年間取引額1,000億元を突破。2019年で2,000億元を突破。2020年には目標5,000億元(日本円で約7兆5千億規模)としており、3年連続で150%を超える成長となっています(図1-12-1)。

中国でタオバオライブに次いで2番目に取引額が高いライブコマースは快手で、2020年の目標は2,500億元、次いでTikTokの目標が2,000億元(日本円で約3兆5千億円)となっています。

3つのアプリには多少違いもあり、タオバオはライブがしっかりしているため、ブランド側に好まれるアプリとなっています。快手はとにかく安い商品が多く、ブランドよりノンブランドで、工場から直接出荷する安い商品な

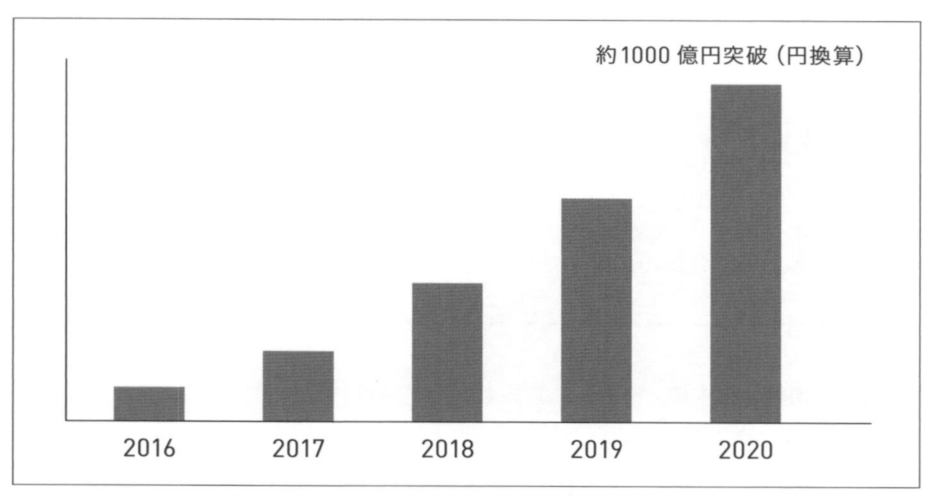

図1-12-1　**中国のライブコマースによるマーケティングの市場規模**
出典：iiMedia Research 公開の資料より推計

どが主な取引となっており、TikTokはそれらの中間のラインをとっています。

ライブコマースは、中国ECの成長を牽引しており、成功しているタオバオライブ・快手・TikTokに続く形で、JD.comとPinduoduoもライブコマースに参入しています。JD.comは2020年6月に快手と提携してライブコマースへの参加を発表。Pinduoduoのライブは、中国各地の市町村の知事などを立てて、地域の特産や土産物などの商品をライブで紹介して買ってもらうなど、Pinduoduoならではの特徴を出しています。

ライブコマースは今後もEC業界において安定して利用されると考えられており、ライブの演者の中でも、トップライバーのライブコマースはブランド商品のブランディング宣伝や、一気に在庫処理を行うためのツールとなっており、店舗側が行うライブは商品ページや商品画像以外の新たな商品アピール方法となっています。

Pinduoduoの成長やライブコマースのブームは、ここ2,3年で出てきたもので、中国市場は今も急速な成長と変化を繰り返しており、次々に新しいものが出てくる挑戦の場でもあり、それが中国EC市場の魅力ともなっています。

日本市場においても、オンライン化の動きが加速する中で、地方企業や個人発のライブコマースの成長も期待される状況ですので、中国の先行事例は抑えておきたいところです。

Chapter 1-13

[越境EC動向]

ASEANのEC市場開拓が加速する

Keyword　LAZADA、Shopee、各国の法律・会計の違い

現状、海外ECに関する情報は日本のメーカーにあまり知られておらず、どの国から始めるべきなのか判断が難しい状況と言えるでしょう。一方で親日国も多く、EC市場としても成長が期待できるASEAN各国に販売拡大を狙う動きも活発です。ASEANへECで販売するための注意点、各国のEC動向を確認しておきましょう。

まずはどういう観点で出店国を決めるべきかチェックリストを確認してみましょう。

表1-13-1　**越境ECチェックリスト**

法律	越境ECに関わる法律整備状況
	販売可能な商品リストの確認
	商品の許認可の必要性
	許認可を取れる会社
	国外企業が、販売可能な条件
会計	取引通貨の確定
	会計処理方法の確定
	物流システムの繋ぎこみ
マーケティング	現地ECプラットフォームの売上ランキング
	利用メディアランキング
	消費者の平均購入単価
	現地で販売している競合商品の調査
	日本ブランドの認知調査
	自社商品のニーズ調査
	ECサイト上の競合商品調査(価格・差別化要素)
	競合サイトのサービス調査(配送、顧客対応)
	インフルエンサーリスト(KOLなど)

法律・会計・マーケティングの指標を集める

確認すべき事項は多くありますが、まず大きく分けて重要となるのが法律・会計・マーケティングに関する情報です。

越境に関わる法律は中国ではよく整備されており、「越境ECの場合は」と具体的に明示されていますが、その他多くの国の場合、「越境EC」という定義がされておらず、出店前に現地の法律に関して弁護士を立てて調査する必要があります。特に個人情報の制限や景表法・ハラル※の表記などの他、商品ごとに国での販売許可がされているかといった条件なども異なります。さらに許認可をとれる会社の条件が決まっている場合もあり、例えばタイの場合、現地法人の輸入社しか申請できず、外資比率が50%を超える企業は、外国人事業法により「規制業種・禁止業種」にあたる43業種への参入が禁止・規制されています。最低資本金1億バーツ未満または1店舗あたり最低資本金2,000万バーツ未満の小売業の場合、外資比率が50%を超える企業は参入禁止となっています。

このように、そもそも日本のメーカーが出店できる国とできない国があるため、外国の企業としてビジネスできるか、まずは情報を整理する必要があります。

以上の法律をクリアした上で、会計上の入金通貨や受け取り方、プラットフォームの管理画面データと会計上必要なデータの確認が必要です。国やプラットフォームの機能によって通常価格・値引き価格・値引き後価格のデータがダウンロードできず、1注文あたりにクーポンでいくら値引かれたかのデータがわからないことがあります。出荷データ・在庫データ・原価データをどう持つか、受注データを変換して日本のシステムにどうやって取り込むかなど、多くのハードルを超えてようやく出店できる状態かどうか判断できるようになります。

出店できる状態になれば、どのプラットフォームに出るか出店戦略が重要になります。海外にも楽天市場のようなECプラットフォームが存在し、ASEANの場合、LAZADAやShopeeなどのECモールの他、自社ドメインサイトをShopify※などを使って立ち上げる独自サイトという選択肢もあり、どこが一番売りやすいかを見極める必要があります。ASEANのECプラットフォームは、LAZADA・Shopeeが2強で、LAZADAは中国のアリババ系、Shopeeはテンセント系でどちらも中国系のプラットフォームとなります。Shopeeはアプリの利用率No1の国が多く、成長を続けていますが、売上ではLAZADAに軍配が上がる場合も多いため、両方に出店できるのが理

※　ハラル
イスラム圏の法で許された内容。イスラムの法で行って良いことや、食べることが許されている食材など。

※　Shopify
Chapter 3-4コラム参照。

想です。また、日本の場合Instagram・TwitterなどのSNSが良く見られていますが、現地の消費者が何のメディアを見ているかも重要です。例えばマレーシア・タイでも違いがあり、タイ・マレーシアのSNS利用状況を見ると、YouTubeとFacebookが多く、次いでInstagramとなっていますが、メッセンジャーアプリで比べてみると、タイではLINE・Facebookメッセンジャーが多く使われ、マレーシアはWhatsApp(ワッツアップ)というFacebookが買収した会社のメッセンジャーアプリが多く、中華系の人にはWeChatが広く使われています。

国によってマーケティング手法が大きく異なる

マーケティングを設定する上で、現地で日本の商品がどれくらい・どのように売られているのかも重要で、タイとマレーシアでも日本製品の販売状況は異なっています。タイはいたるところにマックスバリュかセブンイレブンがあり、日本商品がどこでもすぐに購入することが可能です。ドン・キホーテも人気で、日本のドン・キホーテと同じくらいのアイテムボリュームで日本商品が手に入ります。

一方、マレーシアではまだそこまで日本の商品が流通しておらず、大きな日系スーパーでは日本の商品を確認することができますが、マレーシアには日本の商品が入りきっていない状況です。マレーシアは中華系と現地マレー系のデパートなどに分かれており、中華系のスーパーには一部日本の商品も見られます※。

※ 2020年になってようやくマレーシアでもシンガポール・タイで出店済みのドン・キホーテが出店計画を発表。

日本の商品をECで売る場合、越境と一般貿易の2通りの方法がありますが、タイだとそもそも多くの商品が現地で買えるため、商品戦略マーケティングをしっかり行う必要があります。特に価格競争になりやすく出荷のスピードや購入の手軽さが重要になります。日本の商品を知っている人も多いため、後発の商品は機能的に先発の商品よりも、「ここが良い」など訴求しやすい反面、現地で手に入るものと必ず比較されるため、配送スピードや少し時間が掛かっても欲しいと思える訴求ポイントが必要です。

一方、マレーシアは日本の商品を使ったことがあるという人もいますが、日本のトップブランドでも誰もが知っているという状態ではありません。現地で行った消費者インタビューでは、日本の商品のイメージが良くて信頼はしているが、ウェブ上での情報をあまり信頼していないと言います。FacebookやInstagramなどSNSでインフルエンサーが紹介している場合、商品は見ますがその情報を鵜呑みにして買うということもありません。商品を知り興味を持ったら、次に店舗に行って商品があるかを確認します。商品があったら一度自分で体験することを大切にします。もし商品がなければ、更にウェブで情報を探し回り、マレーシア人にとって一般的に良い商品と言えるのか、全体的な評価を確認します。仮に良い評価であってもやはりすぐに買うことはせず、友達に使ったことがあるかさらに情報を集めます。メッセンジャーアプリのWhatsAppやWeChatでも色々な意見を集めて、ようやく良い商品だと判断できれば購入となります。

どこかのステップで情報が滞ると、購入を一旦ストップして、お気に入りに入れて終わりになってしまうのです。日本の商品イメージ自体は良いのですが、商品がそこまで身近ではないため、なかなか購入の一歩が踏み出しきれない状況と言えるでしょう。そのため、マレーシアではオフラインとオンラインの両方を攻める必要があり、オンラインでも商品が試せなかったり、誰も使ってない商品だと良い印象を持っていても購入に至りません。店舗に置いたりサンプルを用意するなど、買わなくても試しに使える体験を用意できないと攻略が難しい国と言えるでしょう。

出店する国を選ぶ際は、メディアの話・現地の話・平均客単価が重要

例えばマレーシアでは送料の概念があまりなく、売っている商品はすべて送料込みで売られているため、後から送料が掛かると分かるとカゴ落ちの原因になってしまいます。現地の平均購買単価を調べると、マレーシアのShopeeでは平均2,000円前後くらいとなっており、その価格に送料を含めることを考えると、日本の商品を売るためには広くマスに向けて売るのか、高所得者をピンポイントで狙うのかなど戦略が必要になるため、平均単価を知っておくことが重要になります。

送料込みで2,000〜3,000円の場合、日本から商品を送る越境ECは現実的ではなくなります。日本から越境で商品を送ると、送料が1,200〜1,500円かかり、500円から800円の商品を2,000円で売る必要があるため現実的ではなくなります。そこで、海外で売る場合には物流拠点をどこに設けるかも戦略上重要で、ASEANやヨーロッパなど複数の国に展開する場合、1拠点で出荷件数が多いところに寄せるか、2拠点作るかなど、倉庫戦略も難しくなります。

前提として、中国・ロシア・ASEANなど3エリアは網羅しないと売上が伸びていきづらいため、それぞれに1拠点ずつ倉庫を構えるのが現実的な

布陣となるでしょう。

　海外に出店する際、まず最初は日本の倉庫から商品を色々な国に並べてみて、アクセスが多かったり、問い合わせが多い商品など、国ごとのバランスを見て、自社の商品がどの国に強いのか見極めると良いでしょう。出荷件数の割合を見て、多い国に保税倉庫を構え、売れる商品で一気に売上を伸ばし、売れてきたら現地に輸入して配送価格などスピードを速めていきます。最初のテストでは売上が伸びないため、保税倉庫を構えるステップから収益になることを見越して、戦略的に海外進出を行う必要があるでしょう。

Column

中国・ASEANで存在感を高める「BAT」

「BAT」とは中国ネット業界を代表する3つの企業で、Bはバイドゥ(百度)・Aはアリババ(阿里巴巴)・Tはテンセント(騰訊)を指し、それぞれの頭文字をとってBATと称しています。

バイドゥ

中国の検索エンジンシェアで60%以上を持ち、モバイルにおいては80%以上のシェアを持っている。最近は、AI(人工知能)技術を取り込んだクラウド対応サービスで中国トップクラスの企業として成長を続けている。

アリババ

タオバオ、天猫といったECプラットフォームを中心にしながら、物流・スーパーマーケット・食の宅配サービスなども展開している。また、10億人以上が利用していると言われている決済サービス「支付宝(Alipay・アリペイ)」を持ち、多くの消費者との接点を持っている。ASEANのECでシェアの高い「LAZADA(ラザダ)」もグループに持ち存在感を高めている。

テンセント

月間利用者数10億人を超え、中国版LINEと言われている「WeChat(微信/ウィーチャット)」を持ち、決済のWeChatPay(ウィーチャットペイ)、ゲーム、WeChatミニプログラム(ユーザーや企業が簡単にサイトを作って運営が可能な機能)を展開してスーパーアプリとして存在感を増している。

Chapter 1-14

[越境EC動向]

ブルーオーシャン市場ロシアでEC販売を狙う

Keyword　Yandex、JOOM、OZON

ロシアのEC市場規模は3兆円を超えている規模ですが、日本と人口規模で大差がない状況からすると成長の余地が大きいことと、自動車や産業製品含めて日本製品への信頼が高い市場でもあります。

ロシアは独自のメディアが進化しており、検索はYandex.ruというYahoo!のようなメディアで、様々な情報が掲載されており、ロシアではGoogleの2倍くらいの使用率となっています。よってロシアでWeb広告を打つ場合、日本ではGoogle広告が主ですが、ロシアではYandexで広告を行うのが主流です。

同様にメールもGmailではなく、Mail.ruという検索もメディアも持つサイトのサービスが広く利用されています。同じグループには、VK.COMというFacebookに近いSNSがあり、他にもOK.RUという日本のミクシィのようなコミュニティ系のSNSもあり、ロシア独自の大きなグループが形成されています。ロシアは現地で使われるメディアが独特で、SNSでもYouTubeに次いでVK.COMとWhatsAppが使われており、FacebookやInstagramはロシアでは利用率が低いため注意が必要です。

ロシアには日本の商品がほとんどなく、大きなデパートでや高級スーパーに少し商品が入っている程度です。一方、日本車は昔からロシアに中古が流れており、街中には6割〜7割ほど日本車が走っているため、日本の商品には良いイメージが基本的にあります。ただし、日本の商品が欲しいとは思っているものの、現実的には日本の生活雑貨は手に入りづらく、オークションの代理購入で割高で商品を買っており、品質は良いが高いというイメージになっています。

ロシアは国内生産が少ないため、EC売上の31%（EC市場規模3.27兆円のうち、越境EC市場規模1.02兆円）が越境と非常に高い割合になっています。越境ECの売上はほとんどが中国で、JOOMというロシア発祥のECプラットフォームがあり、越境市場のトラフィックだと34%がJOOMプラ

売上順	ECサイト名	カテゴリー	売上高 (100万ルーブル)	成長率 (%)
1	Wildberries.ru	百貨店	111,200	74.0
2	Citilink.ru	電気製品	73,200	33.0
3	Video.ru	電気製品	52,800	46.0
4	Ozon.ru	百貨店	41,770	73.0
5	DNS-shop.ru	電気製品	38,810	83.0
6	Lamoda.ru	衣類・靴	29,030	14.0
7	Eldorado.ru	電気製品	24,500	8.0
8	Svyaznoy.ru	電気製品	19,720	26.0
9	Technopoint.ru	電気製品	19,080	8.0
10	Petrovich.ru	DIY用品	18,000	38.0

図1-14-1 **ロシアのECサイトトップ10**
出典：データインサイトレポートを元にJETRO（日本貿易振興機構）が作成
https://www.jetro.go.jp/biz/areareports/special/2020/0602/f59252fb8fa04e77.html

ットフォームとなっています。他には、アリエクスプレス（Aliexpress）というアリババが作っている越境ECプラットフォームや、pandaoというMail.ruとアリババが立ち上げたプラットフォームから多くの商品を買っています。

国内EC市場ではOzon.ruというAmazonのようなプラットフォームで、安価で早く届き、商品数が多いプラットフォームがあります。iPhoneや家電系が売れていましたが、最近取り扱い商品も増えており、アパレルや食品など生活雑貨まで扱っています。他にもECの市場で大きいのはWildberriesという高級ブランドなどを扱っているECプラットフォームで、市場も大きくなっています（図1-14-1）。

ロシア人は日本の商品を欲しいと思っていますが、日本の商品をあまり詳しく知っておらず、メーカー名とブランド名の区別がつかないなど、具体的なキーワードで商品が検索できません。そのため、商品を探している人にどうアプローチするかというより、どれだけリーチできるかが重要となっています。また、ロシアは収入格差が大きいため、商品によってリーチする対象を分ける必要があります。

商品をリーチしていく上で、商品の口コミをどうやって作るかも重要で、売れていない商品や口コミがない商品をあまり買わないため、口コミ作りも重要です。ロシア高所得層には、釣り具・アニメ関連商品などのカルチャー文化や日本の包丁も人気でニーズがあるものを正しく伝えれば売れるのが特徴となっています。

Chapter 2

ECの戦略・計画を立てる

この章では、EC事業に参入し、成長を加速させるために必要となる「戦略」「計画」のポイントを中心に解説します。ECサイト運営は、自社ECサイト・楽天市場・Amazon・Yahoo!ショッピングなどで「日々、どのように売上を伸ばすか」に目がいきがちです。しかし、その前にもっと重要となる戦略的視点と成長を継続させるために必要な目標設定、安定運営を実現させるバックヤード体制のポイントなどを集約して解説していきます。

Chapter 2-1

［戦略立案の鉄則］

EC事業参入・加速・成長ロードマップ

Keyword　スタートアップ期、アクセラレーション期、3C分析、ECの成長サイクル

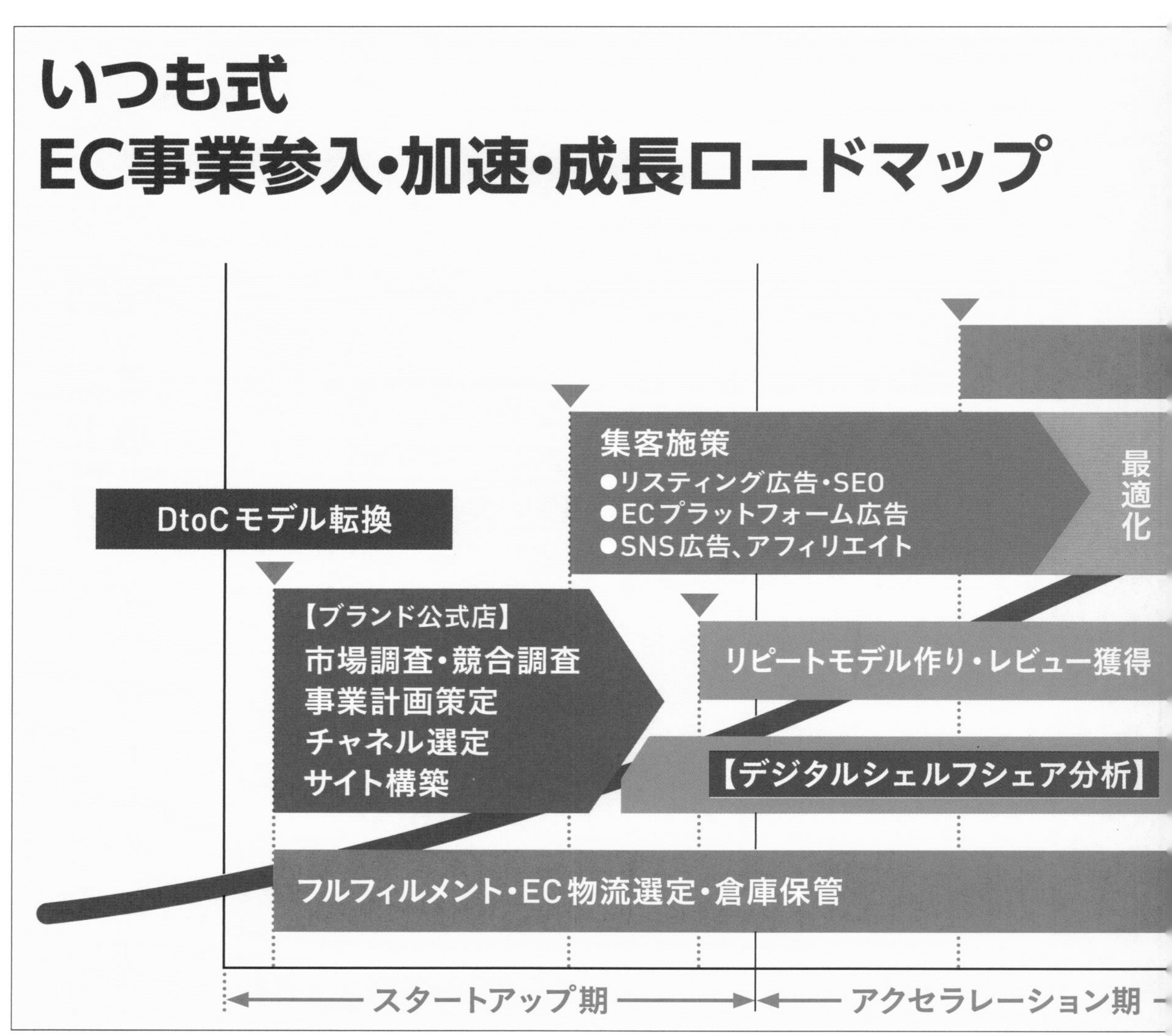

図2-1-1　いつも式 EC事業参入・加速・成長ロードマップ

EC事業を成功させるには、ECサイトを立ち上げる前にビジネスのロードマップを描くことが必要です。EC参入・成長の区切りとして、事業の成長曲線の角度とスピードを決める「スタートアップ期」、成長を加速させる「アクセラレーション期」、持続的な成長軌道へと移行する「転換期」の大きく3つの段階があります。また、それぞれの時期に合わせてEC事業の土台となるサイト運営の体制づくり、注文対応や顧客対応を行うためのフルフィルメント・EC物流改善も重要な要素となります。

それぞれの段階で必要な施策や、考え方を著者がまとめたものが「いつも式 EC事業参入・加速・成長ロードマップ」(図2-1-1)です。数多くのネットショップを支援してきた経験を踏まえ、ネットショップが成功するためのロードマップの活用ポイントを解説します。

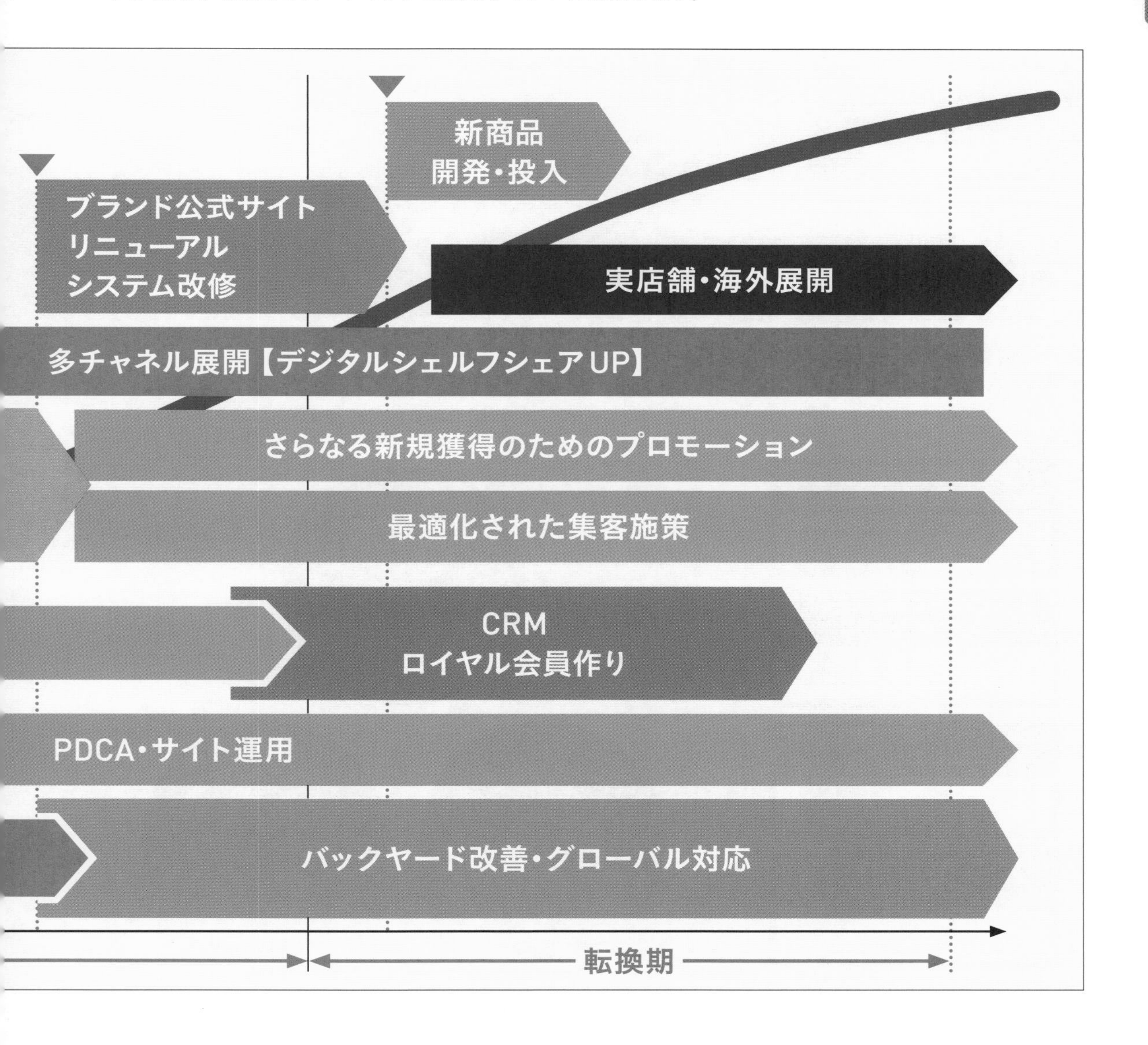

ロードマップ作成が成功の第一歩

ロードマップを作る目的は、事業の目的（ゴール）を設定し、それを達成するために「いつ」「どういった施策を」「どのように」実行するのかを決めることです。また、限られた経営資源を有効活用するために、「やるべきこと」と「やらなくてもいいこと」の優先順位を決めることも目的の1つです。

ロードマップを作成するのに欠かせないのは、市場調査や競合調査、3C分析※などの分析、ターゲット層（ペルソナ）の検討、となります。その過程で、自社の強みや課題、競合との違いなどを整理することができます。整理した情報をベースに「自社に最適な事業設計」と「売上・利益シミュレーション」を作成します。その設計や計画に沿いながらどのようなECサイトを構築し、どんな施策を打てば自社の強みを伸ばせるのかが必然的に見えてきます。つまり、ロードマップを作ること自体が、自社の成長を促し、「最短距離・最短時間」での成功に近づくことになるのです。

※ 3C分析は、Customer（市場・顧客）、Competitor（競合）、Company（自社）の頭文字をとったもの（図2-1-3）。

逆に、ロードマップを作らずに事業をスタートすると、途中で目標を見失い、効果が曖昧な施策をやみくもに打ち続ける負のスパイラルに陥りかねません。そうなれば、すでに数十万社がしのぎを削る現在のEC市場で勝ち抜くことは難しいでしょう。

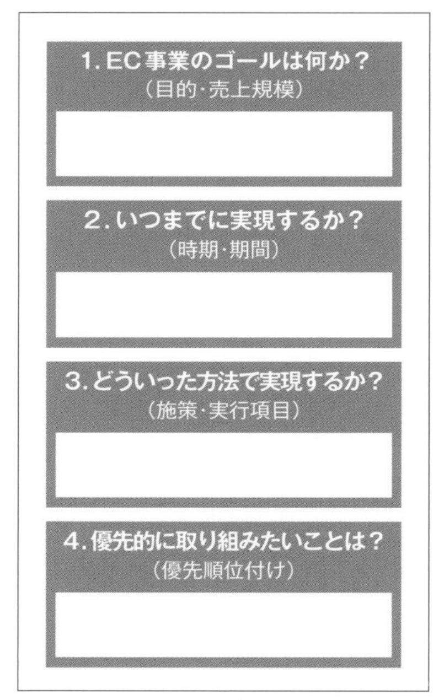

図2-1-2　ロードマップ作成前に決めること

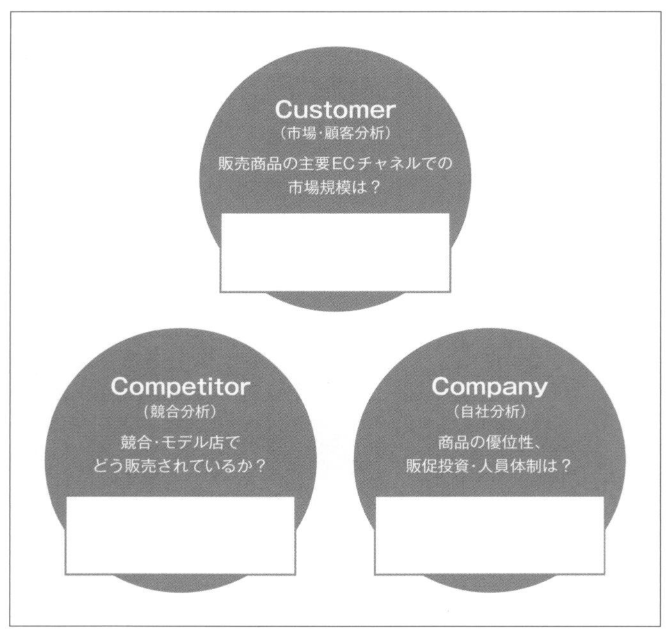

図2-1-3　EC本格参入時も「3C分析」は基本

スタートアップ期に、「どこで、誰に売るか」を決める

「スタートアップ期」は店舗の土台を固める時期。まずは「どこで売るか」と「誰に売るか」を決めます（図2-1-4）。どのECモールに出店するか、あるいは、独自ドメインの自社ECサイトを作るのかといった売り場選びは、スタートアップ期ではEC事業の成否を左右する重要なポイント。例えば、出店料がかからないという理由だけで自社ECサイトを開設する事業者もいますが、自社ECサイトは新規顧客獲得コストがECモールの何倍もかかる場合があり、結果的にコスト高になることも珍しくありません。安易に考えず、自社の強みや商品ジャンル、販促費の予算、どのぐらいの期間で損益分岐点を超えたいのかなど、さまざまなことを踏まえて売る場所を決めましょう。

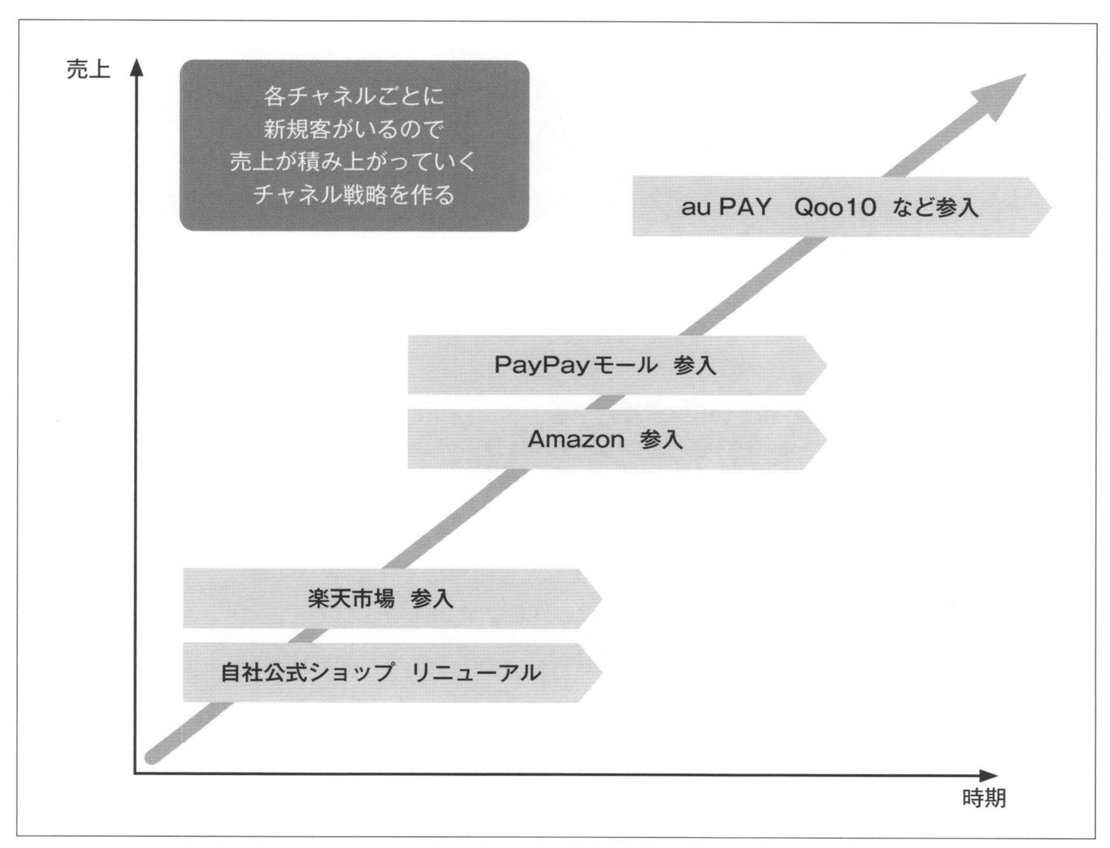

図2-1-4　**チャネル戦略イメージ**

スタート時の売る場所が決まったら、次に「サイト構築」に着手します。その際、「ターゲットはどのような人か（ペルソナ）」「ターゲットは、どのような情報やサービスがあれば買ってくれるのか」「ターゲットはPCとモバイルのどちらの利用率が高いのか」の3点について、綿密に調査を行い、仮説を立ててください。これらの仮説を立てることで、サイトに必要なコンテンツやサイト設計（UI・UX）が見えてきます。逆に、この仮説を立てないままサイトを構築すると、顧客視点を失い、自己満足のECサイトになってしまうでしょう。

「スタートアップ期」の初期段階から、計画・実行・分析評価・改善の「PDCA※」を着実に回せるようにしておくことも重要です。

例えば、楽天市場に出店するのであれば、初年度における月間アクセス数の目標を立て、それを達成するために必要なモール内の広告「RPP広告」や「モール検索上位表示の最適化」といった具体的な施策リストを作ります。計画を踏まえて、予算や必要な人員を準備してください。そして最も重要なのは、施策の効果検証を行う体制を整えておくこと。ECサイトの初期段階からPDCAを回せる仕組みを作っておくことが、後々のEC事業の成長に影響してきます。また、EC業務の土台となる注文からお届けまで「フルフィルメント」体制やEC物流業務の立ち上げも重要なので、顧客満足度や利益に直結することを理解して対応したいところです。どの施策が成功するか、最初から正確にはわかりません。ですから、施策について仮説を立て、PDCAを回せる仕組みを作っておくことが、スタートアップ期において重要です。

※ PDCA
Plan（計画）、Do（実行）、Check（分析評価）、Action（改善）の頭文字をとったもの。

アクセラレーション期（加速期）は、施策を最適化し“勝ちパターン”を増やす

「アクセラレーション期」は、集客施策を実行して新規顧客を増やしながら、リピーターを増やす方法も考えなくてはいけません。同時に楽天市場・Amazon・Yahoo!ショッピング（PayPayモール）などECプラットフォームの多チャネル展開も行います。ブランディングへの投資や、CRM施策も必要になってくるでしょう（図2-1-5）。

ここで重要なのは、スタートアップ期に計画した施策や業務を最適化していくこと。PDCAサイクルを回し続け、「成功した施策」と「失敗した施策」を見極めます。PDCAサイクルを回さないと、どの施策がどれだけ売上に繋がるのか把握できず、施策の取捨選択ができません。結果的に効果が

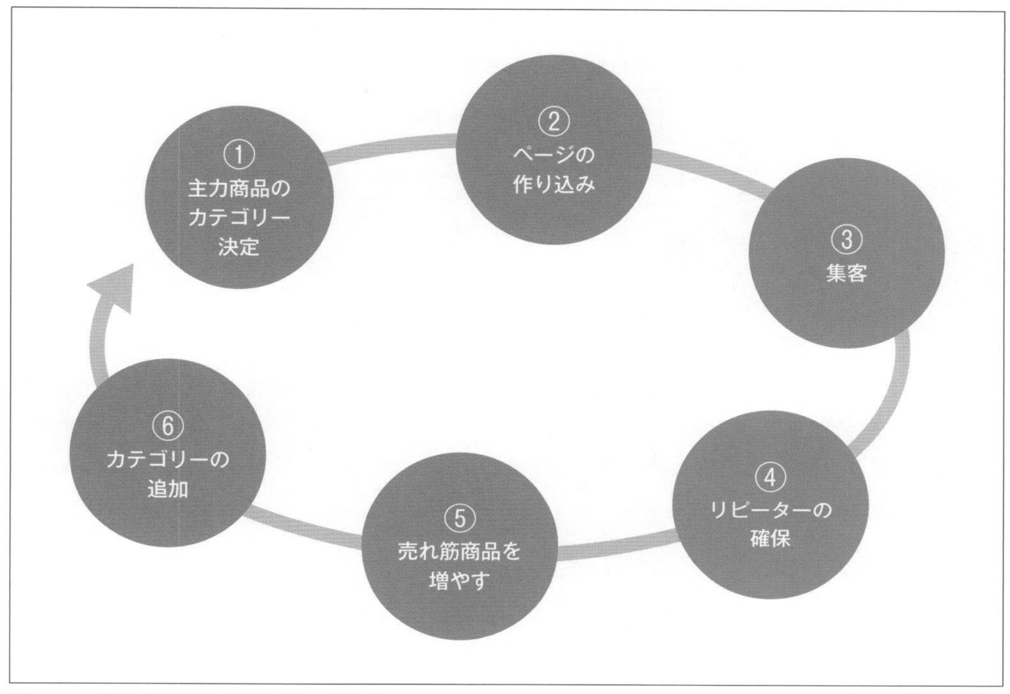

図2-1-5　**売上を加速させるサイクルを作る**

ない施策を延々続け、業務に忙殺されて売上が伸びないという最悪の事態に陥ります。これは、ECの現場で頻繁に起こっていることです。

現在のEC市場は競争も激しくなってきていますので、闇雲に施策を実行しても売上は伸びません。この段階では、PDCAサイクルを日々の業務のタスクとして組み込み、さまざまな施策を最適化することが最も重要です。そして、複数の販売チャネルにおいて、たくさんの「勝ちパターン」を確立できた店舗だけが「転換期」に移行することができるでしょう。

転換期は、稼いだ利益を"新たな挑戦"に使う

「転換期」では、アクセラレーション期に磨いた「勝ちパターン」を中心に実行していきます。自社の「ロイヤル会員作り（優良顧客）」を行いつつ、さらなる事業拡大のために投資することが必要です（図2-1-6）。市場シェアを拡大するために新しい集客施策を試したり、新商品を開発して今まで獲得できなかった顧客を獲得したりします。ここで挑戦をおろそかにすると、店舗の成長は止まります。

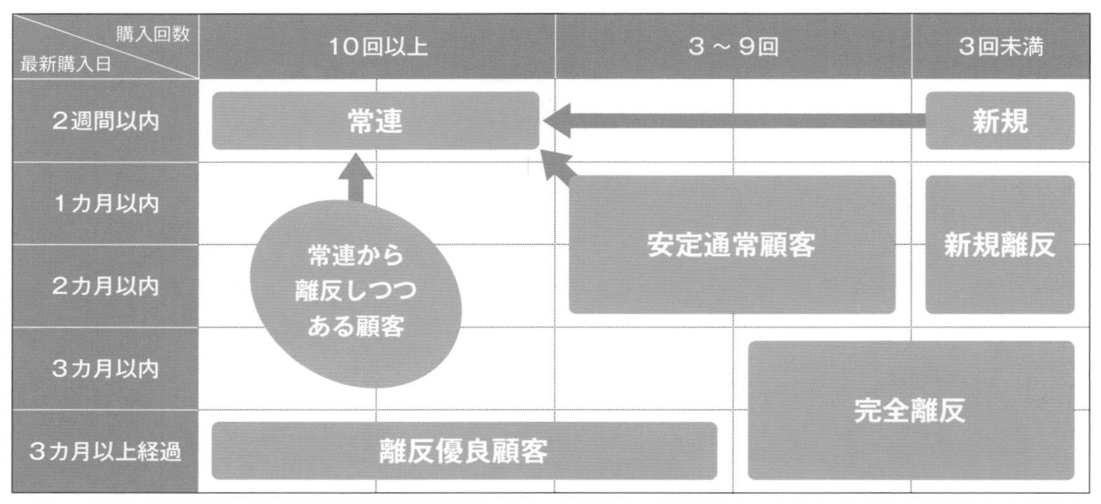

図2-1-6　**購入回数・購入日などでリピート分析を行う**

「転換期」では、自社の勝ちパターンを踏襲しつつ、新商品の開発や投入、成長率の高い海外への販売拡大などを含めた新しいマーケティング手法を試すことになります。

例えば、最近はソーシャルマーケティングやコンテンツマーケティング、インフルエンサーマーケティングなどに取り組むEC事業者が増えてきました。インフルエンサーやオピニオンリーダーを活用したSNSの販促、動画マーケティングなどが活発です。また、新しいマーケティング手法に対応するための「ECサイトリニューアル」も必要なタイミングとなります（図2-1-7）。

さらにこの時期は、増える販売チャネルや注文数に対応するための「ECバックヤード業務の改革」も必要となります。

最近では物流業務にロボットを導入するなど、より人手をかけない方向を目指す「自動化」が注目テーマとなっています（図2-1-8）。

現在のEC業界で、このようなロードマップを描いて社内で共通認識を持てている企業はとても少ないのが現実です。逆に言えば、しっかりロードマップを作れば、それだけで他社よりリードできます。市場環境・競合環境・自社の状況を踏まえたEC専用のロードマップを作ることが、ECで成功するための第一歩となります。ECのプロ人材になりさまざまなプロジェクトを推進する上で、ロードマップ策定と各種目標設定ができるスキルを身に着けていただきたいところです。

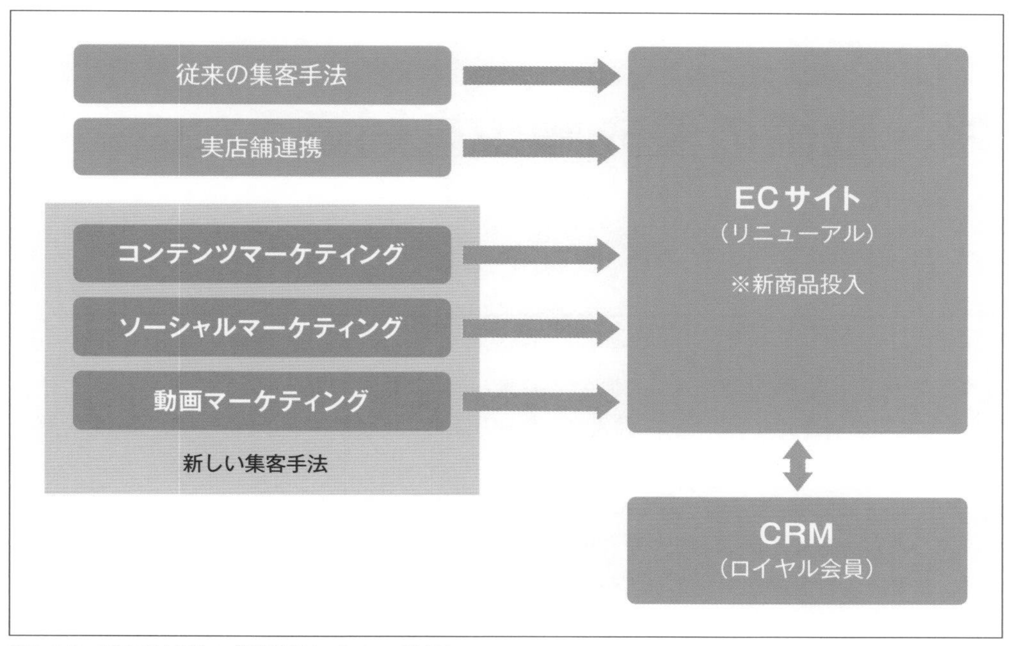

図2-1-7　**新商品と新しい集客手法にチャレンジする**

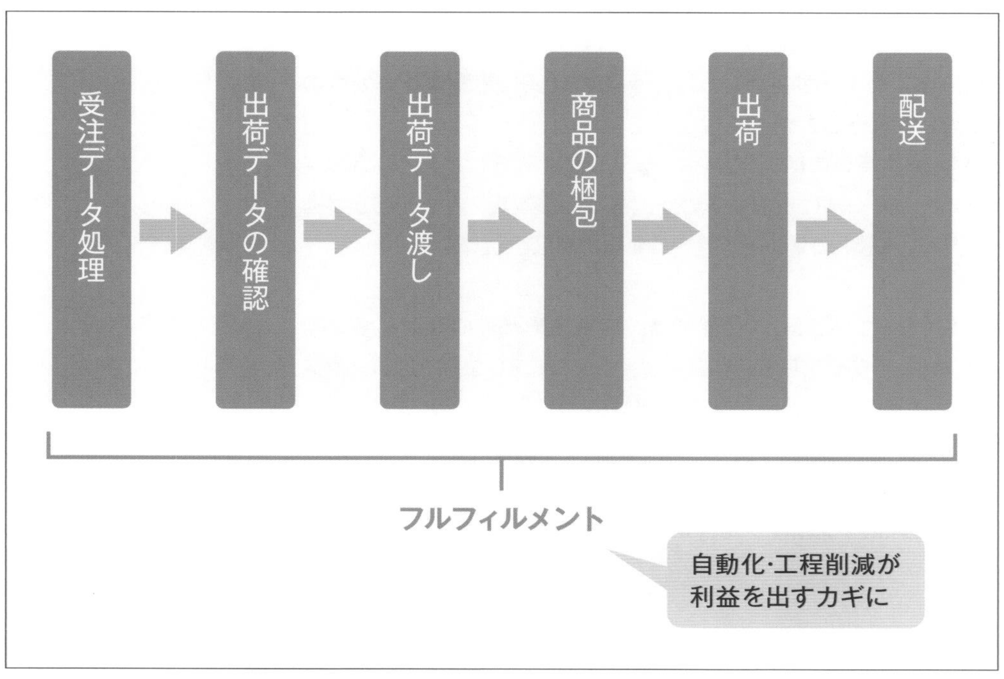

図2-1-8　**ECバックヤードの「自動化」に向けた取り組み**

Chapter 2-2

[戦略立案の鉄則]

戦略・戦術の優先順位を間違えない

Keyword　EC現状分析シート、EC戦略・戦術立案シート、PDCAサイクル

ECで成長を実現する要素として、4つの戦略的要素と5つの戦術的要素があり、優先順位を間違えないように、順番通りに取り組むことが基本となります(図2-2-1)。

例えば、品揃えやページの売り場がきちんと整っていないのに広告で集客をかけてしまうなど、順番を間違えたやり方をしてしまうと非効率になってしまいます。また、この並び順の上位ほど売上・利益に影響する項目なので、順番を間違えずに実行するようにしましょう。

まず、1年から3年を視野に実行する「戦略」と、半年から1年を視野に実行する「戦術」を整理しながら考える必要があります。

戦略と戦術は、売上・利益といった、事業の成長に影響する重要度の高い順に整理して実行します。

重要度がもっとも高いのは、「立地」つまり「出店場所」です。多店舗展開するのか、どのモールに出店するのか、あるいは本店サイトをどう展開するのか、リアル店舗との連携をどうするかなどが最上位になります。

競争が激しくなっているECの世界では、店舗名や代表的な商品名を覚えてもらうために、「ブランド力」も重要です。また、ECならではの「システム・物流」、組織運営の土台となる「人材力」も磨いていく必要があるでしょう。

中長期視点の「戦略」が決まった後は、戦略に沿って直近で対応していく「戦術」を整理します。「戦術」も内容によって重要度に違いがあります。

Chapter 2

EC参入・成長ロードマップと一緒に作成したい

【EC戦略・戦術立案シート】

Ⅰ. EC現状分析シート

	要素	内容	作成ポイント
事前確認 （現状分析）	市場の確認		予定している商材が、ECでどの程度市場があるか業界データなどを確認。参考例として、楽天市場の同一ジャンルや商材のレビュー総数などから市場規模を推計
	競合・モデル店の確認		競合やモデル店の売上ランキング掲載データから、開店からの年数、販売チャネル、売上高を確認して売上目標の参考にする
	自社の状況確認		自社で投下できる販促費用、人員、外注費用、会社として売上や利益などの事業目標を確認

▼

Ⅱ. EC戦略・戦術立案シート

	優先度	要素	内容	作成ポイント
戦略 （1年～3年で実行）	1	販売チャネル決定		自社独自サイト、モール（楽天市場、Amazon、Yahoo! など）、海外など、どのチャネルで攻めるか決める
	2	ブランド戦略		自社の代表商品名、企業名、店舗名などの認知を広げて、「自社の指名で検索」してもらう数をどう増やすか決める
	3	システム・物流選定		どのECシステム・ツール、EC物流体制を作るかで、業務効率や収益に影響することを理解して決める
	4	人材採用・育成		EC事業全体を理解して、成長のためのロードマップ作成や実行できる人材の採用・育成の概要を決める
戦術 （3カ月～6カ月で実行）	1	品揃え内容		ECでロングセラーを狙い、在庫を切らさずに「優良なレビュー」を獲得する商品を企画・管理する
	2	売り場づくり		広告誘導先を想定して、購入率が高いページを複数作り、テストしながら「勝ちパターン」を作る
	3	集客方法		売りたい商材に近いキーワードから誘導する広告で効果検証しつつ、幅広いルートから集客する広告をテストしながら拡大していく
	4	接客・サービス内容		ページでのサイズ説明、動画活用の新規獲得に有効な接客やキャンペーン、ギフト対応などのリピートにつながる接客を企画・実行する
	5	分析方法		デバイス別、販売チャネル別に基本的な数値を確認して、その数値分析を改善に活かせる仕組みを作りながら実行する（PDCAサイクル）

高

売上への影響度が上がる

低

図2-2-1　EC戦略・戦術立案シート

1年〜3年で実現する「戦略」項目

ECサイトの戦略を重要度が高い順に並べると次のようになります。

1.販売チャネルの決定
2.ブランド戦略
3.システム・物流の選定
4.人材採用・育成

なによりまず決定すべきは「立地」＝販売チャネルとなります。

実店舗でもネットでも、どの場所で売るかという立地によって大きく売上は左右されます。いくら良い商品ブランドを持っていても人が集まりにくい場所・来店しにくい場所だと売上にも限界があります。

日本のEC市場においては、7割以上が大手のECプラットフォームが占めており、一般的には多くの利用者が集まるECプラットフォームに出店することが、1つの出店戦略になります。実際には自社公式サイトを持ちながら市場規模の大きい楽天市場・Amazon・Yahoo!ショッピング（PayPayモール）に出店すること＝良い立地に出店することとして捉える企業が多くなっています。

出店場所（販売チャネル）を決めた後に必要なのが、自社が持っている商品を踏まえてどの商品分類でどのカテゴリーで展開するかを決めることが重要になります。

一般的にはファッション・コスメ・食品・家具・インテリア・スポーツ・家電などの主要カテゴリーの中から、どのカテゴリーに展開するか。中分類などさらに細分化されたカテゴリーから出すのか、ということも立地戦略として重要です。もちろん市場規模の大きいカテゴリーは良い立地と言えます。良い立地には競合も集まることになりますが、まずは良い立地・顧客が集まる場所を選ぶことが基本鉄則になります。

3カ月～半年で実現する「戦術」項目

ECサイトの戦術を重要度が高い順番に説明すると次のようになります。

1. 品ぞろえ
   集客商品、粗利を取る収益商品、価格帯などを考えます。
2. 売り場
   お客さまが買いたくなる商品ページをきちんと整えます。
3. 集客
   リスティング広告やアフィリエイト広告でお客さまを呼び込みます。
4. 接客
   顧客満足のアップ、メルマガやDMでリピーターの育成に取り組みます。
5. 分析
   Googleアナリティクスなどの分析ツールで改善を図ります。

ECサイトというと、まず「集客」に目を向けがちですが、「立地」や「品ぞろえ」、「売り場」を後回しにしてしまえば、せっかく費用を使って集客しても、最大限の効果を発揮することはできません。

戦略と戦術は、それぞれに実行期限、数値目標を設定して、計画 ➡ 実行 ➡ 評価 ➡ 改善のPDCAサイクルを着実に繰り返し、継続的に改善を図っていくことも大切です。全体の重要度を踏まえて実行してください。

Chapter 2-3

[戦略立案の鉄則]

「市場規模×シェア」で売上を見込む

Keyword　EC化率、レビュー記入率、カテゴリー別の市場規模

販売戦略を決める上で、自社の持つ商品がEC市場でどのくらい市場の大きさがあるのかを知ることは重要です。多くのECで成長している企業は、その市場規模から初年度・3年目で何%のシェアを狙いにいくかという目標を決めてから参入しています。

市場規模を算定するには、一般的には実店舗を含めた商材やカテゴリーの規模からその商材のネット通販比率を算出することが可能です。例えば、とある商品の販売額で1,000億円の市場だとして10%がEC販売比率だと仮定すると、ECの市場規模は100億円となります。よって、3年以内に3%のシェアを確保しようと決めれば、ターゲットはEC売上3億円ということになります。単純なようですが、この3億円という現実性のある数字をターゲットとすることで、計画上その後のアクションを起こしやすく、投資計画も組みやすくなります。

もう1つ、国内ECで高いシェアを持つ楽天市場のレビュー数から商材別・カテゴリー別の市場規模を算定するという方法もあります。

ECプラットフォームの市場規模は、「平均単価」と「レビュー数」で大まかに計算できます。具体的にはカテゴリーの上位10商品をピックアップして、平均単価を計算。過去1年以内に記入されたレビュー数から販売総数を推計して、「平均単価×販売総数」から市場規模を推計します。

著者の会社の推計では、レビューは男性用商材は記入が少なく、女性向け商材は多い傾向がありますが、楽天市場の場合で購入者のうち、5%程度が記入します。

楽天市場のカテゴリー別市場規模
＝年間レビュー数 ÷ レビュー記入率 × 平均単価

で推計可能です。

分類		2018年		2019年	
		市場規模(億円) ※下段:昨年比	EC化率(%)	市場規模(億円) ※下段:昨年比	EC化率(%)
①	食品、飲料、酒類	16,919 (8.60%)	3%	18,233 (7.77%)	3%
②	生活家電、AV機器、PC・周辺機器等	16,467 (7.40%)	32%	18,239 (10.76%)	33%
③	書籍、映像・音楽ソフト	12,070 (8.39%)	31%	13,015 (7.83%)	34%
④	化粧品、医薬品	6,136 (8.21%)	6%	6,611 (7.75%)	6%
⑤	生活雑貨、家具、インテリア	16,083 (8.55%)	23%	17,428 (8.36%)	23%
⑥	衣類・服装雑貨等	17,728 (7.74%)	13%	19,100 (7.74%)	14%
⑦	自動車、自動二輪車、パーツ等	2,348 (7.16%)	3%	2,396 (2.04%)	3%
⑧	事務用品、文房具	2,203 (7.57%)	41%	2,264 (2.76%)	42%
⑨	その他	3,038 (9.31%)	1%	3,228 (6.26%)	1%
合計		92,992 (8.12%)	6%	100,515 (8.09%)	7%

図2-3-1 **物販系分野の主要カテゴリーのEC化率**
出典：経済産業省　電子商取引に関する市場調査　物販系分野のBtoC-EC市場規模
https://www.meti.go.jp/press/2020/07/20200722003/20200722003.html

自社で扱う商材だけでなく、他の商材もチェックすると、相対的な市場規模も把握できます。市場規模が大きければ、それだけ成功のチャンスは大きいといえますが、あまりに大きいと、競合他店との争いが激しくなり、大きな投資を覚悟しなければならないでしょう。

一方、自社公式ECサイトの場合は、総務省統計局の「家計調査状況調査」を使って、実際に家計で利用されている金額に対して、EC化率※を掛けて計算します（図2-3-1）。調査会社による商品カテゴリー別の家計消費状況調査や、楽天市場などのモールの市場規模を参考に目標を決めてもよいでしょう。

※　EC化率
すべての商取引金額に対する電子商取引市場規模の割合。

楽天市場内の市場規模がわかれば、仮に楽天市場のEC全体のシェアが30％程度だとすると、その市場規模の3倍にするとEC全体の市場規模が推定できるため、そこに目標シェアを掲げると自社のEC事業全体売上ターゲットが推計することができます。

Chapter 2-4

[戦略立案の鉄則]

ライバル・モデル店舗を明確にすれば、戦略が具体化する

Keyword　検索表示上位企業の調査、品揃え調査、商品購入調査

参入前・参入直後にやることはモデル店、もしくは類似の店（競合店）の状況を調べ、それらに対して自社が何をするかを決めることが重要です。

自社がすべきポイントは大きくは3つあります。

1. ECプラットフォームで検索上位の企業の確認
2. 商品力（品揃え）の状況の確認
3. 実際に購入して体験

それぞれ見ていきましょう。

検索上位の企業の確認

具体的には、楽天市場、AmazonなどのECプラットフォームの検索表示（スマートフォン上）の上位20商品の企業ページを一覧にして、どういう会社の商品が出ているのか現状を確認します。

例えば楽天市場・Amazonであれば、保有レビュー数とレビューの中身を確認して良い点を学びます。

そのほか、スマートフォンに最適化された商品の見せ方やページ作り、画像などの良い点を店舗ごとに整理して参考にできるようにします。

運営メンバー全員で同じ確認をしながら、気づいた点を出し合って、どういう点が特徴かを確認することが重要です。

商品力（品揃え）の状況の確認

商品力（品揃え）は売上に大きく影響しますので、その状況を調査します。

価格帯と商品分類ごとのアイテム数を数えてエクセルの簡単な表を使った分布マップにします。自社含めて5社くらい調べれば、傾向が見えてきます。エクセルの表で見れば、他社がどの価格帯の商品数が多いのかを踏

座椅子　折り畳み				
	自社	競合A社	競合B社	競合C社
15,800円	2	0	0	0
12,800円	2	1	0	1
9,800円	5	2	3	2
5,900円	2	3	5	3
3,900円	2	3	4	5

自社の強みとして維持

競合対策として強化を検討

図2-4-1 「価格帯×アイテム数」の競合調査票の例

まえた上で、自社の販売戦略を決めることができます。

競合と価格帯を揃えるか、それとも他社とは違う価格帯を攻め、差別化に舵を切るかなどの判断にも役立ちます。

実際に購入して体験

お客さまの目線に立って、検索で上位に出てくる会社もしくは気になる会社の商品を実際に買って、購入体験を行ってみましょう。

チェックポイントは6つあります。

1. **購入前にメール、チャットやLINEなどで商品について質問してみる**
2. **購入直前の入力や決済のしやすさ**
3. **注文確認・サンクスメール**
4. **発送完了メール**
5. **商品到着時の梱包や同梱物**
6. **商品到着数日後に送るフォローメール・ステップメール**

この6つを評価して6段階評価でコメントを付けながら調査します（図2-4-1）。

細かいことのようですが、実際に消費者の目線で買ってみると、特に到着時の梱包やその後のリピートに繋げるためのフォローなど参考点が多いため、必ず実際に購入して調査するようにしてください。

このように競合になりそうな店舗、モデルにしたい店舗を運営チーム全員で調査・共有し合うことで、販売戦略や戦術がより具体的になりますので、必ず行って欲しいことになります。

Chapter 2-5

［戦略立案の鉄則］

商材別×単価別の4つの基本戦略

Keyword　オリジナル性の高い商品作り、ファン作り

ECで販売する商品には、価格帯と商品のオリジナル性によって、大きくは4つに分類され、それぞれの売り方があり、扱っている商材ごとに手法が異なります。取扱商品が図のどこに該当するのかを確認し、適した販売の基本戦略を理解してください。図2-5-1の縦軸は単価（高・低）、横軸は、左が品番・型番、右がオリジナル性の強い商材を表しています。1つずつ、売り方を見ていきましょう。

Amazonや大手家電系サイトがライバルのA／Bゾーン

図のA／Bゾーンは、次のように考えていきます。

①Aゾーン（品番・型番商品×高単価、代表商材：家電）

Aゾーンは、品番・型番商品×高単価の商材で、代表商材は家電です。商品の多さ、安さ、アフターサービスの充実度など、勝てるポイントを多く持っている企業が有利です。リアル店舗を持つ大手企業が売上を伸ばせる分野です。

②Bゾーン（品番・型番商品×低単価、代表商材：文具、本、DIY）

Bゾーンは、品番・型番商品※×低単価の商材で、代表商材は、文具、本、DIY、スポーツ用品です。Aゾーン同様、アイテムの多さ、安さに加え、スピード配送、送料無料などを打ち出せる企業が売上を伸ばします。

逆に、これらの条件がクリアできなければ、Bゾーンで勝ち抜くのは難しいでしょう。

※　品番・型番商品
取引先から仕入れて販売する商品。

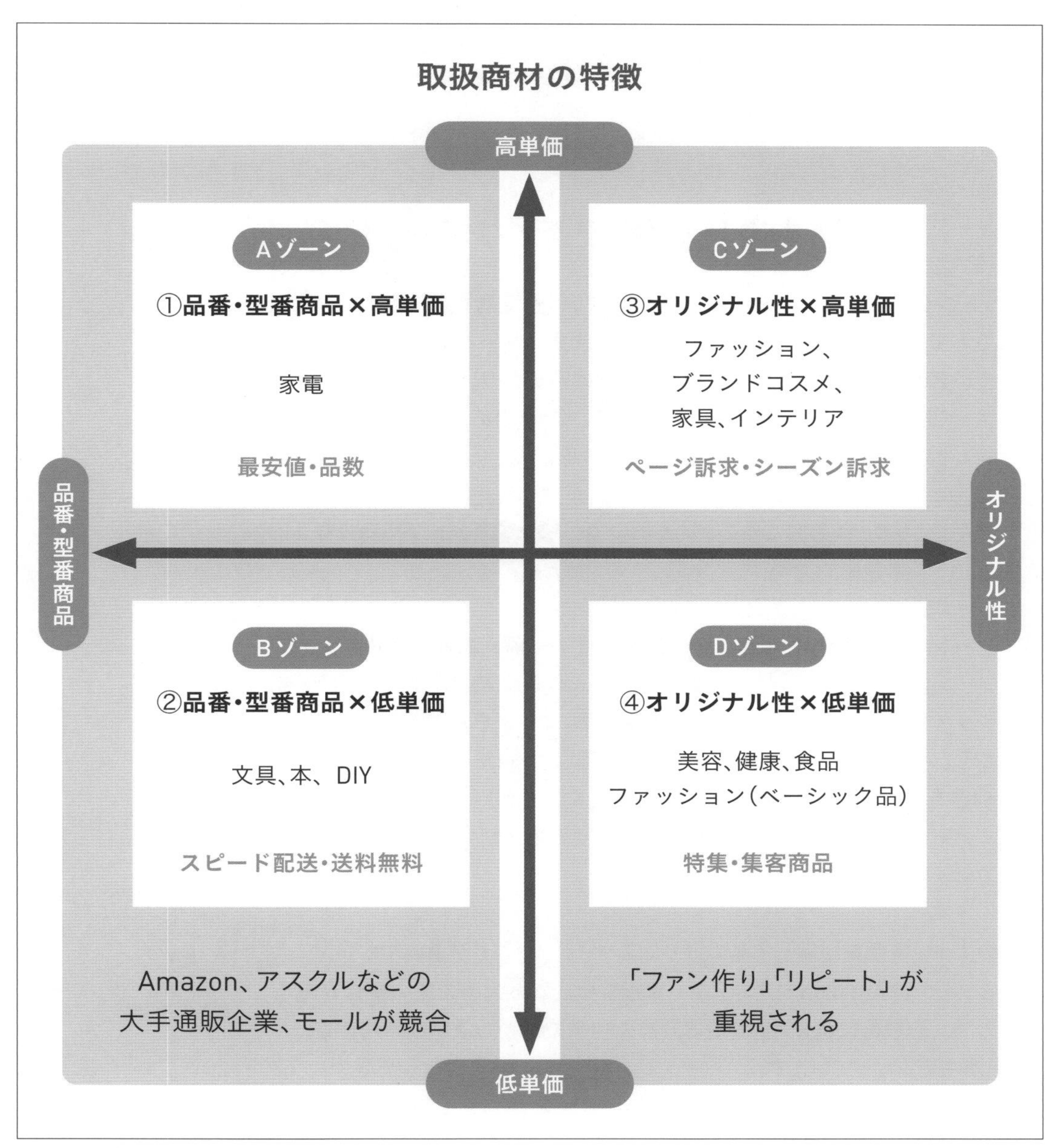

図2-5-1　**商材別×単価別の4つのゾーン**

Aゾーン、Bゾーンともに、ライバルはAmazon、アスクル、大手家電系のようなECで先行する企業なので、強大なライバルと戦うことを前提に戦略を立てる必要があります。

「ファン作り」を重視するC／Dゾーン

図のC／Dゾーンは、次のように考えていきます。

③Cゾーン（オリジナル性×高単価、代表商材：ファッション、家具・インテリアなど）

Cゾーンは、オリジナル性×高単価の商材で、代表商材はファッション、家具などです。アイテムを拡充し品ぞろえを充実させ、主力の定番商品を作っていきます。購入イメージが湧きやすいページ作り、サイズ感がわかる訴求、商品詳細情報などの情報量、シーズン訴求が必須です。また「高評価のレビュー」も保有することで差別化になります。

家具なども、品ぞろえが豊富なサイトに人が集まります。「このショップが好きだ」とリピート客になることが多いので、「ファン作り」が重要になります。

④Dゾーン（オリジナル性×低単価、代表商材：美容、健康、食品）

Dゾーンは、オリジナル性×低単価の商材。代表商材は、美容、食品、ベーシックなファッションです。新規顧客獲得にコストをかけ、リピート客を増やし、複数回購入してもらい、コストを回収するビジネスモデルです。新規顧客を集める「集客商品※」を作り、広告などを利用してLP※に着地させます。その後、メルマガやDMを活用して継続購入してもらい、LTV※を向上させます。

このような特性を理解して基本通りにスタートすることが重要です。AゾーンBゾーンはAmazon・アスクル・家電量販店など大手企業の競合が激しいので、一般的にはC・Dの中で自社の特徴を活かしながら参入していくことが主流となっています。

※　集客商品
Chapter 2-19も参照。

※　LP
Landing　Page
ランディングページ

※　LTV
Life Time Value
顧客生涯価値

Chapter 2-6

[戦略立案の鉄則]

成長サイクル別に戦略を立てる

Keyword　ブランド認知、売上の踊り場、新興カテゴリー

2つの成長モデルで戦略が大きく異なる

メーカーや新規ブランドが参入したときの成長サイクルのパターンは、大きく2つあります。図2-6-1はある程度、一般的に知られている市場がある場合や、自社の商品に知名度がある商品の売上サイクルパターンです。

図2-6-2は、例えばオーガニックシャンプーやボタニカルシャンプー、電動歯ブラシ、○○のチーズケーキなど、発売時の商材やカテゴリー自体に認知度がない場合や、ブランド認知がない商品の売上の上がり方です。

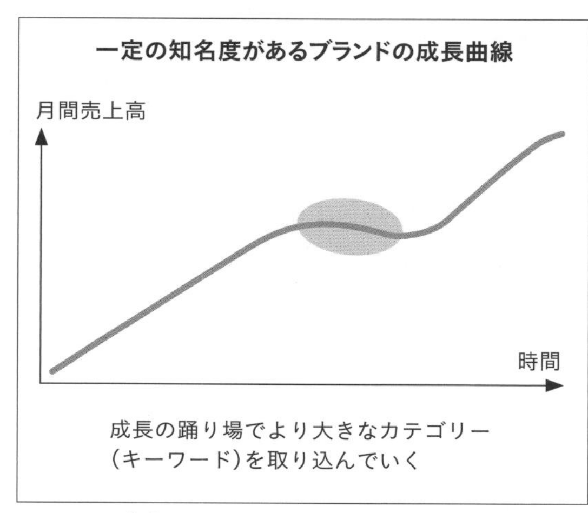

図2-6-1　**売上サイクルパターン1**

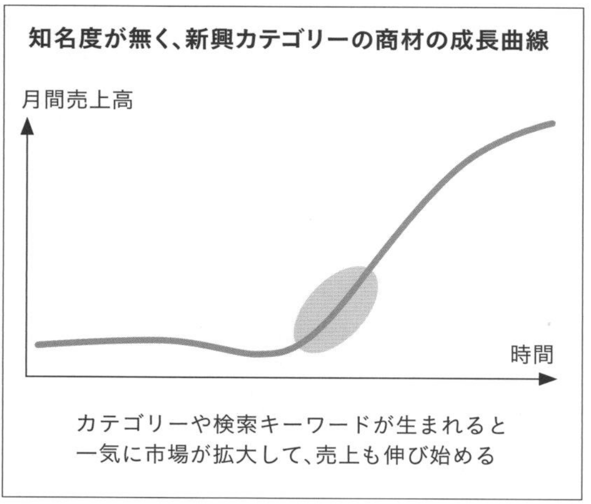

図2-6-2　**売上サイクルパターン2**

認知度や知名度の高い図2-6-1の成長イメージは、最初の成長期・踊り場に入る安定期・その後の成長期という大きく3つに分けられます。第1段階の成長期は、既にネットで先行している企業に対して広告投資やポイント還元などで自社の商品シェアを上げながら、売上を伸ばしていく時期です。一定のシェアを獲得すると売上の伸び率が安定して、いわゆる踊り場に入ります。

売上の踊り場の時期に取り組むことは、改めてリピート率の確認を行い、さらにリピートを増やすための施策を整えるタイミングです。次の成長に向けて、関連する周辺のカテゴリーやキーワードに販促などを実施しながら、もう一度攻めていきます。ただ、成長期に比べて効率はどうしても悪くなる傾向にあるので、まずは基盤を作ることが先決です。例えばオーガニックの化粧水がメインだった場合、「化粧水」という市場の大きいキーワードや、「化粧・コスメ」に関連するキーワードを選んでその中で認知とシェアの確保を狙います。その際にも一定の認知があると売上規模が大きいため成長できる傾向にあります。

認知度や知名度の低い図2-6-2の成長イメージは、スタート段階は思うように売上が上がらない傾向が続きますが、ここは一定期間の我慢が必要です。例えば「電動歯ブラシ」のようなキーワードは、今となれば普通に認知されていますが、発売当時はネット通販の検索キーワードとしては、決して多くないところからスタートしています。そのような場合は、歯ブラシ関連のキーワードで様子を見ながら、お客さまの認知を図っていく必要があります。一定期間を過ぎたところでネット通販の中で検索される検索推奨ワードとして出てくることで、多くの人が検討してくれるようになるため、その時点でトップシェアを取っておくことが重要です。トップシェアを取った状態で、市場規模が拡大すると一気に売上も利益も出るようになります。伸び始めたタイミングで販促も投下することで競合が追いつけず、そのカテゴリーで一番になることができます。

市場が大きくなると当然、競合企業の参入も増えていきます。激しい競争が発生しますが、参入企業が増えることでさらに市場規模が大きくなる現象が起きますので、その時点で一番のシェアを持っていると市場拡大に沿って更に売上が伸びるようになります。この段階では競合店の動きに注意しながらも、大きなイベントでは必ず相応の販促費を使って一番を守り続けることが重要です。

Chapter 2-7

[戦略立案の鉄則]

新規参入はモールを最大活用する

Keyword　ECモール＝ECプラットフォーム、自走モデル

Chapter 2

マーケットがない、知名度もない商品でEC参入するならモール活用

まだ認知度の低い、自社のオリジナル性の高い商品や斬新な商品を、ネットを通して広く販売して行きたいという場合、大きくは自社のECサイトを中心にSNSを活用しながら認知させていく方法と、楽天市場・Amazon・Yahoo!ショッピング（PayPayモール）のようなモール（ECプラットフォーム）で販売する2通りの方法がありますが、基本的にはマーケット自体が大きくなく、知名度もまだ低い商品は楽天市場からスタートすることをおすすめします※。

※　Chapter 4「楽天市場運営の鉄則」参照

楽天市場では、常に多くの「買い物を目的にする利用者」がいますので、その中から1人や2人でも自社のページに来る可能性が高くなります。実際に商品が売れ始めると、ランキングに表示・掲載されたり、検索結果の上位に表示されたりするなど、商品が露出されるサイクルに入ります。自社ECサイトの場合は、一般的にはGoogleの検索表示で露出されるかが重要ですが、知名度がない状態で検索数が多く有力なキーワードはなかなか上位に表示されません。SNSで広げたとしても、それが一気に購入に繋がるかは未知数なのでスタート段階では難易度が高いと言えます。

モールでは、商品購入から新たな集客に繋げるための仕組みが充実しており、例えば売上ランキングへの露出やモール内検索の順位向上など、商品購入と同時にモール内での露出を増やすことができる仕組みがあります。モール自体に圧倒的な集客力があるため、商品が売れれば露出が増え、新規顧客の来店につながり、さらに売上につながる「自走サイクル」が回っていく仕組みになっているのです（図2-7-1）。

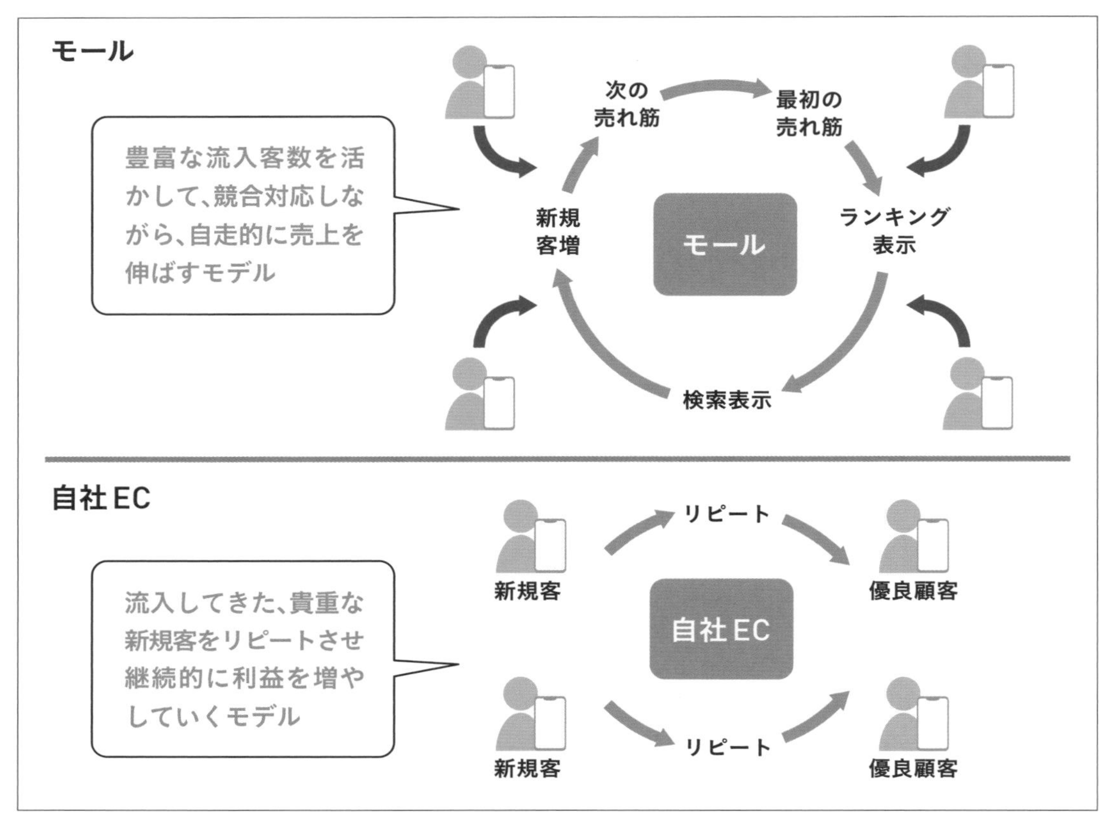

図2-7-1　**モールと自社ECの違い**

対して自社ECでは、サイト内でのランキングやサイト内検索の順位が上がっても、自社サイト内の変動があるだけで、集客が増えるわけではなく、「自走サイクル」を回すことはできません。

楽天市場では、まずその商品自体がネット上で売れるかどうかということもわかりやすく、売れるために必要なページの訴求や競合店舗の取り組み・イベント対応のノウハウを学びながら改善を行うことができることもメリットと言えるでしょう。

Chapter 2-8

[戦略立案の鉄則]

「デジタルシェルフ」獲得戦略が本格化

Keyword　デジタル棚の一等地、デジタルシェルフシェア

Chapter 2

メーカーやブランド保有企業が楽天市場やAmazonなどの主要ECプラットフォームに注目する理由の1つを、EC・実店舗それぞれの売上ランキングを見比べることで垣間見ることができます。

ドラッグストアなど、実店舗の売上ランキングに名前を連ねる商品は、どれも大手メーカーの有名ブランド商品が占める状況が続いています。一方で、楽天市場やAmazonといった主要なECプラットフォームのランキング上位の場所「デジタル上の一等地(デジタル棚)」には、実はそれらの商品があまり入っておらず、他のブランドが良い棚を取っています。このような現象が起きていることに対して、有名ブランドを持つメーカーがシェアをとるため、ECを活用する動きが広がっているのです。

例えば、著者が調べたシャンプーの実店舗と楽天市場・Amazonの売上上位ランキングを見るとそれが良くわかります。特徴的なのが実店舗の平均売価が361円に対して、楽天市場では4,501円(店舗の12倍)・Amazonでは1,311円(店舗の3.6倍)となっており、実店舗より単価の高い商品がよく売れているということがわかります※。

※　2020年5月ランキング。著者調べ

また、図2-8-2、図2-8-3のようにAmazonと楽天市場の上位20商品を見てみると、Amazonでは20商品中10商品が店舗上位にないものが並んでおり、楽天市場では20商品中16商品が店舗上位にないものが並んでいます。

このように、ネット通販に慣れた若者や実店舗で購入する回数を減らした消費者が、自社の商品ではないものを選んでしまうということに対して、楽天市場・Amazonでシェアを確保しようとする動きが目立ってきています。ECプラットフォーム上の良いデジタル棚(シェルフ)で、いかに自分たちの商品でシェアを取るかという『デジタルシェルフ戦略』が重要になってきているのです。

実店舗			
	製品名	メーカー名	価格
1	ナチュリエ ハトムギ化粧水	イミュ	¥586
2	肌ラボ 極潤 ヒアルロン液 詰替	ロート製薬	¥667
3	モイスタージュ エッセンスローション 超しっとり	クラシエホームプロダクツ	¥457
4	ちふれ 化粧水 とてもしっとり 詰替	ちふれ化粧品	¥451
5	明色 奥さま用アストリンゼン	明色化粧品	¥451
6	肌ラボ 極潤 ヒアルロン液	ロート製薬	¥779
7	50の恵 コラーゲン養潤液 詰替	ロート製薬	¥1,108
8	モイスタージュ Eローション しっとり	クラシエホームプロダクツ	¥465
9	ウテナ モイスチャー アストリン	ウテナ	¥588
10	ちふれ 化粧水 しっとり 詰替	ちふれ化粧品	¥439
11	ピュアナチュラル EローションUV 詰替	pdc	¥575
12	明色 スキンフレッシュナー	明色化粧品	¥422
13	モイスチャー ローション	ウテナ	¥591
14	ピュアナチュラル エッセンスローションUV 210	pdc	¥687
15	ちふれ 化粧水 とてもしっとりタイプ	ちふれ化粧品	¥552
16	シンプルバランス モイストローションUV 詰替	ウテナ	¥497
17	シンプルバランス モイストローションUV	ウテナ	¥633
18	モイスタージュ エッセンスローション 超しっとり 詰替	クラシエホームプロダクツ	¥400
19	モイスチャー フレッシュナー	ウテナ	¥592
20	明色 薬用ホワイトモイスチュアローション	明色化粧品	¥417

図2-8-1 **【化粧水】の実店舗の売上ランキング20位**（2020年5月 著者調べ）

Amazon			
	製品名	メーカー名	価格
1	ナチュリエ スキンコンディショナー	イミュ	¥519
2	菊正宗 日本酒の化粧水	菊正宗酒造	¥634
3	ニベアメン アクティブエイジローション	花王	¥1,189
4	SKIN AUTHORITY ハトムギ化粧水	日野薬品工業	¥1,500
5	肌ラボ 極潤 ヒアルロン酸 化粧水 詰替用	ロート製薬	¥603
6	肌ラボ 極潤 ヒアルロン酸 化粧水	ロート製薬	¥696
7	プラチナレーベル ハトムギ化粧水	プラチナ レーベル	¥591
8	明色化粧品 明色美顔水	明色化粧品	¥880
9	オードムーゲ薬用ローション	小林製薬	¥2,694
10	セザンヌ スキンコンディショナー高保湿	セザンヌ	¥715
11	バルクオム THE TONER 高保湿化粧水	バルクオム	¥3,300
12	サンエイ化学 高純度 精製水	サンエイ化学	¥1,764
13	メラノCC 高浸透ビタミンC配合 誘導体配合 詰め替え用	ロート製薬	¥682
14	オルナ オーガニック ヒアルロン酸 化粧水	オルナ オーガニック	¥1,037
15	キュレル 化粧水	花王	¥1,980
16	メラノCC 高浸透ビタミンC配合 誘導体配合	ロート製薬	¥793
17	保湿浸透水 モイストリッチ 詰め替え用	松山油脂	¥990
18	素肌しずく ビタミンC化粧水	アサヒ研究所	¥1,078
19	メラノCC 高浸透ビタミンC配合 誘導体配合	ロート製薬	¥711
20	菊正宗 日本酒の化粧水	菊正宗酒造	¥1,223

図2-8-2 **Amazonの検索表示上位20**
（色塗り無しは、実店舗の売上ランキング商品）
（2020年5月）

楽天市場			
	製品名	メーカー名	価格
1	SBC MEDISPA ステムローション化粧水	コスメテックス	¥4,760
2	SK-2美白ホワイトニングセット フェイシャルトリートメントエッセンスセット トライアルセット	P&Gプレステージ	¥10,890
3	ヤクルト ラクトデュウ S. E. ローション	ヤクルト	¥3,661
4	SK-2マックスファクター フェイシャルトリートメントエッセンス 化粧水 化粧品セット	P&Gプレステージ	¥24,200
5	SK-2ピテラフルラインセット スキンケアセット 化粧水セット	P&Gプレステージ	¥9,900
6	PLuS／プリュ カーボニック リバイバルミスト	スタイルクリエイト	¥1,940
7	ラクトリバースローション	ジェーピー・インターナショナル	¥8,800
8	エリクシール シュペリエル リフトモイスト ローション	資生堂	¥3,300
9	プレミアムフェイスエッセンスアクアモイス	アールスタイル	¥5,280
10	薬用プリエネージュ プラセリッチ 生コラーゲンローション	プラセス製薬	¥1,306
11	SK-II フェイシャル トリートメント エッセンス ミッキーマウス リミテッド エディション	P&Gプレステージ	¥25,300
12	ボタニカル ローション＆アフターシェーブ	リ・ブランディング ジャパン	¥2,200
13	濃厚本舗ＡＰＰＳパウダー＋ローションEor G ローションセット	濃厚本舗	¥1,365
14	SKII フェイシャルトリートメントエッセンス	P&Gプレステージ	¥14,410
15	クリスタルエッセンス	トゥヴェール	¥3,270
16	SK-II フェイシャルトリートメント クリアローション	P&Gプレステージ	¥10,010
17	エリクシール シュペリエル リフトモイスト ローション 詰め替え用	資生堂	¥2,860
18	SK-II FTエッセンス	P&Gプレステージ	¥14,850
19	SK-2 フェイシャルトリートメントエッセンス	P&Gプレステージ	¥24,200
20	アベンヌ ウオーター	ロイヤル ネットジャパン	¥935

図2-8-3 **楽天市場の検索表示上位20**
（2020年5月）

Chapter 2-9

[戦略立案の鉄則]

モールを活用した「スモールマス戦略」が主流に

Keyword　マスマーケティング、DtoCブランド、尖がりのあるコンセプト

今後成長するECを主体とした「DtoCモデル」を大きく成長させるためには、複数店舗を運営していくことは必須と言えるでしょう。その中で自社公式ブランドサイト・楽天市場・Amazon・PayPayモールといった店舗の位置づけを明確にしておくことも重要です。

自社公式のブランドサイトは顧客の名簿を獲得してそれを末永くリピートしてもらうことが一番の目標になります。その名簿を獲得していくためにも、モールではやりにくい自社のソーシャルも活用してコミュニティや顧客との関係性を構築する。もしくは個々の顧客に合わせて「パーソナライゼーション」「サブスクリプションモデル※」なども実施する必要があるでしょう。いずれにしても、自社で展開するブランドサイトは、「DtoCモデル」の中心的な役割を担いながらブランドの価値を高めていくビジネスモデルを展開していく必要があります。

※　サブスクリプション
Chapter 1-5参照。

楽天市場は主に30代から50代のEコマースでお買い物することに慣れている方で、かつたくさん金額を使う顧客との接点を持つことが有効です。楽天市場は以前言われていたような、ブランドイメージの下落ということも最近はなく、店舗のリピート率も安定しているため、有名ブランドも公式店を持つケースが増えています。

AmazonとPayPayモールは、楽天市場とは別の客層や新規客を抱えていますので、新しい顧客との接点を増やしていくという意味でも価値が広がっています。特にAmazonは若年層20代の女性にも利用比率が高いという調査データも発信されており、本や家電だけではなく、日用品などの商材を日常的に買う客層も増えているため、そのような商材を扱いながら新規の出会いの場として位置づけると良いでしょう。PayPayモールは、PayPay決済との連携で実店舗での消費を中心としていた客層を取り込めるという位置づけで活用する企業が増えています。

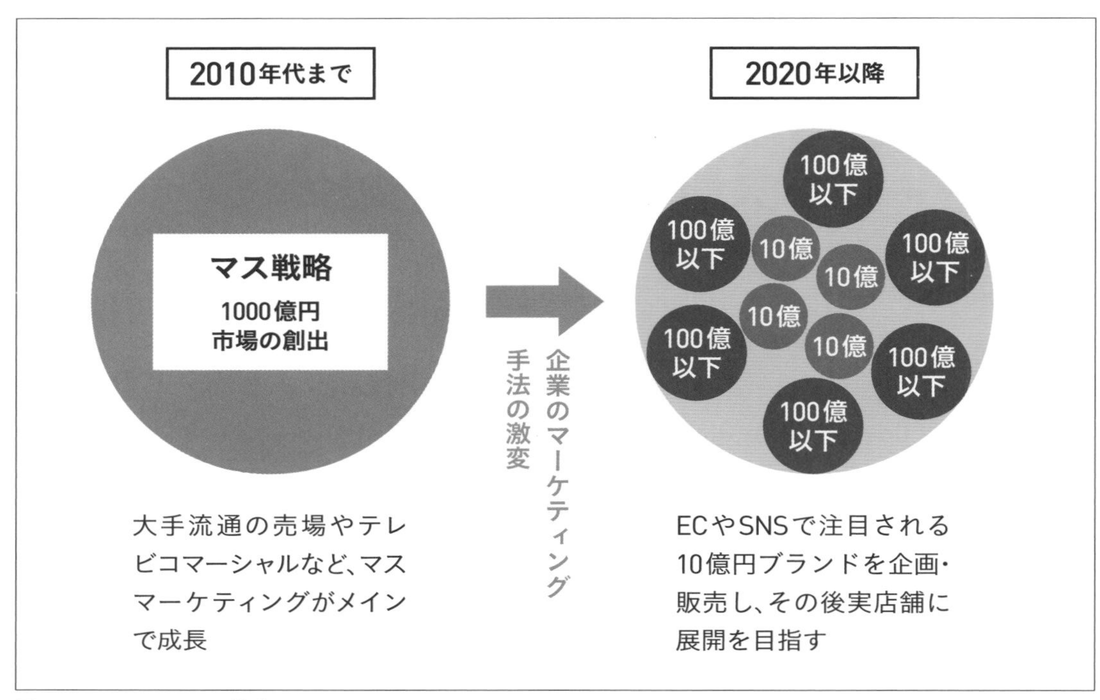

図2-9-1　**スモールマス戦略**

今後は、テレビCMを中心としたマス広告で1000億円市場を攻める戦略から、ECを起点にスモールな市場へ「尖がりのあるコンセプト」で攻める動きが主流になります(図2-9-1)。

これからはECで参入していきなり100億を狙おうという発想ではなく、1億円もしくは10億円のブランドを10個作るという発想が必要になります。いまから総合的な品揃えを武器に参入すると、どうしても利用者が分散してしまうため、ファンもつきやすいスモールマスかつ、少ないアイテムで突破していくモデルが必須となります。

Chapter 2-10

[運営システム選定の鉄則]

戦略とコストでECサイトシステムを選ぶ

Keyword　パッケージ型、ASP型、クラウド型、SaaS型、BtoBカート

EC運営を計画して実行していくには、様々なシステム・ツールを最適に選定して組み合わせる必要があり、特にスタート段階もしくは事業拡大の際に自社公式ECサイトを開設するための「ECサイト構築システム」の選定が必要です。EC業界において、システムはパッケージ型とASP型、新しく登場したクラウド型の3つに分類されており、それぞれ実績の多いシステムが多数提供されています。そこに最近は越境対応や法人間の取引に対応する専用のカートも出ています。

カスタマイズで独自の売り方を実現する「パッケージ型」

「ECパッケージシステム」は、自社ECサイトを構築するために使われるソフトウェアです。ECに必要なシステム基盤がパッケージ化されており、それをベースにEC事業者ごとに機能の開発と追加を行います。

カスタマイズの自由度が高く、独自のサービスや売り方をECサイトで実現できることがメリットで、基幹システムとの連携や、実店舗との在庫連携など、大規模なシステム開発を行うEC事業者も少なくありません。

ただし、導入の初期投資やランニングコストは、ショッピングカートASPなどと比べて非常に高くなります。初期費用は数百万〜数千万円かかるのが一般的で、ECで年商50億〜100億円以上を狙うような大規模EC事業者が導入するケースが多くなっています。

ECパッケージシステムは、外部ツールとの連携を比較的柔軟に行えることから、CRMツールや集客ツール、マーケティングオートメーションツールなどを連携させて利用するEC事業者もいます※。

※　最近のトレンドとして、ECパッケージシステムを活用してオムニチャネルに取り組む小売企業も増えている。実店舗とECサイトの顧客IDの統合、さらには在庫連携などにECパッケージシステムが活用されている。

クラウドを活用した「SaaS型」も続々登場

近年、クラウドを活用して「SaaS型※」で提供されるECパッケージシステムも増えています。カスタマイズの自由度が高いECパッケージシステムの長所を残しつつ、基本機能をインターネットのクラウドサーバー経由で提供しているのが特徴となっています。

クラウド型のECパッケージシステムを導入するのは、年商規模が数億～50億円のEC事業者が中心です。カスタマイズの自由度が高く、アクセスが集中したときの安定性も高く、かつ最新の機能を利用できる利便性の高さなどから、クラウド型「SaaS型」を選ぶ企業は今後も増えていくでしょう。

※ SaaS型
Software as a Service

安さと手軽さがメリットの「ASP型」

中小規模のEC企業向きショッピングカート「ASP※」は、自社ECサイトを構築するためのクラウド型で提供されるECシステムです。ECで売り上げを伸ばすために必要な機能をすぐに利用できる上、初期費用やランニングコストが他のECサイト構築システムと比べて安いことがメリットです。ECに新規参入した企業や、まずは、自社ECサイトで月商100～1000万円を目指そうという中小規模のEC事業者が多く利用しています。

システムのアップデートや機能追加などはサービス提供会社が行うため、EC事業者は個別に機能開発を行わなくても、最新の機能を利用できます。

一方、機能をEC事業者ごとにカスタマイズすることができないため、独自のサービスや売り方を実施しにくいのが欠点です。ECで年商50億円以上を目指すような企業は、カスタマイズしやすい「SaaS型」やECパッケージシステムに乗り換えるケースもあります。

ショッピングカートASPの初期費用は無料～数万円、月額料金は1000～20000円程度が中心。初期費用と月額利用料が無料のショッピングカートASPもあり、利用店舗数は個人を含めて数十万店に上ります。

その他、リピート通販に特化したシステム、企業間取引(Business to Business)に使われる「BtoBカート」、越境EC対応したシステムも提供されています。

※ ASP
ApplicationService Provider

[運営システム選定の鉄則]

EC成長をアシストする接客・分析・CRMツール

Keyword　レコメンドエンジン、ヒートマップ、サイト内検索エンジン、パーソナライゼーション、人工知能(AI)

ECサイトが立ち上がって徐々に売上が上がってくると、例えば購入率アップをサポートするツールや、リピート率アップをサポートするツールを導入する企業が多くなっています。

ユーザーの行動を可視化しサイトを改善する

「サイト分析ツール」は、主に自社ECサイトにおけるユーザーの行動を可視化し、サイトの強みや課題などを抽出するために使うツールです。ユーザーがよく見ているページや、離脱しやすい場所を特定し、ページのデザインやコンテンツを改善することができます。

近年、オンライン広告の顧客獲得単価が上昇する中、サイト訪問者の転換率を高めるためにサイト分析ツールを導入するEC事業者が増えています。もっとも一般的に使われるサイト分析ツールは「Googleアナリティクス」。サイトの訪問者数や流入チャネル、コンバージョン数、ユーザーが使ったデバイスの種類(PC・スマホ)などを分析できます。

Googleアナリティクスだけでは捕捉できないデータを知りたいときは、目的に応じてサイト分析ツールを導入します。例えば、ユーザーがページ内のどこをよく閲覧しているかを、色の濃淡で可視化する「ヒートマップ」は、EC業界で利用が広がっているツールの1つ。ページ内のマウスの動きやタップされた場所などから、ユーザーが興味を持ったコンテンツや、離脱しやすい場所などを特定します。

EC事業者がよく使うサイト分析ツールに「ABテストツール」があります。例えば、広告バナーなどを「Aパターン」と「Bパターン」の2種類作り、どちらがクリックされやすいかを比較するツールです。

ABテストの対象は、ランディングページ、メルマガ、サイト内のバナー、カートボタンなど、あらゆるクリエイティブに及びます。クリック率だけでなく、クリック単価やコンバージョン率といった指標を比較するときにも使います。

近年は楽天市場やYahoo!ショッピングなど大手ECモールが、出店者向けにアクセス解析ツールや広告効果検証ツールを積極的に提供するようになりました。サイト分析ツールの重要性が高まっていることの表れと言えるでしょう。

顧客ごとに最適な商品提案でコンバージョン率向上

「レコメンドエンジン」は、顧客の購買履歴やサイト閲覧履歴などにもとづき、顧客ごとに最適な情報を表示するツールです。ECサイトのコンバージョン率※や客単価の向上に役立ちます。消費者のニーズが多様化する中、顧客の興味関心に合った商品をECサイトで表示する「パーソナライゼーション」が求められるようになりました。

※　コンバージョン率
サイトを訪問したユーザーのうち、実際に購入に至った割合。
CVR（Conversion Rate）。

ECサイト側が売りたい商品を一方的に表示するのではなく、過去の購入商品と関連性が高い商品や、顧客の嗜好に合った商品をレコメンドすることが重要です。

ECサイトのコンバージョン率を向上させるツールでは、「ウェブ接客ツール」の導入も広がっています。「ウェブ接客ツール」とは、顧客の行動に合わせてECサイトの表示内容を自動で最適化するもの。例えば、初回訪問客には新規購入キャンペーンのバナーを表示し、過去に1回購入した顧客には定期購入キャンペーンのバナーを表示するなど、顧客ステータスに合わせた販促を自動化できます。

また、顧客がサイトから離脱しようとした瞬間、キャンペーン情報やクーポン情報をポップアップ表示し、買い物の途中でサイトから離脱することを防ぐことも可能です。

「レコメンドエンジン」や「ウェブ接客ツール」を活用する場合、どの顧客に、どの情報を出すかのシナリオを考える必要があります。そのため、顧客情報や購買データを分析することが必須です。最近はレコメンドエンジンとカートシステムの顧客情報やCRMツールなどを連携させ、人工知能を活用してお薦め商品を表示する製品も登場しています。

近年の「ウェブ接客ツール」のトレンドの1つは、顧客対応にチャットを活用する動きが広がっていることが挙げられます。

汎用的な質問には、人工知能を搭載したチャットボットが自動応答するサービスも目立ち始め、チャットの内容から顧客が買いそうな商品を推測し、チャット中に商品提案を行うなど、チャットとレコメンドエンジンの融合も進んでいます。

スマホ時代はサイト内検索が一層重要

「サイト内検索エンジン」は、ECサイト内でユーザーが探している商品を、キーワードに基づいて表示する検索エンジンです。

アパレルや雑貨など取扱商品数が多いECサイトでは、商品を見つけるために検索窓やドリルダウン検索などがよく使われます。特に画面が小さいスマホサイトでは、検索窓にキーワードを入力して商品を探すユーザーが多いため、サイト内検索エンジンの精度がコンバージョン率に大きく影響します。

楽天市場やAmazonなど大手ECモールは、精度の高いサイト内検索エンジンを搭載しています。それらのECモールで買い物をすることに慣れている消費者は、他のECサイトでも同じような精度で商品を検索できると思っている場合が少なくありません。そのため、検索で欲しい商品がなかなか出てこないECサイトは、「使いにくいECサイト」「商品が少ないECサイト」と判断されてしまう可能性が高まります。

画像サジェストなど新機能も続々登場

検索結果の精度を高めるには、商品データをきちんと整理・理解し、入力されたキーワードと関連性の高い商品を正確に表示するアルゴリズムを組むことが必要です。また、単語の入力ミスや表記ゆれに対応する機能や、キーワードと関連性の高い単語を推薦するサジェスト機能などもコンバージョン率の向上に直結します。

検索で使われやすいキーワードの分析や検索結果のチューニングなど、日々のメンテナンスも重要です。近年は、こうした分析やチューニングを人工知能が行う検索エンジンも出てきています。

サイト内検索エンジンを提供する各社は日々、機能改善に取り組んでいます。検索窓にキーワードを入力した際、サジェストワードに加えて画像と詳細ページへのリンクを表示するなど、よりスムーズに欲しい情報に到達できるような機能を実装しているサイト内検索エンジンも登場しました。米国では顧客の行動履歴を分析し、検索結果を顧客ごとにカスタマイズする機能も注目されています。

データを一元管理・分析し優良顧客育成の施策を打つ

CRM※ツールとは、顧客の購買履歴や行動データ、問い合わせ記録といった顧客情報を一元管理し、分析するためのツールです。

ECの売り上げと利益を伸ばすには、リピート顧客を増やすことが欠かせません。近年は広告単価や新規顧客獲得コストが上昇傾向にあるため、広告費をかけて新規顧客を獲得した後に、顧客満足度を高め、優良顧客を増やすことが最重要テーマになっています。優良顧客を増やすための施策を打つ上で、CRMツールが役立ちます。

CRMツールは、ECサイトの購買履歴や会員情報、ウェブ上の行動履歴、店舗のPOSデータなど企業が持つ情報を一元管理します。そのデータをもとにRFM分析※などで顧客をセグメントした上で、顧客の属性に合わせてダイレクトメールやステップメール、SMSのプッシュ通知などを行います。そうすることで、より効果が高い施策を打つことができます。

また、CRMツールに蓄積したユーザーデータを活用し、アドネットワークに広告を配信するEC事業者も増えています。

CRMツールを選ぶときは、導入の目的を明確にすることが重要です。近年、多彩な機能を持ったCRMツールが増えていますが、導入しても機能を使いこなせていないEC事業者も少なくありません。CRMツールで実現したいことを整理し、目的にあったツールを選ぶことが重要です。

※　RFM分析
Recency = 最新購入日
Frequency = 購入頻度
Monetary = 累計購入金額
この3つの軸を用いた分析手法。

Chapter 2-12

[運営システム選定の鉄則]

EC複数店舗運営+EC倉庫管理システム活用は必須に

Keyword 多店舗展開、SKU、WMS、3温度帯、マテリアルハンドリング、ゲートアソートシステム

Chapter 2

現在のEC業界では、自社ECサイト・楽天市場・Amazon・Yahoo!ショッピングなど複数店舗運営が基本となっており、これらの複数サイトを運営するためのシステムが多く提供されています。主に在庫管理を一元化したりお客さまの対応を効率化したりといったシステムが多く利用されています。

在庫や注文情報を一元管理し多店舗展開を効率化

受注・在庫管理システムとは、ネットショップの商品データや在庫情報、売り上げなどを管理し、注文処理や出荷指示を行うシステムのことで、自社ECサイトやモールなど複数のネットショップの在庫情報や商品データ、顧客データを一元管理し、受注処理や出荷指示を1つのシステムで行えることがメリットです。

複数のチャネルでネットショップを運営する「多店舗展開」を行う際、店舗ごとに注文処理や在庫管理を行うと、膨大な業務が発生します。注文処理に時間がかかり、人為的ミスが起こりやすい上、会社全体では在庫があるのに個別のショップで欠品するなど機会損失も発生しやすくなります。こうした課題の解決に受注・在庫管理システムが役立ちます。

受注・在庫管理システムはオンプレミス型※とクラウド型があり、現在は月額課金(または従量課金)のクラウド型が主流です。

受注・在庫管理システムの中には、WMS(倉庫管理システム)など外部システムと連携し、受注処理から出荷指示までの一部業務を自動化するものも出てきています。フルフィルメントコストを下げるために、注文処理をできるだけ自動化することがECの重要テーマになっており、その観点からも受注・在庫管理システムの重要性は高まっていると言えるでしょう。

※ オンプレミス型
サーバー・システムを自社運用すること

倉庫内業務を効率化出荷ミスも防ぐ「WMS」システム

「WMS※」とは、倉庫内の在庫管理と商品の検品を行うためのシステムのことです。倉庫に「WMS」を導入すると、「商品がどの棚に、何個残っているか」が一目瞭然になります。在庫の保管場所はマテリアルハンドリング（倉庫スタッフが使う携帯端末）に表示され、倉庫スタッフが商品をピッキングしてバーコードを読み取ると在庫の残数がリアルタイムで更新されます。

「WMS」を導入すると在庫管理や倉庫内作業の効率が上がるほか、人的ミスによる誤出荷を防ぐことができます。「WMS」が必要になるタイミングの目安は、1カ月の注文件数が700～1000件を超えたとき。ただし、アパレルECなど取扱商品が数万SKU※に上る場合は、手作業で在庫管理を行うのは不可能なので最初から「WMS」の導入が必須でしょう。

自社の業務内容に合ったWMSを選ぶ「WMS」は企業ごとにカスタマイズするパッケージ型と、汎用的な機能を備えたASP型があります。自社のEC事業に合わない「WMS」を導入してしまうと、今までできていたサービスができなくなったり、コストが増大したりする結果を招きかねません。

例えば、冷蔵保管が必要な食品と、常温保存の商品を扱っている場合、送り状は冷蔵と常温のラベルを印刷する必要があります。異なる温度帯の商品が引き当たることを想定し、複数のラベルを印刷する機能を備えた「WMS」を選ばなくてはいけません。「WMS」が3温度帯※に対応していないと、現場スタッフが目視でラベル管理を行うため、業務効率が下がり人的ミスも起こりやすくなります。

「WMS」はECサイト構築システムやショッピングカート、ECモール、受注管理システムといった、ECの各種システムとの連携の相性があります。また倉庫内のマテリアルハンドリングやゲートアソートシステムなどと連携が可能かどうかも重要なポイント。取扱商品や用途を踏まえ、「WMS」でできること、できないことを導入前によく調べましょう。

※　WMS
Warehouse Management System
倉庫管理システム。
Chapter 1-7も参照。

※　SKU
Stock Keeping Unit（ストック・キーピング・ユニット）の略。
受発注や在庫管理を行うときの、最小の管理単位のこと。

※　3温度帯
冷凍、冷蔵、常温
配送や保管時の温度指定に使われる。

Chapter 2-13

［実行計画の鉄則］

売上アップは「6つのステップ」で考える

Keyword　カテゴリー一番戦略、売上上位10商品の集中販売、カテゴリー付加

Chapter 2

ECを立ち上げ、売上を伸ばしていくには、6つのステップを踏む必要があります。この手順を間違えてしまうと、売上が伸びるまで時間がかかります。各ステップで取り組む施策を簡単に解説しましょう。

図2-13-1のグラフの縦軸は売上、横軸はステップです。売上は、月商100万円、500万円、1,000万円の3つのステージで考えます。

ステップ① カテゴリーの絞り込み

どのような品ぞろえで勝負するかを考える前に、どの商品カテゴリーなら勝てるか「カテゴリー一番戦略」を作ります。家具なら「座椅子」、アパレルなら「ブーツ」のように、小資本でも「このカテゴリーなら他にはない品ぞろえ」と宣言できる売り場が大切です。勝負できるカテゴリーの競合調査から始めます。

ステップ② 集客商品のページ作り

勝負するカテゴリーが決まったら、集客商品※を1つ決め、商品ページを作ります。

※　集客商品
お客さまを集めるための商品。
Chapter 2-19も参照。

ステップ③ 集客（販促）

売上を作る段階に入ります。集客商品に人が集まるように、広告を含めて販促をしていきます。集客商品のヒットで、月商100万円の達成が目標です。いまは数十億円規模になっているEC企業でも、必ず成長過程で「この商品がヒットした」という看板商品があります。月商100万円を超えたらビジネスとして軌道に乗り始めるので、第1段階としてここをクリアしましょう。

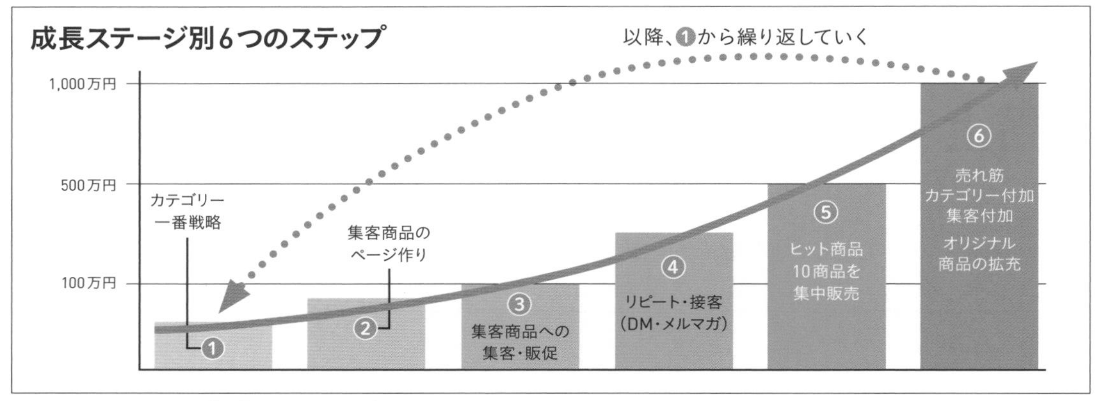

図2-13-1　売上アップは「6つのステップ」で考える

ステップ④ 接客

集客商品を購入したお客さまに、メルマガやDMでリピート購入を促すステップです。安定的な収益は、リピート顧客がいてこそ実現されます。

ステップ⑤ ヒット商品・売れ筋商品10個を集中販売

品ぞろえが増えてきたら、カテゴリー内でのヒット商品や売れ筋上位10商品を集中的に販売していきます。この10商品は、常に在庫を切らさないようにしましょう。特にモールでは、売れ筋の在庫が切れてしまうと、検索順位に影響が出るので致命的です。10商品で月商500万円を狙います。

ステップ⑥ カテゴリー付加／集客付加／オリジナル商品の拡充

月商1000万円を狙うには、同じように「売れ筋になるカテゴリー」を付加していきます。例えば、「座椅子」カテゴリーで500万円を突破したのであれば、次は「収納」カテゴリーを強化します。カテゴリーを付加すると、新しいキーワードでの流入も増えるので、集客にも効果的です。

ここまで来れば販売力もついてきているので、オリジナル品の開発・販売にも力を入れます。ステップ⑥がクリアできたら、ステップ①から⑥をひたすら繰り返します。新しく付加したカテゴリー内でどんどんヒット商品を作っていければ、月商5,000万円、1億円も見えてきます。売上アップの基本は、順番通りにステップをこなしていくことです。

Chapter 2-14

[実行計画の鉄則]

年間スケジュールを立ててから仕掛ける

Keyword　実店舗とのピークのズレ、2カ月前販売、年間販売カレンダー

実店舗の売れ始める2カ月前から仕掛ける

商品の売れるタイミングは、ECにおいても基本的には実店舗のタイミングとほぼ同じですが、ECは全国が相手なので季節のズレがあるというのが販売エリアのある実店舗との違いです。最近はギフトに関わる需要も年々高まっており、例えば母の日・ハロウィン・バレンタインなどギフトに関わる需要が大きく、年間の中で売上のピークを作る企業が増えています。一方で季節感のある商材は実店舗とのピークがズレることが多いことも知っておいてください※。

※　影響力の強い楽天市場・Amazon・Yahoo!ショッピングといった運営企業が仕掛ける大規模なセールによっても需要が変わるので、それらも考慮して年間スケジュールに入れておくことが重要。

ECサイトもリアルの商売と同様、クリスマスや正月といった季節イベントに合わせて売り出す時期を決めます。ただし、販売地域が全国区になるので、リアル店舗で需要が始まる2カ月前に販売を開始することが基本です。

例えば、関東で、8月に「こたつ」を売り場に並べているお店はほとんどありません。しかし東北や北陸のように、10月に「こたつ」を出したら5月くらいまで出しっ放しで使う地域もあります。そうした地域の「こたつ」選びを始めるタイミングは「8月」となるのです。

ECサイトのお客さまは全国津々浦々ですので、たとえ関東の企業であっても、8月時点で「こたつ」を掲載するべきでしょう。実際、8月に数百台の「こたつ」を売るサイトもあります。お客さまの検討期間を含めたら、10月に販売を開始していたのでは、競合他社に出遅れてしまいます。一般的に商品が売れ始める「2カ月前」のタイミングで売り出しましょう。

年間販売カレンダーは必須

「こたつ」の例でもわかるように、全国目線に切り替え、後手に回らない

地域による「こたつ」の検討・購入時期と実使用用時期

	8月	9月	10月	11月	12月	1月	2月	3月	4月	5月
東北・北陸	検討・購入時期		実試用期間							
関東			検討・購入時期	実試用期間						

年間販売カレンダーの例

	4月	5月	6月	7月	8月	9月	10月	…
季節イベント	・新生活	・母の日	・父の日 ・梅雨	・暑さ対策 ・七夕	・アウトドア ・夏祭り	**・敬老の日**	・ハロウィン	
ECで仕掛ける商品	・暑さ対策商品	・水着	・浴衣		・こたつ		・おせち	

図2-14-1　**年間販売カレンダーの例**

運営戦略を立てるために、自社専用の「年間販売カレンダー」が必須になります。競合他社より一歩先行く戦略を立て、消費者の囲い込み競争に出遅れないようにします（図2-14-1）。

販売商品の特徴を考え、「実需（トップシーズン）」と「季節イベント」の両方をまとめた「販売カレンダー」と、それに沿った年間の行動スケジュールをまとめておくと1年間でやるべきことが明確に見えてきます。

ただし、クリスマスや正月といった季節イベントは、前のイベントの終了後にスタートする不文律があります。いくらクリスマス商戦をいち早くスタートさせたい！　と考えても、「敬老の日」の後からです。10月31日までは「ハロウィン」が主役で、本格的なクリスマスシーズンは始まりません。

一方、ここ数年「お試し」による、前倒しの囲い込み作戦を採る企業も増えています。例えばネット購入が増加中の「おせち」の商戦は、「こたつ」同様、いまや8月にスタートします。もちろんトップシーズンは12月ですが、8月から「お試しおせち」※を販売するサイトが増えました。

スイーツ業界でも、クリスマス前や正月、お盆などで同様のお試しセットが定番化してきています。

もはや、トップシーズン直前に販売攻勢をかけていたのでは手遅れ。ECは最低でも2カ月前から販売をするのは当たり前と考えたほうがよいでしょう。

※　お試しおせちとは、主要なメニューがギュっと詰まったコンパクトなおせちのミニセットを、1,000円から2,000円程度で販売するもの。8〜9月には試食してもらい、気に入ったなら10月、11月限定の早期予約特典を利用してもらう作戦。

Chapter 2-15

[ECデザインの鉄則]

ECサイトは「売る×スマホ」優先のデザインに

Keyword　ファーストビュー、クリック率を高めるデザイン、3色以内の制作

ECサイトは、基本的に「売る＝買ってもらう」が基本となります。美しいデザインよりも売るデザインが優先となります。売るデザインを作る上で、運営メンバーによってデザインの差が出ないように、会社全体で「売る要素」と「デザインの最低限ルール」を決めておくと良いでしょう。

スマホで売れるポイントを外さない

ポイントは色々ありますが、大きく以下の3つに注意して作成しましょう。

- **数字の利用**
- **イメージを後押しするフォント選択**
- **ファーストビューで想像を促す**

数字は、例えば販売個数を表示する場合、280万個突破と書くか、2,800,000個突破と書くかで数字の印象も異なります（図2-15-1）。

イメージを後押しするフォントは、アパレルや食品で特に重要となります。画像で訴求する際、使用する画像素材自体も重要ですが、スカートのふわっとした印象を同じようなイメージを持つフォントで説明して後押しするなど、フォントの選定も重要になります（図2-15-2）。

ファーストビューは商品ページで一番に見える部分となるため、何らかの興味があるお客さまに対して、商品の魅力をまず伝え切って、詳しい情報までスクロールしてもらえるように、商品のポイントなどを伝えきるように作成しましょう（図2-15-3）。

また、セール・イベントなどのバナーは、クリック率を高めるための優先順位をつけておくと良いでしょう。

累計販売本数
2,800,000個突破！
※2021年1月時点

図1-15-1
数字の使い方の例。「280万個」と書くか「2,800,000個」と書くかで印象は変わる。

図1-15-2
フォントの使い方にも気をつけよう。商品のイメージと合ったものを使うようにする。

図1-15-3
ファーストビュー用のバナーの例。商品の特徴、魅力を簡潔に伝えきるようにする。

優先順位例

- **キャンペーンでのお得内容(●●%OFF/●●円オフクーポンなど)**
- **キャンペーンタイトル**
- **実施期間**
- **対象商品**
- **使用条件**

会社として
最低限のデザインルールを決めておく

サイトデザインにおいて、デザインに力を入れている店舗ほど陥りがちなのが、バラバラで統一感がなくなってしまうことです。特に様々な外注先と一緒に社内でもデザインを触ることがある場合によく起きてしまいます。

このような事態を防ぐためには、フォントやメインカラーなどがバラバラにならないように気をつけてデザインを進める必要があります。デザインの統一感があるだけでも、ブランディング効果や特徴を伝えやすく、わかりやすいサイトになります。

フォントは、強調したいところや見出し部分のフォントはゴシックなどで強調し、しっかり読んでほしい部分のフォントと使い分けます。使用するカラーは、例えばメインカラーに黄色を使い、サブカラーを黒に、強く訴求したい部分に赤いバナーなどを用いるなど、3色ほどに絞って制作に関わる人全員で共有することで統一感のあるサイトにしやすくなります。

カラーを決める際は、例えば楽天市場のモールに参加している場合、楽天市場の基本カラーが赤となっており、イベントでも赤がよく使用されるため、サイト自体のメインカラーを赤に設定するとイベントバナーが映えなくなってしまいます。出店するモールのカラーも踏まえた上でサイトカラーを検討して進めると良いでしょう。

Chapter 2-16

[運営体制の鉄則]

体制は「複数チャネルの運営」が基本

Keyword　デジタル推進部門、デジタルマーケティング部門、統括マネージャー

すべての企業にとってECシフトは重要なテーマとなっており、中長期的にECチャネルが主力になるという前提においては、会社全体の組織も必要に応じて変えていきます。ECシフトの時代においては、従来のようにEC事業部として独立した事業部という概念から、経営者と直結する『デジタル推進本部』『デジタルマーケティング部門』として体制を作る必要があります。組織を変え、会社全体の人員や商品開発・広告宣伝との連携を可能にすることで、事業を速やかに大きくしていくことが必要です。

組織体制の話でEC部門にフォーカスすると、EC部門の部長やマネージャーといった全体を統括する人間がトップにいます。店舗の責任を持つ担当者に関しては、自社ECとモールで目的が異なる場合も多いため、自社ECの担当者とモールの担当者を分けて配置すると良いでしょう。

そこから下は、EC事業全体で共有して稼働する部門と、自社とモールにそれぞれ独立した部門に分かれていきます。それぞれで共有すべき部分としては、まず「制作」が挙げられます。自社ECとモールで全く同じデザインとはいかないまでも、ブランドイメージや店舗イメージを一致させるために、ある程度は共有した部門で対応することが望ましくなります。さらに、受注処理と顧客対応を行う部分も一元管理してサービスにバラつきが出ないようにしましょう。

逆に、別々に運用したいのが広告やマーケティングの部門です。自社ECとモールではそれぞれ広告の目的が違うことも多く、自社ECでは商品を売るだけではなく、店舗やブランド認知の広告を扱うこともあります。管理や手法が異なるため、あえて部門を分けてそれぞれに強い部門を作っておきましょう。

部長やマネージャーの仕事範囲は、全体を統括する責任者として経営者と合意した全体の数字の目標、店舗ごとの数字目標の策定、数字目標を達成するための各店舗のリソースの最適化や広告費用など経費の最適化となります。また、担当者が考えた目標達成のための施策を実行に移すべ

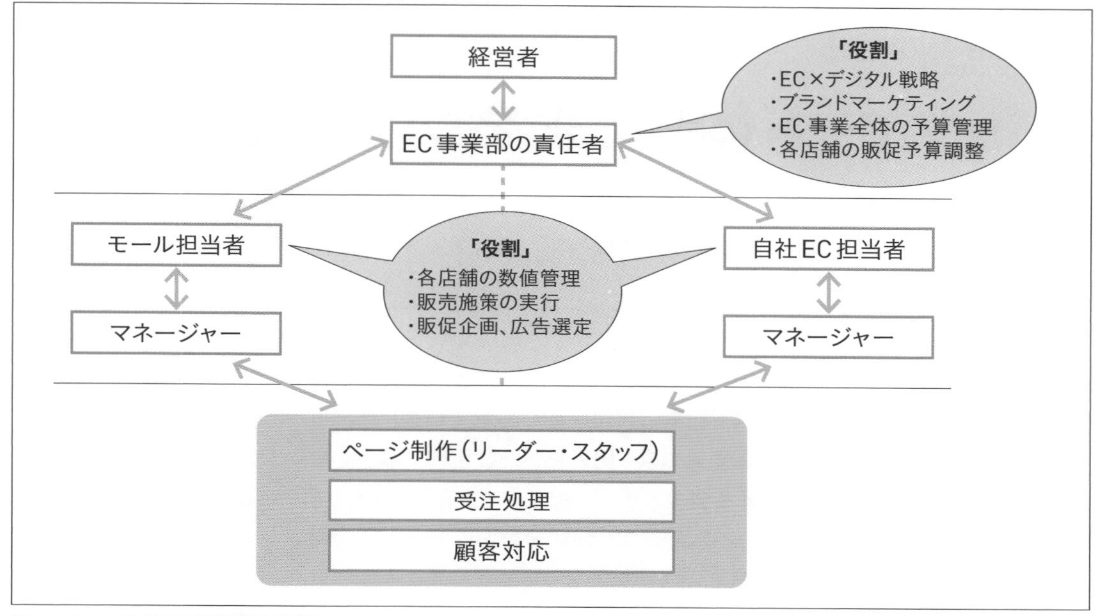

図2-16-1 **企業のEC部門の体制**

Chapter 2

きか判断することも重要な役割です。

各担当者の仕事としては自社ECもモールも同じで、マネージャーから与えられた目標に向かって何を行うのかを考えることが基本となります。その他、店舗ごとのアクセスや売上などの数値管理、現場の作業管理といった上司としての管理業務も当然行っていきます。すべてのECに関わる業務スキルを有している必要はありませんが、大枠の業務内容を理解していないと担当者業務を務めることは難しくなります。

現場スタッフは多種多様な広告や管理画面など、対応すべきことは広く浅くなってきているため、必要な知識をいかに早く身につけることができるかがとても重要です。そのため、「スキルマップ」や「スキルシート」を細かく管理・運用することが非常に重要で、現場スタッフが何をできて何ができないかを正確に可視化しておかなければいけません。どの仕事を誰に分担し、仕事量の調節を行うためにも明確に把握しておく必要があります。

「専門分野のスペシャリスト」と「管理が上手な人」とでは、描くべき青写真が違うため、スキルマップも「業務」と「管理」の2つのラインを軸に作成して、それぞれ分けて運用する必要があります。

EC業界全体で複数チャネル時代に突入し、運営の手法も増え、広告の種類も年々増えているため、スペシャリスト育成も重要ですが、全体を統括できるマネージャーの育成が重要なテーマとなります。

Chapter 2-17

［運営体制の鉄則］

バックヤード体制で差をつける

Keyword　フルフィルメント比率、受注スルー率、商品マスター

従来、EC事業におけるバックヤード業務※の改善は、売上に対する物流費の比率である「売上高物流コスト比率」に目が向けられていました。平均して約12%とも言われる売上高物流コスト比率をいかに圧縮するかを考えるのが主流でしたが、業界内外を見てみると、物流費を圧縮する時代ではなくなりつつあります。一般的な物流費の内訳は運賃60%で、地代（保管費）が15%、倉庫作業人件費は25%くらいとなっており、これらは今後そう簡単には下がらないと言われているため、売上高における物流コストの比率を下げるという考え方は現在では難しく、方向性として間違っているということになります。

※ EC物流についてはChapter 1-8も参照。

こうした状況を踏まえると、これからは「フルフィルメント比率」と「受注スルー率（自動化率）」に目を向けるべきで、この2点を基軸にして、バックヤード運営業務を総点検していくと良いでしょう（図2-17-1）。

フルフィルメント比率※とは、購入ボタンをクリックしてから荷物が届くまでのコストのことを指します。注文が入って届くまでをコストとして換算し、そのコストを最小化していくという発想です。今言ったように物流費はもう下がる見込みが少ないため、そこを指標にしても答えは出ません。だから、コストを把握する尺度を変える必要があるのです。

※「フルフィルメント比率」についてはChapter 1-6も参照。

次に大事になるのが受注スルー率※です。1日に100件の注文が入ったとして、Amazonの場合、95件以上は出荷までに人が介在していないと言われています。一方、他のEC事業者では、半分は自動的に処理しているという会社もあれば、大半は人手で処理している会社もあるなど様々です。このような「注文に対してどの程度まで人が介在せずに出荷まで至るか」を数値化したのが受注スルー率です。

※「受注スルー率」についてはChapter 1-6も参照。

物流フローを見直す場合に、さっき紹介したフルフィルメント比率という概念は幅が広くて難しいため、まずはより個別的な受注スルー率から見る

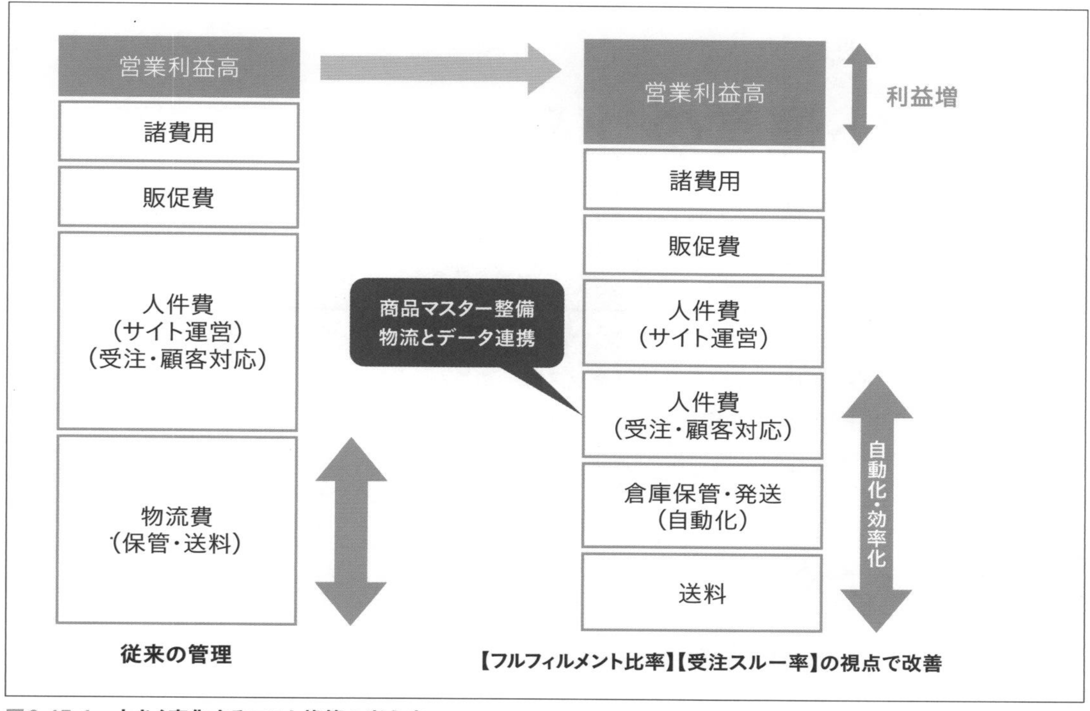

図2-17-1　**大きく変化するコスト換算の考え方**

と良いでしょう。注文が入ってから1件も注文明細を開かないで出荷できれば受注スルー率は100%となります。これが10%や20%であれば、受注スルー率の改善が必須となるでしょう。

では、受注スルー率を改善するにはまずは何をすればいいのでしょうか？　改善には「商品マスター」の統合・整備が重要となります。商品マスターとは、商品ごとに売上や在庫状況などを確認するために管理用につけたシステム上の番号のことで、この商品マスターの不備が原因で、バックヤードを自動化できないことが多いということを知っておきましょう。

EC成長企業は、バックヤードの自動化・効率化が実現できています。中長期視点でECを大きく成長させる前提でバックヤードの計画・設計を行っていくことが重要です。

Chapter 2-18

［運営計画の鉄則］

ECサイト運営の「KPI」設定

Keyword　主力ページ購入率、ライフタイムバリュー（LTV）、モールのレビュー数

ECサイト運営の「KPI※」には、売上高やアクセス数、コンバージョン率、リピート率などさまざまなものがあります。ビジネスの本質を捉えて指標を選択し、正しく測定できる仕組みを作ることがポイントです。

※　KPI
Key Performance Indicator
重要経営指標

本質をとらえたKPIを設定する

EC事業者が重視すべきKPIは、商品ジャンルや売上規模、ビジネスの成長段階によって異なります（図2-18-1）。

例えば、単品リピート通販の会社が、EC事業を立ち上げた当初から広告費をたくさん使うのであれば、優先順位が高いKPIはランディングページの「コンバージョン率（CVR）」です。ランディングページのCVRが低いと広告費の垂れ流しになりますから、まずはページのコンテンツや導線を改善してCVRを高めることが欠かせません。

ランディングページのCVRが目標に達したら、次は広告費を増やして「アクセス数」の目標達成を目指します。さらに、新規顧客が増えてきたら「リピート率」や「LTV※」を重視するなど、事業の成長段階に合わせて施策を打ちましょう。

※　LTV
Life Time Value（顧客生涯価値）の略。

KPIを正しく測定する

KPIを定期的に測定することは必須です。Googleアナリティクスのeコマース機能などを使って数値を測定してください。計測ツールの設定ミスなどで、KPIを正しく測定できていないEC事業者は少なくありません。また、リピート通販を行っている店舗がLTVを測定する際、本来はアイテムごとのLTVを調べなくてはいけないのに、店舗全体のLTVを測定してしま

KPIの例	
主力ページの購入率	【CVR】単品通販系はこの数値を特に重視して計測
リピート率	2回目、3回目の購入につながった比率を計測
1顧客の累計購入金額	【LTV】ライフタイムバリューを計測
モールのレビュー数	楽天市場、Amazonといったモールのレビュー数を計測

・「売上高」「アクセス数」はKPIに設定しない
・継続的に目標にでき、結果的に売上につながる指標を重点管理する

図2-18-1 **KPIの例**

うなど、測定するKPIを間違えていることもあります。KPIを正確に測定することはPDCAの基本ですから、場合によってはウェブマーケティングの専門家に依頼するのも良いでしょう。

マイルストーンを置く

KPIを設定したら、それを達成するための先行指標となるマイルストーンを設定することを推奨しています。例えば、SNSアカウントを運用する際、SNS経由の売上やアクセス数だけをKPIにするのではなく、まずは「フォロワー数」や「いいね」の数をマイルストーン※に設定します。

店舗の「アクセス数」をKPIにする場合でも、先行指標となる「検索エンジンの表示回数」「検索の表示順位」「広告の表示回数」などをマイルストーンにすると良いでしょう。

アクセス数を増やす施策に取り組んでも、すぐにアクセス数が増えるとは限りません。そういった場合でも、マイルストーンの指標が改善しているのであれば、施策の成果が出ていることが分かります。施策の成果を細かく可視化することで、事業の成長を実感できるようになり、担当者のモチベーションアップにもつながるでしょう。

※ マイルストーン
ビジネスの目標を実現するために設定する「経過点」「中間目標点」など。

Chapter 2-19

[運営計画の鉄則]

リピート設計は2回目、3回目を想定したシナリオを作る

Keyword　集客商品、収益商品、2回目引き上げ率、3回目購入比率

ECにとって利益を獲得していくためには、リピート購入率を上げることが不可欠となります。リピート購入を促すには、初回購入から2回、3回へと購入を重ねてもらうための流れを販売シナリオとして作る必要があります。

利益を得るには販売シナリオが必須

新規客向けの初回購入商品(集客商品)は、格安で販売することが多く、いくら売れても大した利益にはなりません。もちろん、店を知ってもらわないことにはリピート客になりようもないので、初回購入商品を用意するのは正しい戦略です。とはいえ安売りだけでは利益を圧迫していくので、初回購入のお客さまに通常商品も購入してもらい、利益につなげていく必要があります。

リピート購入に必要なのは、お客さまをリピート購入へと導く販売シナリオです。あらかじめ、2回目、3回目の購入を想定した商品を作っておき、販促と計画的に連動させていくことが大切です(図2-19-1)。

お試し商品で集めてギフトで稼ぐ

販売シナリオの例を1つ挙げましょう。調味料の製造販売を手がける、あるメーカーのECサイトでは、主力商品で「お試し品」→「本品」→「ギフト」という販売シナリオを作って販促を仕掛けています。

調味料は、鍋物やうどんなどの暖かい料理で使われますので、冬に消費が伸びる商材です。同社では1年の中で、秋口の販促にもっとも力を入れています。具体的な販売シナリオは次のようになります。

❶ シーズン本番へ向けて新規のお客さまを取り込むため、9月に、集客商品である「350mℓ×2本で1800円のお試しセットの大型販促を展開する
❷ ❶で獲得した新規のお客さまに対し、10月に、本商品へ引き上げるための施策を講じる
❸ 11〜12月にかけて、お歳暮(ギフト)の購入を促す施策を投じる

ステップを重ねるうちに、利益率の高い商品へと誘導していき、最終的にもっとも利益率の高いギフト商品を購入してもらう、秀逸な販売シナリオです。

浴衣から福袋まで導くシナリオ

もう1つ、優れた事例を紹介しましょう。20〜30代の女性向けアパレルのECサイトの事例です。同社は、夏〜冬にかけて「浴衣・水着」➡「ブーツ・アウター」➡「福袋」と展開する販売シナリオを組んでいます。

❶ 夏前に、浴衣と水着を集中的に販売し、顧客リストを獲得する
❷ 秋口に、ブーツやアウターを案内して、商品を買ってもらう
❸ 新年に、福袋を販売して、利益を確保する

このサイトも3回目で利益を得ることを目指し、商品と販促を連動させています。安価で利益の薄いものの数が出やすい夏に仕掛けて、冬にしっかりと刈り取る作戦です。

このように、初回購入商品だけでなく、2回目、3回目に「売っていきたい商品」「利益を出したい商品」を考え、導くためのシナリオを作成して、それを実現するための「2回目引上げ率」「3回購入者比率」など分析指標を決めて継続的に確認しながら改善を行っていきます。

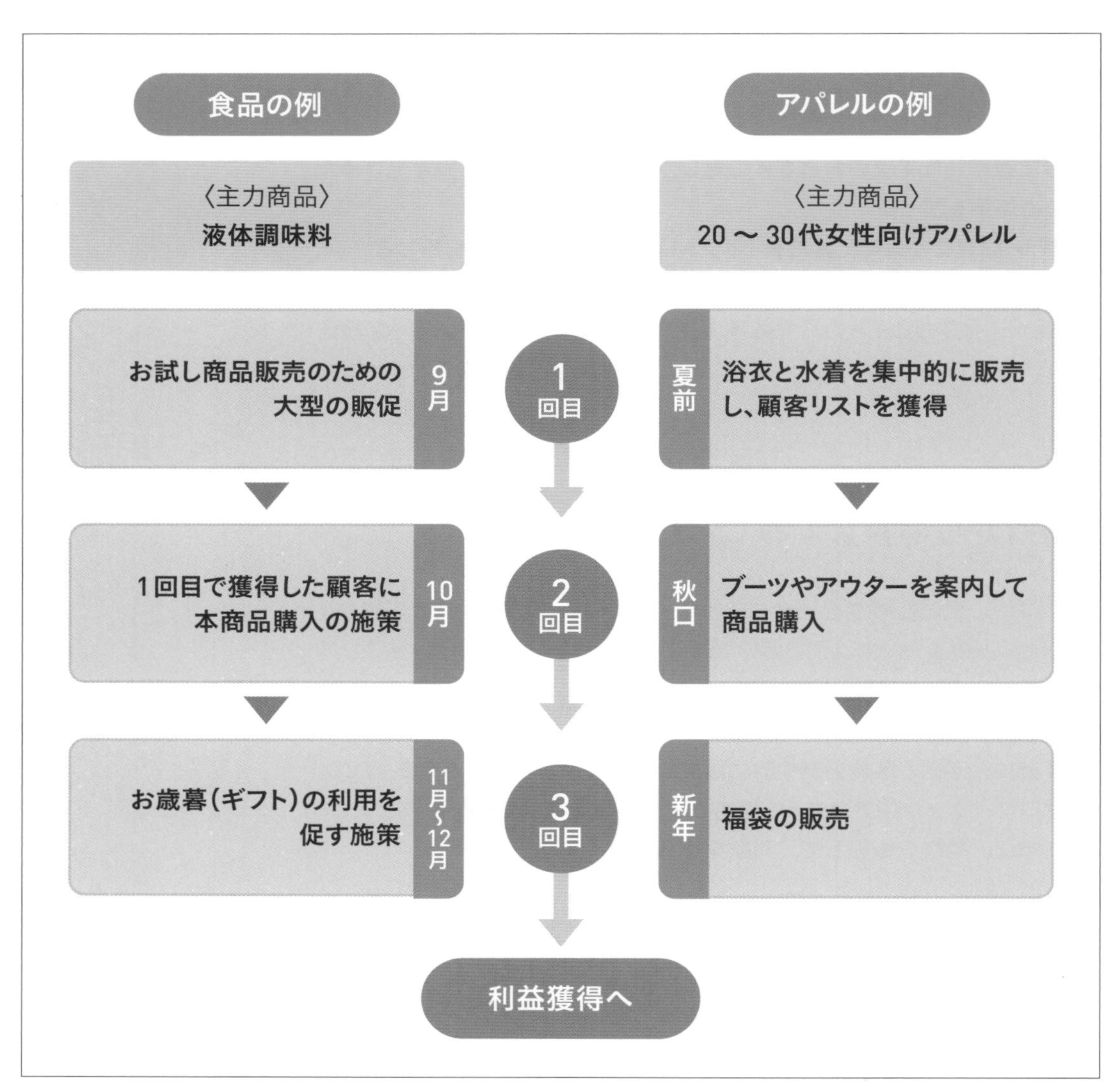

図2-19-1　リピート購入のための販売シナリオ

Chapter 2-20

[集客戦略の鉄則]

「集客の分散化」への対応

Keyword　カスタマージャーニー、インフルエンサーマーケティング、ハウスリスト活用

スマホやSNSの普及に伴い、消費者が購入までのプロセスである「カスタマージャーニー」が複雑化する中で、ECサイトの集客経路が分散化しています。EC事業者は検索エンジンやSNS、ECモール、ハウスリストなど、さまざまなチャネルで集客することが求められるようになりました。

カスタマージャーニーが複雑化

スマホやSNSを使いこなす消費者は、商品に興味を持ったらECモールやSNSで口コミを調べます。そして、Googleの検索エンジンで商品について検索し、メーカーの公式サイトも閲覧。さらに、他社サイトを閲覧中にリターゲティング広告に接触するかもしれません（図2-20-1）。

このように、EC事業者と顧客の接点が増え、ECサイトの集客経路が分散化している現在は、広告や検索エンジン対策（SEO）といった従来型の集客方法に加え、ECモールでの露出拡大、SNSを中心とした口コミ醸成も必須になっています。

ECモールでの露出を増やす

スマホが登場する以前は、インターネットのポータル（入り口）はGoogleやYahoo!の検索エンジンが中心で、消費者がオンラインで商品を買うときも、まずは検索エンジンで商品を探すことが一般的でした。

しかし、現在はオンラインで商品を買おうと思ったとき、最初に楽天市場やAmazonなどECモールに直接アクセスする消費者が増えています。そして、相対的にGoogleやYahoo!などの検索エンジンの利用が減少しています。こうしたトレンドは年々顕著になっているため、ECモールの検索

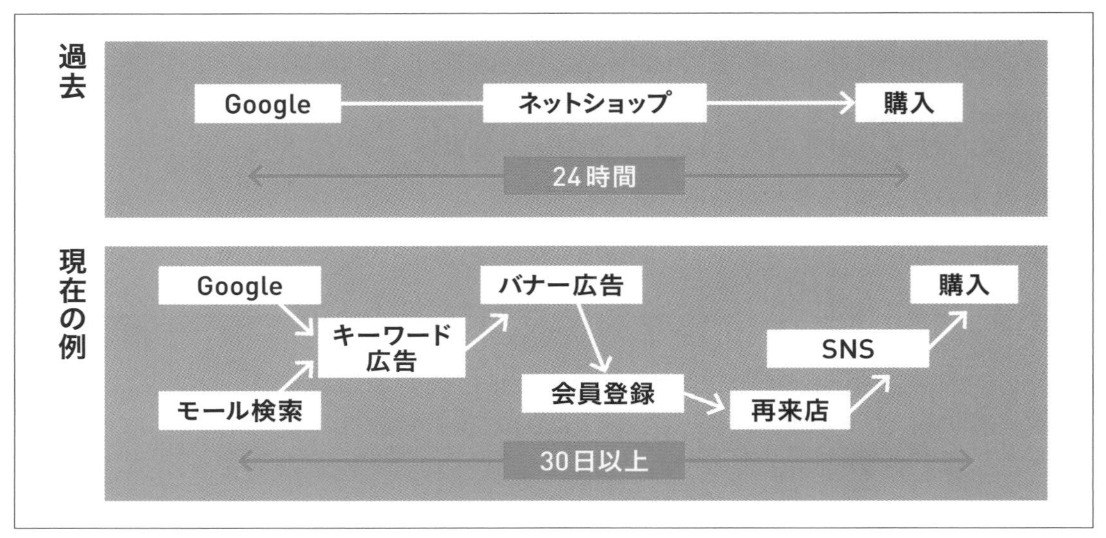

図2-20-1　**購入までの流れ（カスタマージャーニー）が複雑に**

結果上位や、ランキングなどに自社の商品を露出することが重要です。

SNSの口コミ

買い物における「口コミ」の影響力も高まっています。SNSに慣れた10〜30歳代の消費者は、メーカーが作った広告よりも、TwitterやInstagramなどで個人が発信した口コミを重視する傾向があるためです。そういった消費者は、SNSで口コミが見つからなければ、その商品は「売れていない」「人気がない」と判断するでしょう。インフルエンサーマーケティングやアフィリエイト、ECサイトのレビュー施策などを行って口コミを醸成することが必須です。

ハウスリストの重要性も増している

新規顧客の獲得コストが上昇する中、自社の名簿（ハウスリスト）も重要な集客手段です。ハウスリストを活用したメルマガや、アプリ会員へのプッシュ通知などはECサイトの売上アップに即効性があります。ECモールに出店している場合も、メルマガ登録キャンペーンなどを行ってリストを蓄積することが重要です。

Chapter 2-21

[EC運営の鉄則]

ECでは「高速PDCA」モデルに取り組む

Keyword　KPI設定、Googleアナリティクス、達成要因分析、未達成要因分析

トレンドの変化が早いEC業界で勝ち抜くには、マネジメントの基本となる「PDCA（計画・実行・評価・改善）」を高速で回すことが欠かせません。常に新しい施策を取り入れながら、店舗運営を改善し続ける必要があります。ECで成長する企業のPDCAモデルを説明します（図2-21-1）。

計画（Plan）

店舗の売上計画を達成するために必要なアクセス数やコンバージョン率、客単価などの計画を作り、その計画を達成するための施策を考えます。計画を立てる際は、施策の良し悪しを評価する基準を細かく設定することがPDCAを成功させるポイントです。例えば、リスティング広告経由の売上高をKPIに設定した場合、売上高の先行指標となる広告経由のアクセス数、クリック単価、広告の表示回数、商品ごとのコンバージョン率など、KPIを細分化してそれぞれ計画を立てましょう。

実行（Do）

実行計画に沿って施策を行います。「誰が」「いつ」「何を」実行するのかを決定し、ガントチャートなどを作ると進捗管理を行いやすくなります。施策が中途半端だと成果を正しく評価できませんから、計画した施策はしっかりやり切ることが大切です。

評価（Check）

施策の評価は、「施策を実行した結果として得られた実績」と「計画の達成率」という2軸で行います。自社ECサイトの場合、Googleアナリティクスなどの分析ツールを使い、施策を実行したことでアクセス数やコンバ

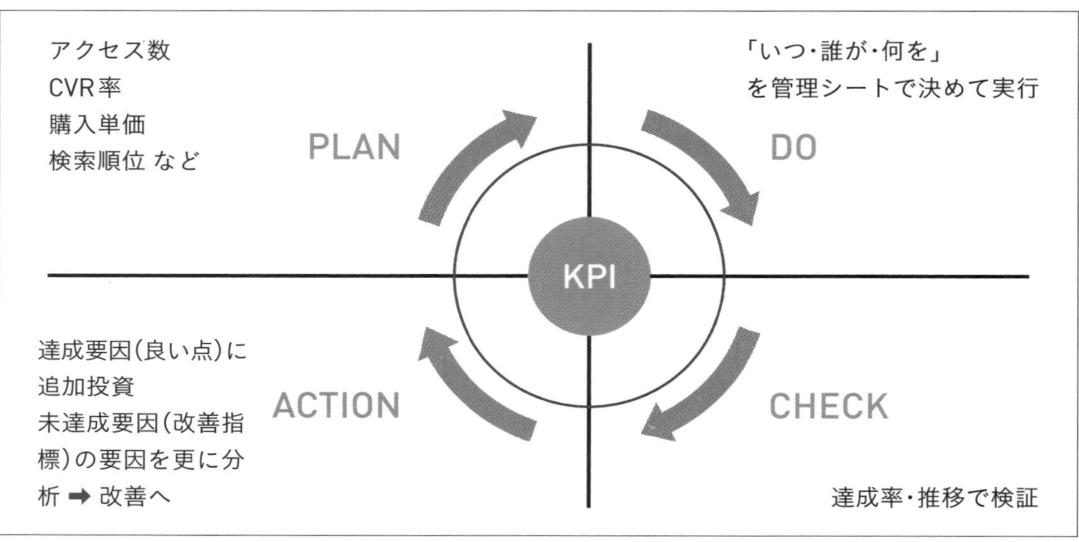

図2-21-1　**売上計画を実現するためのPDCAサイクル(ECの場合、1カ月を基本として回す)**

ージョン率がどのように変化したのかを分析しましょう。

　計画の達成率を評価する際は、「前年同月比」や「前月比」も調べると、施策の成果を多面的に検証することができます。

改善(Action)

　効果が高い施策は予算を増やすなど、さらに強化していきます。逆に、計画を達成できていない指標があれば、理由を分析して改善案を考えます。例えば、リスティング広告経由の売上高が計画を下回ったのであれば、広告の表示回数やアクセス数、クリエイティブごとのクリック率、ランディングページの転換率などを調べ、ボトルネックがどこにあるのかを特定しましょう。

　PDCAのサイクルは、一般的なEC事業者であれば1カ月ごとに一巡すると良いでしょう。売上やアクセス数などの指標を1カ月単位で集計し、施策の振り返りと改善案を考えるミーティングなどを行ってください。ECサイトの場合は、データがすぐに確認できますので、企業や商材によっては週単位で「高速サイクル」を行うことも視野に入れていきましょう。

　このように基本的な取り組みを継続的に実行できている企業がECで安定的に成長している特徴となります。まずは、PDCAモデルの目的・必要性を整理して、分析の定型化・ミーティングの定例化など「型」を決めていくことも継続するコツとなります。

Chapter 3

自社ECサイト運営の鉄則

ECサイト運営の基本となる「自社の公式ECサイト」ですが、自由度が高く、企業ごとにさまざまな活用ができるメリットがあります。一方で集客・リピートなど緻密な取組を行わないと売上成長ができない面もあります。モールとの違いを理解して、売上の壁を突破するポイント・優良会員やファンを増やすために必要なことなどを解説していきます。

Chapter 3-1

[自社ECサイト 品揃えの鉄則]

月100個売れるヒット商品を作る

Keyword　一番商品作り、購入率1%想定、必勝パターン

スマホ利用が中心となっているEC業界。しかし、スマホの一等地となるスペースは、PCよりも面積的にどうしても狭いため、数も少なくなってしまいます。一度にたくさんの商品を見せるのが難しいので、従来のPCのように大量の商品の中から選んでもらうということが難しくなっています。さらに競争も激しくなっており、自社にとってダントツの一番商品を作りながら、ヒット商品に育てていくことで、まずは自社とお客さまとの接点を作ることが重要です。アクセスが集中するヒット商品ができれば、次の一手を打ちやすくなります。

立上げ時、集客は分散させず一商品に集中

自社ECサイトを開設したばかりのときや、売上・集客数で伸び悩んでいるときは、「月に100個売れるヒット商品作り」から始めましょう。

売上が多くない段階ではサイトへのアクセス数も少なく、限られたアクセス数を複数の商品に分散させると非効率です。例えば、1日あたり延べ1000人の見込み客が来店しているECサイトで、商品が100種類あるとすると、1000アクセスが100商品に分散し、単純計算で、1商品あたり10人の見込み客になります。ECサイトの平均的な購入率は1～3%程度ですので、10人の見込み客のうち1%が購入するとなると、最終的には0.1個の計算になり、ほとんど売れていないことを意味します。

一方、1,000アクセスが1つの商品に集中し、1%のお客さまがその商品を買ったとすると、1日に10個売れる計算になります。そこまでいかなくても、1日あたり3個売れる商品ができれば、1カ月で100個の販売実績になります。商品単価が5,000円だとしたら、月に100個の販売で、50万円の売上となります。そうなると、ECが事業として成長するムードやノウハウが蓄積されて、攻めの作戦を打ちやすくなります（図3-1-1）。

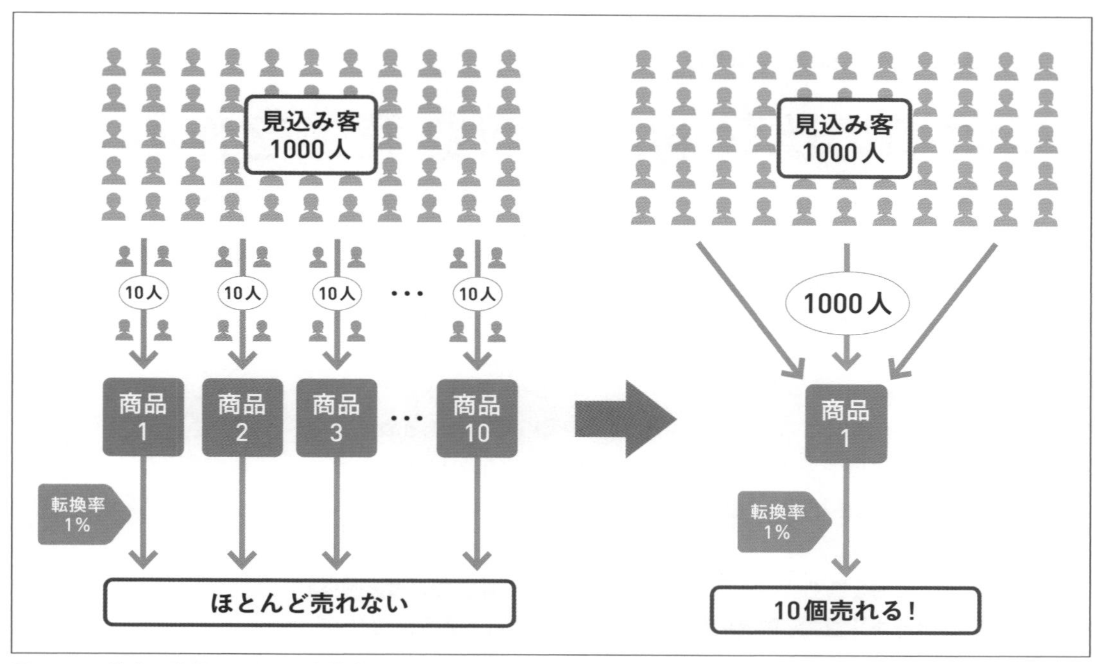

図3-1-1　特定の商品にアクセスを集中させる

必勝パターンを参考に売れ筋アイテムを増やす

ヒット商品が1つできたら、ある程度売れ筋パターンがわかってきます。ヒット商品に育てようとしていた商品にアクセスが集まらない場合、どこに原因があるのかを考え、足りない要素に目を向ければ突破口が開けるでしょう。ヒット商品作りのプロセスは、必勝パターンを作る上で欠かせません。

ヒット商品の誕生で成功法則が見えてきたら、品ぞろえや商品の見せ方などの知見も蓄積できます。それを参考に着実に売れる商品をそろえ、横展開していきましょう。ヒット商品が1つできれば、ある程度の広告予算をかけても売れる予想ができるので、その商品を起点に、さらに売上を伸ばすことが可能です。「繁盛店は、1つのヒット商品から」を肝に銘じておきましょう。

Chapter 3-2

[自社ECサイト 品揃えの鉄則]

松竹梅の比較商品で収益商品を作る

Keyword 松竹梅の法則、プレミアムゾーン、サイト内比較

ECでは、単価の高い商品を販売していくことは比較的難しく、どうしても平均単価が下がる傾向にありますが、例えば楽天市場ではまとめ買いや品揃えの見せ方で単価を高めるショップもあります。店舗内比較を促すことで、他のサイトに逃さないよう意識して、ネット用の価格帯別の品揃えを用意していきましょう。

特に圧倒的な強さを誇る大手ECへの対抗策として、売りたい高単価品を「竹」、超高価品を「松」、売れ筋価格品を「梅」とする「松竹梅の法則」が効果的です。

大手ECは、大量の商品を仕入れ、より安く、より早く届けることに力を注いでいます。これは資本力があってこそ成せる技で、中小ECサイトは同じ戦略で対抗できません。また、安くて高品質な独自ブランド(PB)商品の市場も大手が占拠しているので、中小ECが入り込むのは大変です。

中小のECが利益を残しつつ事業を拡大するには、「高単価・高品質」を売りにした、「プレミアムゾーン商品」の販売量を増やすしかありません(図3-2-1)。

「プレミアムゾーン」とは、確実に利益を増やせるゾーンのことで、意図的にラインナップすることで「売れる商品」へと変えられます。例えばアパレルで、売れ筋の「4,800円のブラウス」よりも、「9,800円のブラウス」の販売量を拡大し、利益を増やしたいとします。もし「4,800円」と「9,800円」の2商品しかなければ、「4,800円」の方が売れる率は高くなります。そこで新たに「2万9,800円のブラウス」を加えてみます。すると、途端に「9,800円」が売れ出します。異なる価格帯の商品を3つ並べて、サイト内に比較軸を作り、真ん中を買ってもらう。これが、「松竹梅の法則」です。

「松竹梅の法則」は、本当に売りたい価格帯の高級品(竹)を真ん中に置き、超高級品(松)と売れ筋価格品(梅)で挟むことで、お客さまの関心を自然と、真ん中の「竹」に持っていくことができるというものです(図3-2-2)。

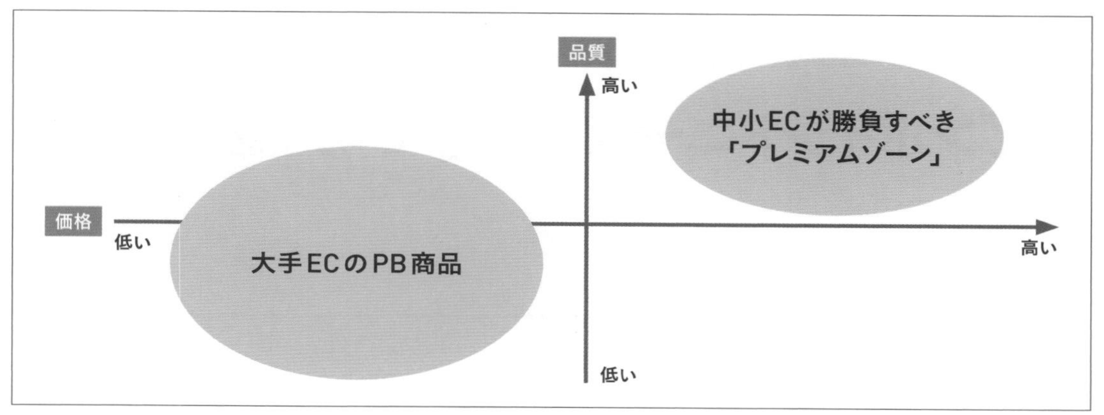

図3-2-1　高単価品を販売 —— 中小ECは「高単価・高品質」ゾーンで勝負する

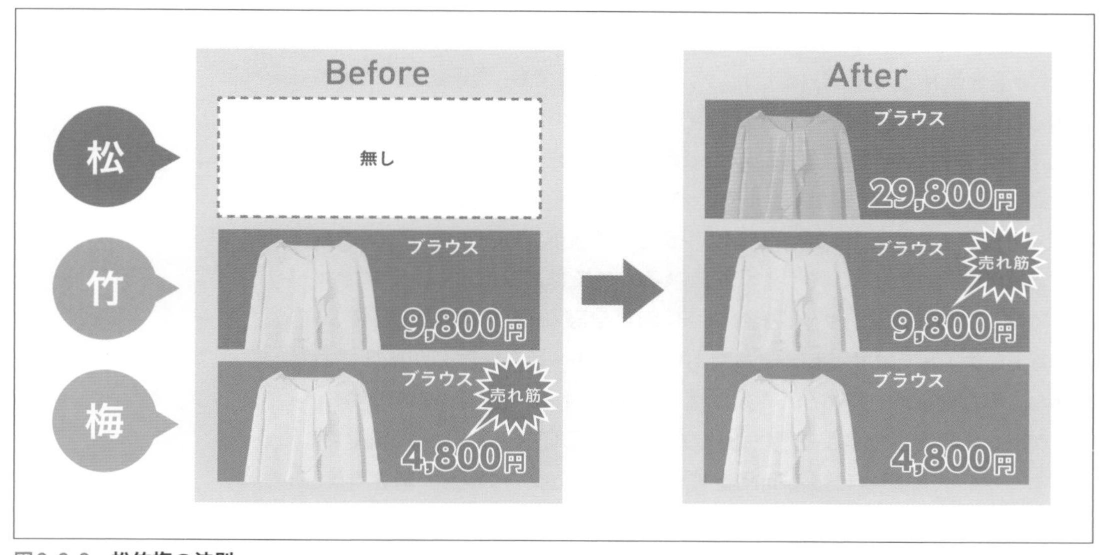

図3-2-2　松竹梅の法則

価格の「幅」を広げることは、自社サイト内での比較を促すことにもなり、結果として、競合店に行かせない効果もあります。商品ラインナップが少ないと「もうちょっと他も見てみたい」という欲求を生み、他店へ送客してしまう恐れがあります。自社サイト内で上から下までそろっていると、サイト中で比較検討がしやすいので、ほかものぞいてみようという気持ちを抑えられるのです。

Chapter 3-3

[自社ECサイト 品揃えの鉄則]

「ピンポイントニーズ商品」で切り込む

Keyword　ターゲットを限定、専用商品、公式店

自社ECに新規参入する際には、既に先行している競合や大手と戦う必要があるため、EC上で目に留まるようなピンポイントのニーズに合った商品作りとその見せ方が必要です。特に中小のECサイトが、どうしても品ぞろえ豊富な大手ECと真正面から戦っても勝ちが見込めないのであれば、ターゲットを絞り込んで挑みましょう。ニッチな商材でも、狙ったターゲットに刺されば、売上を伸ばすことは可能です。

品ぞろえ豊富な大手とどう戦っていくか、どう差別化を図っていくかを常に念頭に入れておく必要があります。他社とは一線を画したユニークな品ぞろえで勝負したいと、完全オリジナル商品に目を向けても、大ヒットを飛ばせる画期的な商品は、そうそう生まれるものではありません。そこで実践してほしいのが、ターゲットを絞り、差別化を図る「絞り込み戦略」です。

自社ECサイトではサイトを訪れた100人中、1～3人程度しか購入されません。それならば、初めから1人に買ってもらえれば合格！　と割り切り、ターゲットを限定した商品を打ち出してみましょう（図3-3-1）。100人中1人でも、その人の印象に残る商品を提供し、狙ったターゲットに刺されば、十分強みを発揮できます。

用途やシーンを限定して訴求する

ターゲットの絞り方はいろいろありますが、用途やシーンを限定した「○○専用」という訴求方法を紹介します。

缶コーヒーブランドの『ワンダ』が「朝専用コーヒー」と打ち出した『ワンダモーニングショット』という商品があります。「朝専用」と付けたことで、新しい市場を生み出した成功例です。同じような考え方で、「腰がつらい方専用の○○」「美容師が愛用している○○」など、従来販売していた商品でも、より用途やシーンを限定すれば、その商品を必要としている見込み

絞り込み項目	訴求例	
用途・シーンを限定	朝専用	エステ専用
ターゲットを限定	38歳の女性	都内勤務のOL
専門・公式を訴求	○○専門店	○○公式店

図3-3-1　**ターゲット絞り込みの方法の例**

客を洗い出せます。

「地区限定」という方法もあります。「関西限定で○○」「丸の内OLが○○」など、地区の名前を付けることで、プレミアム感を出します。「十勝の農家が○○」「四万十の○○」など、エリア自体が浸透していたり、ブランド化していたりする場合、エリア名を組み込む方法も効果的でしょう。

「ピンポイントで年齢を入れる」という方法も効果的です。「20代」「30代」と幅広いターゲットを設定するのではなく、「49歳のサラリーマン専用」「38歳の女性」「60歳を越えたら」と、より対象を明確化することがポイントです。「何でこの年齢なんだろう？」という興味を引き出したり、自身の年齢に近い場合は、自分のことのように感じたりする顧客が増え、より購入率を上げられます。

サイト名に「公式」「本店」「専門」を使う

DtoCによるEC事業者が増えている中、より早く店舗の信用を得られるような訴求が必要となっています。

成長段階のEC業界では、はじめてECで商品を購入するという人や、商品購入に慎重な人もまだ多い状況です。さらに、まだ知名度が低く、会員登録などの手間がかかる自社ECサイトの場合、モールに比べて初回購入のハードルが高い傾向にあります。初回訪問者のうち6～7割が、最初に訪れたページで離脱するというデータもあります。

初回購入のハードルを下げ、購入率を上げるためには、「何を売っている店なのか」「信用できる店なのか」を訪問者に対して一瞬で伝えることが大切です。このような際に、自社ECサイトももちろん、楽天市場などモールにおいても、サイト名などに公式・本店・専門といった言葉を積極的に使っていくことが有効です。

うまくアピールすることで、サイト滞在時間や閲覧ページ数を伸ばし、購入率の向上に繋がるのです。

Chapter 3-4

[自社ECサイト 集客の鉄則]

モールとECサイトの集客モデルの違い

Keyword 顧客名簿作り、優良顧客作り

楽天市場などのモールと自社ECでは、そもそも来店する目的が違います。実際のお店でイメージすると、モールはイオンやPARCOなどのショッピングモールのようなもので、自社ECは単独で営業する路面店というイメージです。

ショッピングモールにはたくさんの店舗が入っているため、特定の店舗や商品の知識がなくても、ふらっと来店して買い物する可能性があります。対して、自社ECの場合は路面店と同じで、消費者が「欲しい」と思うものがないと、来店のチャンスは少なくなります。つまり、集客モデルが大きく違うのです。

モールでは、商品購入から新たな集客につなげるための仕組みが充実しています。例えば、売上ランキングへの露出やモール内検索の順位向上など、商品購入と同時にモール内での露出を増やすことができる仕組みがあります。モール自体に圧倒的な集客力があるため、商品が売れれば露出が増え、新規顧客の来店につながり、さらに売上につながる「自走サイクル※」が回っていく仕組みになっているのです。

※ 自走サイクル
Chapter 2-7参照。

それに対して自社ECでは、サイト内でのランキングやサイト内検索の順位が上がっても、自社サイト内の変動があるだけで、集客が増えるわけではないため、「自走サイクル」を回すことはできません。

自社ECは「特定の商品を購入する必要性」がないと来店されることが少ないため、モールに比べて集客も難しくなります。そのため、自社ECで売上を伸ばすために欠かせないのが「顧客名簿」です。顧客名簿からメルマガやDMを送ることで商品露出を増やし、売上を伸ばすことができるのが自社ECの特徴です。もちろんモールでも、リピート客は売上を伸ばすために重要ですが、顧客情報がモール運営側の所有となり、出店企業側が独自で調査できないため、自社ECのような顧客名簿を作ることはできません。

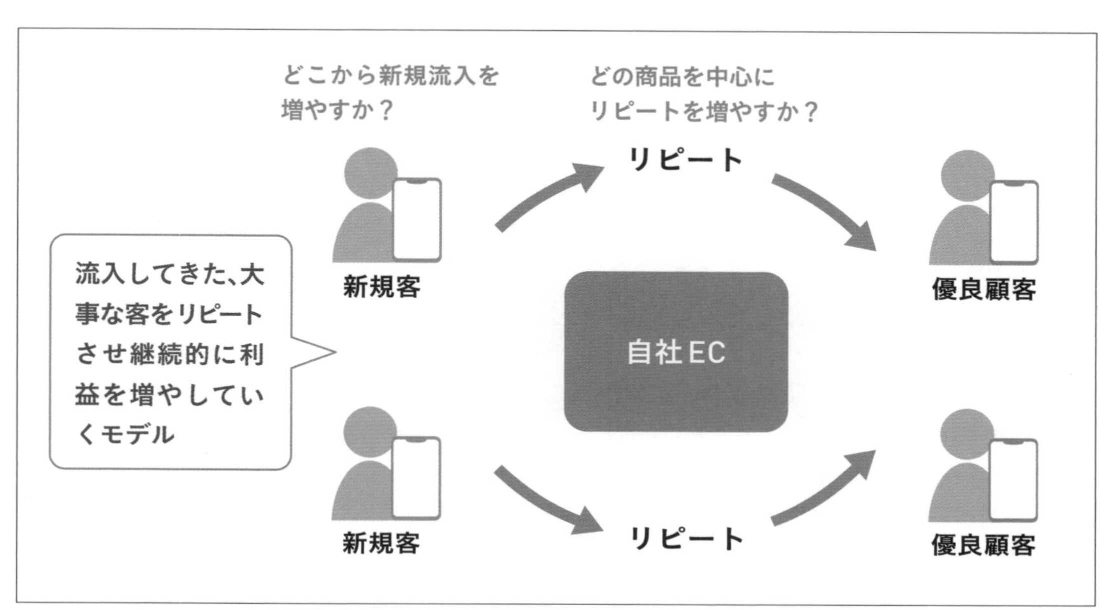

図3-4-1　**自社ECサイトの売れる仕組み**

このように、新規客をドンドン増やして売上を伸ばすタイプのモールと、顧客名簿で客との関係性を強化し、深い付き合いをしていく自社ECには大きな違いがあります（図3-4-1）。「自分たちがどのような商品をどのように売っていきたいのか」をしっかり考えて自社ECとモールの使い分けをする必要があります。

Column

注目のECカート「Shopify（ショッピファイ）」

Shopifyは、カナダ発のECサイト運営システム（ASP型ショッピングカートシステム）で、初期利用費用がなく、月額9000円程度で利用できる点がEC新規参入企業の利用が増えている要因です。デザイン性とカスタマイズ性の高さで、アメリカでは、Amazonを離れるブランドが利用するシステムとして注目を集めています。全世界で2019年末時点で約100万店舗が利用するまでに成長しています。日本はShopifyと同様に簡単にネットショップを開設できる「BASE」の利用も増えています。
Facebook、Instagram、Googleショッピング連携、分析、決済連携、在庫連携、レビュー機能もあり、多数のデザインテンプレート提供されており、DtoCブランドから支持を得ている注目カートです。

Chapter 3-5

[自社ECサイト 運営の鉄則]

自社ECの顧客名簿の作り方

Keyword　店舗の名簿活用、企業サイトとの一体化

自社ECを運営する上で「顧客名簿」が重要※になることは理解いただいたかと思います。モールは顧客名簿を持っていなくてもビジネスが成立しますが、自社ECの場合は顧客名簿がないと商売が難しいという点で、従来の「通販ビジネス」とよく似ていると言えるでしょう。

どのような名簿を有しているかで自社ECの役割は、大きく分けて以下3つのパターンがあります。

※　自社ECサイトにおける顧客名簿の重要性については、Chapter 3-4参照。

1. もともと通販ビジネスを行っており、「顧客名簿」を持っている

もともとカタログやDMなどで通販ビジネスを行っていた場合、通信販売で買い物をしてくれる「顧客名簿」を持っていることになります。顧客名簿があれば自社ECを始めやすく、通販ビジネスの延長として大きな売上を得ている会社もたくさん存在します。

2. 顧客名簿は持っていないが、実店舗の会員名簿など「見込み客名簿」を持っている

通販経験はないものの、自社の商品を買ってくれそうな「見込み客名簿」を持っている場合、ECでの認知度をいかに広げるかという課題はあるものの、見込み客名簿から顧客名簿を作成していくことに成功すれば、大きなビジネスに広げることができるでしょう。

3. 名簿を持っていない

名簿を持たない会社の場合、集客コストが非常にかかります。そのため、中長期視点で投資する前提で、名簿を作っていく方法があるのかもあらかじめ考えておく必要があるでしょう。

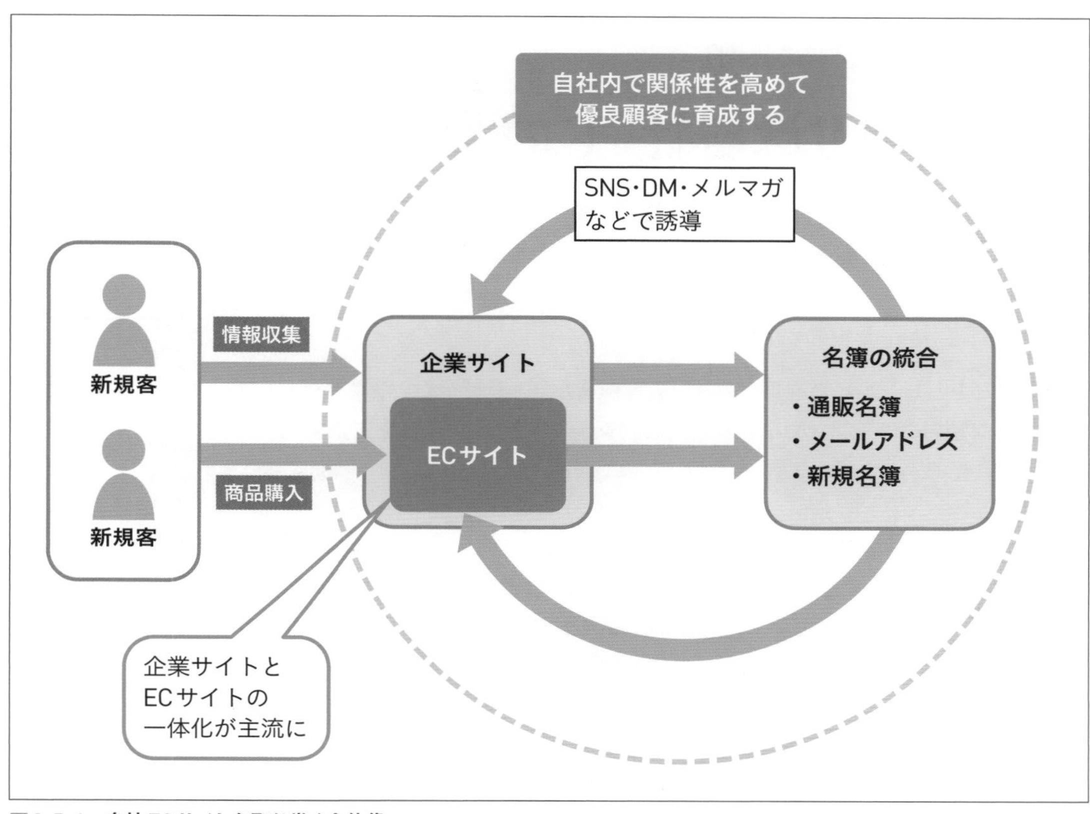

図3-5-1　**自社ECサイトを取り巻く全体像**

自社ECを運営していく上では、顧客との関係性を強化していくことがとても重要になります。だから、顧客に合ったコンテンツを作り込んだり、SNSやブログを使ってスタッフに親近感を持ってもらうなど、最近では様々なコミュニケーションをサイト内で交わすようになっています。

これまでは、企業サイトやブランドサイトからいかにECサイトへ誘導して商品を購入してもらい、名簿化作業を進めるかに注目されていましたが、最近では「顧客との関係強化」を追求していくうちに、ECサイトと従来持っていたブランドサイトを一体化させるということが始まっています。自社ECは名簿客に対してリピート買いを促進する役割から、企業のブランド戦略の要として、より大きな役割を担うようになってきたことは、とても重要なこととして、よく理解しておきましょう（図3-5-1）。

Chapter 3-6

[自社ECサイト 運営の鉄則]

ファン作りは自社ECの重点テーマ

Keyword　ブログ連携、SNS連携、CRMツール連携

自社サイトとモールとの違いはファンを育成したり、リピートをつなぐために様々な独自コンテンツやブログなどのコンテンツ機能・SNSを連携することが重要です。

ブログ※を活用して自社のスタッフがレシピを掲載したり、工場や農園などの現場の状況をタイムリーに発信したり、もしくは商品に関する教育型のコンテンツを充実させることでお客さまの育成に役立てます。

最近はYouTubeを活用して動画で商品説明を伝えることも基本になっています。

自社サイトでは、当然ですがInstagram・Twitter・Facebook・LINEなどのSNSも可能な限りすべて活用します。サイトの情報を連携させ、すべて活用する前提で公式のソーシャルを作成し、更新していきましょう(図3-6-1)。

※　ブログ用のツールとして代表的なものとしてはWordPressなどがある。

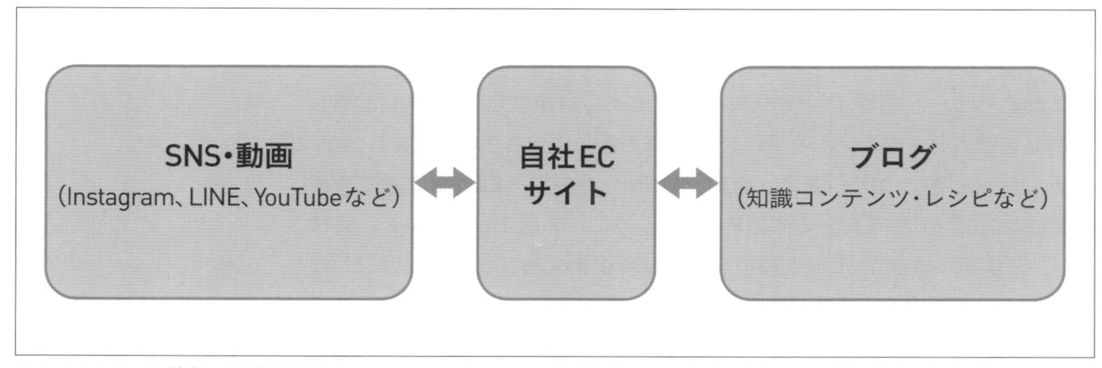

図3-6-1　サイト情報の連携が重要

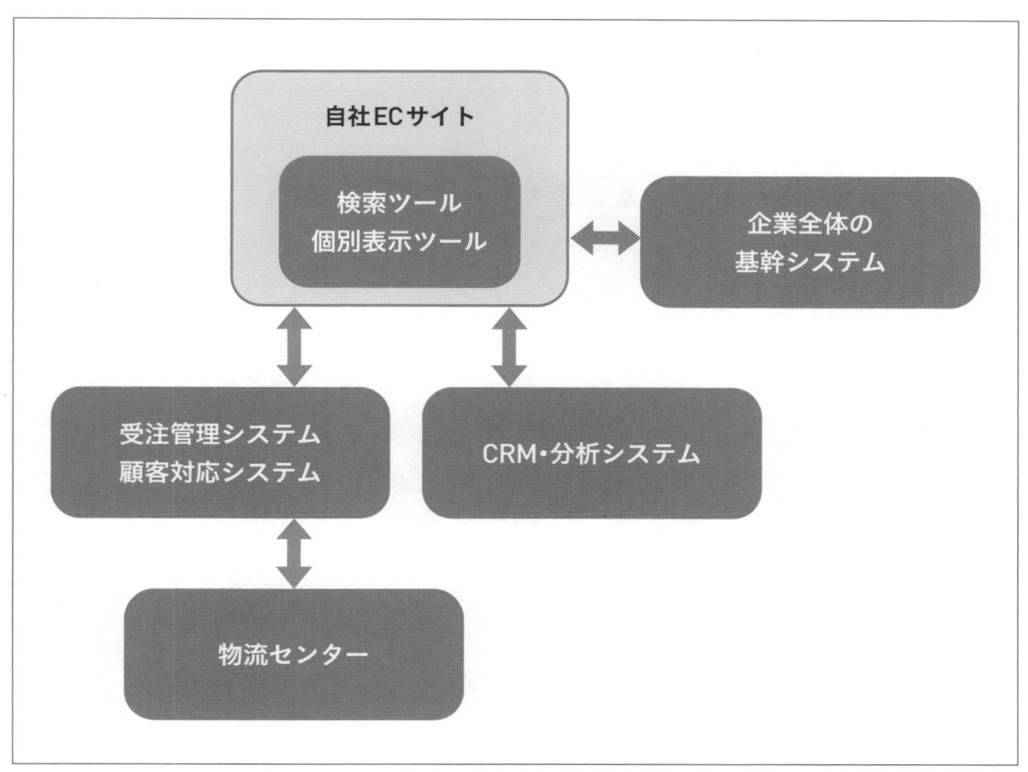

図3-6-2　自社ECサイトで様々なシステムツールを活用

また、自社ECサイトの特徴は、ベースとなるECサイト運営システムを中心に、様々なシステムやツールを活用します。主に顧客名簿を管理して、リピートを促進しながらファンを作るための様々なツール※やシステムを組み合わせて運用することが特徴です（図3-6-2）。

※　CRMツールなどのシステムに関しては、Chapter 2-11も参照。

例えば、自社の顧客リストに対してメール配信するツールや分析などを行うCRMツール、サイト内のスマホ最適化ツールや、検索最適化ツール、最近では利用者のデータを参照して個別のページを見せるようなパーソナライゼーションツールなどを利用する企業もあります。また、自社の実店舗と基幹システムを繋げたり、決済システム・物流センターの出荷・在庫データと連動するシステムを繋ぐなど、それらを組み合わせながら最適化することが重要になります。

一方で、CRMツールなど高度な機能がたくさんあり、すべてを活用しきれないということもあるので、あまりハイスペック過ぎるものを選んでしまわないように注意が必要です。

Chapter 3-7

[自社ECサイト 売場の鉄則]

スマホサイトは、3つのゾーンで顧客を惹きつける

Keyword　ヘッダー、メインカラム、フッター

今や自社ECサイトは、スマートフォンで見る人の比率が平均で60%を超えている店舗がほとんどとなり、70%を超える店舗も増えています。自社サイトのスマホで一番重要なのは顧客を逃さない回遊性です。

情報量と使いやすさの両立が必要なスマホサイトの顔となるトップページは、一般的に「①ヘッダー」、「②メインカラム」、「③フッター」の3つで構成されています（図3-7-1）。

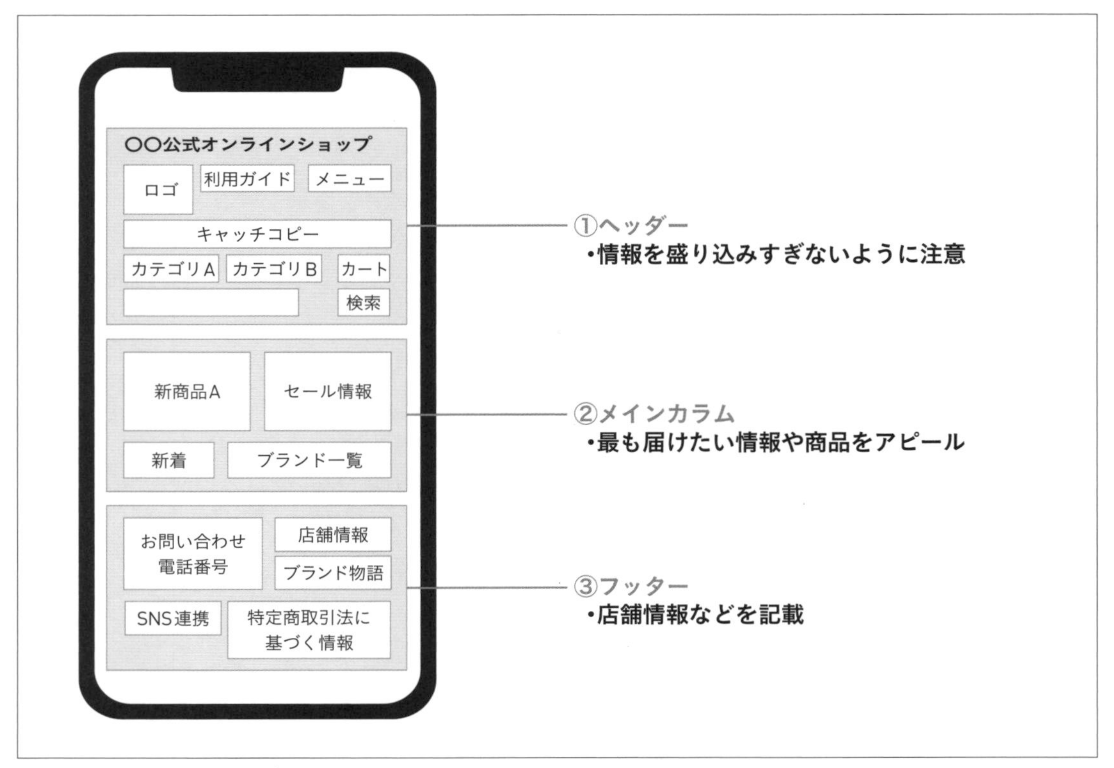

図3-7-1　スマホサイトトップページの構成

ページ最上部のヘッダーは、ページを開いたときに最初に目に飛び込んでくる場所です。購買意欲を喚起したり、商品を探しやすくしたりするためのコンテンツを優先的に配置するようにしましょう。ショップのロゴやキャッチコピー、検索窓、電話番号、カテゴリーページや商品ページへのリンクを配置することが多いでしょう。

ただし、スマホの場合はヘッダーにコンテンツを詰め込みすぎると使いにくくなってしまうため、コンテンツの一部は「メニューボタン」にしまっておいて、ユーザーがメニューボタンをタップすると隠れていたメニューリストがポップアップするサイトも増えています※。

※　スマホサイトのナビゲーションに関してはChapter 3-10も参照。

メインカラムには主要なコンテンツを配置し、ショップが最も訴求したいことを思い切って打ち出す方法が有効で、大きなバナーを貼ってセール情報や新商品を告知することも増えています。メインカラムにはそのほかに、商品ページへ誘導する画像や特集コンテンツのバナー、セール情報、ランキング情報、新着情報、イベント情報、ブランド名一覧などを掲載します。

ページの一番下に表示されるフッターには問い合わせ案内や店舗情報、お買い物ガイド、SNSへの誘導を配置することが多いでしょう。フッターにもナビゲーションをなるべくたくさん配置して、ページの最下部までスクロールしたユーザーの回遊性を高める小さな改善を繰り返していきます。

重要視点は、いかに「回遊」してもらうか

特にスマホの場合には、この回遊性が重要となります。トップページは店舗の入口に当たるため、カテゴリーページや商品ページなどの「お店の奥」までユーザーを引き込む必要があります。カテゴリーページのナビゲーションや検索窓、ランキング情報などを目立つ位置に配置することが有効です。

また、PCサイトに掲載している情報のすべてをスマホに盛り込もうとすると、情報量が多すぎてページの読み込み速度が遅くなったり、ページが長くなりすぎて使いにくくなったりします。スマホサイトに掲載するコンテンツは重要なものに絞り込むなど、デバイスの特性に合ったサイト作りを意識しましょう。

もう1つスマホでは購入直前にお客さまが離脱する確率も高いため、入力フォームとスマホで買いやすい決済、最近だとAmazonのIDを使った決済の導入や、住所情報不要の決済を使ってスマホの購入支払い時のストレスをなくすことも重要です※。

※　購入手続きページに関してはChapter 3-15も参照。

Chapter 3-8

[自社ECサイト 売場の鉄則]

第一印象を決める「ファーストビュー」

Keyword　ファーストビュー、検索ワードと連動、ナビゲーション

自社ECサイトのファーストビューは、お店の第一印象を決める重要な場所。「何屋なのか」が一目で分かり、商品を探しやすいナビゲーションを作るのが売上アップのポイントです。

検索ワードとのミスマッチを避ける

ECサイトのファーストビューは、検索エンジンからECサイトに流入した検索ユーザーが使ったキーワードと統一感が必要です。例えば、「花 ギフト」というキーワードで流入することが多いカテゴリーページのファーストビューでは、「花屋であること」や「ギフト商品を買えること」を伝えなくてはいけません。ヘッダーに花屋であることが分かる店舗名を掲載し、ナビゲーションには「プレゼント」「ギフト用」といったカテゴリーメニューを置くと効果的です（図3-8-1）。

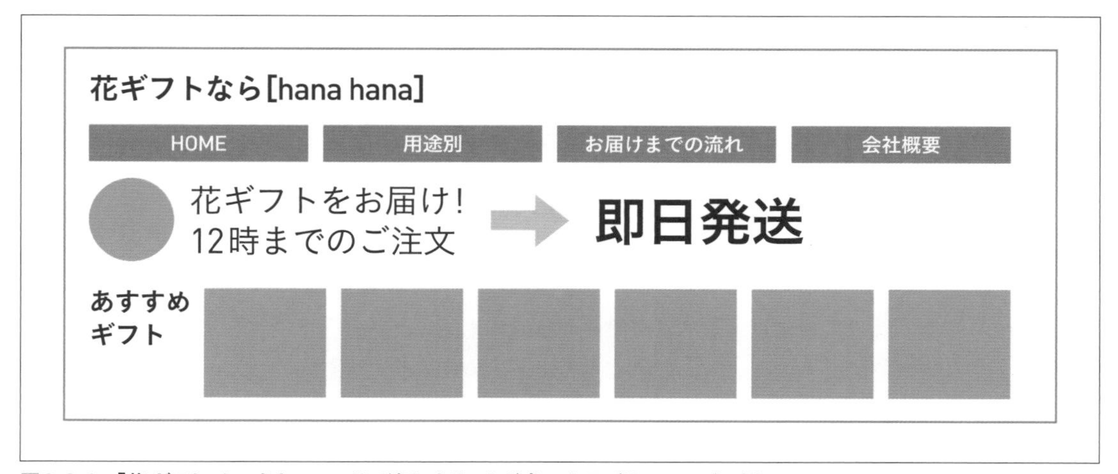

図3-8-1　「花 ギフト」というキーワードで流入することが多いカテゴリーページの例

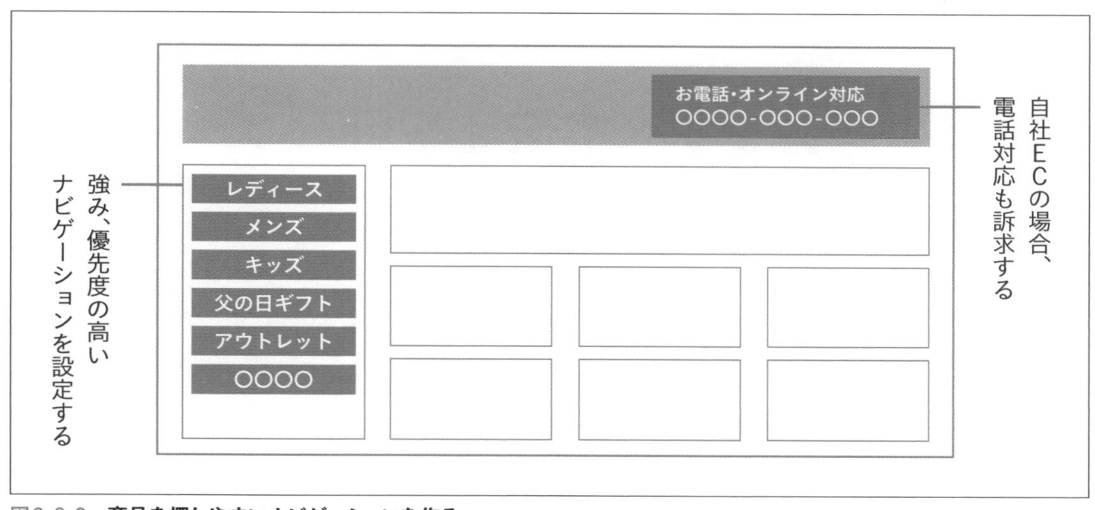

図3-8-2　**商品を探しやすいナビゲーションを作る**

Chapter 3

累計販売実績や全国一律送料無料、ランキング受賞歴など、お店の強みになる要素をヘッダーに入れると信用力が高まります。また、リピーターが多い店舗では、クーポンバナーをファーストビューに掲載することで購買促進につなげることもできます。

商品を探しやすいナビゲーションを作る

ECサイトを訪れた消費者が商品を探しやすいように、ナビゲーション※を工夫することも必要です。ファッションや小物類のECサイトなら、ナビゲーションのメニュー項目に「メンズ」「レディース」「キッズ」といった項目や、「Tシャツ」「ブラウス」のような商品カテゴリーを入れると商品を探しやすくなります。また、サイト内検索でよく使われるキーワードをメニュー項目に加えると、消費者の回遊を促進できます（図3-8-2）。

ギフト需要が多い商品なら「お中元用」「父の日用」といったメニュー項目を入れ、特集ページへの導線を作るのも良いでしょう。商品やラッピングなどについて質問したい消費者もいることを想定し、問い合わせフォームや電話番号をファーストビューに掲載するのも効果的。「お電話でのご注文も承ります」といった文言を掲載すれば購入の敷居を下げられますし、他店との差別化にもつながります。

※　ECサイトのナビゲーションに関してはChapter 3-10も参照。

Chapter 3-9

[自社ECサイト 売場の鉄則]

店舗の強みをすべて伝える「トップページ」

Keyword　差別化ポイントの訴求、会員登録導線

特にPCサイトは訴求できるスペースも多いので、お店の“顔”とも言えるトップページでは、店舗の長所を徹底的にアピールして顧客の心を掴むことが重要です。販売実績や高評価のお客さまの声など、差別化につながる強みをしっかり伝えましょう。

まず、「今、このお店で買うべき」商品を伝える

自社ECサイトを訪れる消費者は、買い物の目的がある程度決まっていることが多いため、トップページにキャンペーンやセールのバナーを貼り、「今、何を買えばもっともお得か」を分かりやすく伝えると購入率が高まります。展開中のキャンペーンやシーズンごとの新着商品、会員限定情報などを掲載してください。店舗のおすすめ商品や、旬の商品など、店舗側が売りたい商品のバナーを目立たせるのも良いでしょう(図3-9-1)。

消費者は人気の商品を買いたがる傾向にありますし、特にギフト用では「商品選びで失敗したくない」という意識が強く働きます。店舗の売れ筋ランキングをトップページに掲載すると購買促進に効果的です。

店舗の強みを伝え、安心感を高める

店舗の長所や差別化のポイントを強調するには、品ぞろえの多さや価格の安さ、商品の独自性、受賞歴、送料無料などの情報を掲載する必要があります。そして、店舗や商品に対する高評価のお客さまの声を掲載することも忘れないでください。特に新規顧客は、その店舗や商品の良し悪しをレビューによって判断することが少なくありません。高評価のレビューをトップページに掲載して店舗の信用を高めましょう。

会員登録の導線も太くする

自社ECサイトでは会員登録(リスト獲得)が重要になりますから、トップページから会員登録への導線も作ってください。会員登録時にクーポンを

図3-9-1　**店舗側が訴求したい商品のバナーを目立たせた例**　出典：https://www.gyoren.net/

図3-9-2　**会員登録への導線を上部に入れた例**　出典：https://www.gyoren.net/

発行するなど、キャンペーンと組み合わせて登録ページに誘導するのも良いでしょう（図3-9-2）。

Chapter 3-10

[自社ECサイト 売場の鉄則]

「ナビゲーション」で回遊性を高める

Keyword　ドロワーメニュー、サイト内リンク数

自社ECサイトの主なナビゲーションは、ページ上部の「グローバルナビゲーション」、ページ下部の「フッターエリア」、パソコンサイトでは「サイドナビゲーション」、スマホサイトでは「ドロワーメニュー※」があります。

ナビゲーションの項目は商品によって異なりますが、共通する考え方は、消費者が欲しい商品にたどり着きやすくするということです。アパレルや食品のようにアイテム数が多い店舗では、カテゴリーページへの導線を作って商品を絞り込めるようにします。また、売れ筋商品や季節のおすすめ商品のページへのリンクを張っても良いでしょう（図3-10-1）。

スマホサイトはサイドナビゲーションがなく、グローバルナビゲーションに表示できるメニュー項目もパソコンより少ないため、ドロワーメニューが欠かせません。色や価格帯、用途など、細かい絞り込み項目はドロワーメニューに入れると良いでしょう（図3-10-2）。

ECサイトの回遊性を高めるには、共通フッターメニューを活用することも重要です。フッターにカテゴリーページや特集ページへの回遊リンクを貼ることで、ページの一番下までスクロールした消費者が別の商品を探しやすくなります。また、各ページのフッターからカテゴリーページやブランドページにリンクを張ることで、サイト内のリンク数が増えてSEOにも効果的です。

オフィス用品や工具などのBtoBサイトは商品数が膨大なため、ナビゲーションからカテゴリーページに遷移した後で、さらに商品を絞り込めるようにすることも必要です。FAX注文や資料請求を希望する企業もありますから、BtoBならではのニーズを踏まえた導線作りを忘れないでください。

スマートフォンが主流になりつつも、高単価品・法人向けはPCサイトで検討する方もいますので、商材特性を理解して、PC・スマホそれぞれのナビゲーション作りが必要です。

※　ドロワーメニュー
アイコンをタップするとメニュー項目が画面に覆いかぶさって表示されるメニュー機能。ハンバーガーメニューともいう。

図3-10-1　**花販売サイトのナビゲーション例**
出典：https://www.hanariro.com/smp/

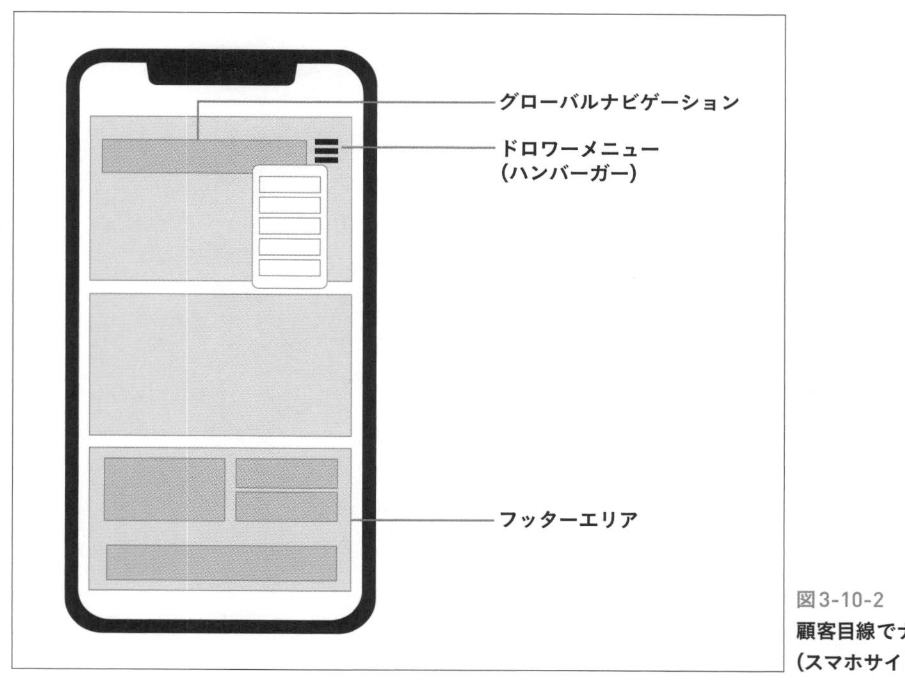

図3-10-2
顧客目線でナビゲーションを配置
(スマホサイトの例)

Chapter 3-11

[自社ECサイト 売場の鉄則]

「カテゴリーページ」は店舗の“入り口”

Keyword　検索キーワードとの連動、カテゴリーページの検索対策

自社ECサイトのカテゴリーページは、広告誘導やSNS誘導から顧客が最初に店舗へ流入するランディングページの1つ。商品の絞り込み検索やキーワード検索などの機能を充実させ、商品ページへスムーズに進める流れを作ります。

カテゴリーページはトップページと同じように、商品を探しやすいナビゲーションを作ることが必要です。例えば、アパレルの「コート」のカテゴリーページであれば、色やサイズ、性別、価格帯など、細かい条件で商品を絞り込めるようにします。また、サイト内検索でよく使われるキーワードをサジェストワードとして表示すると回遊性アップにつながります。カテゴリー内のおすすめ商品や売れ筋ランキングを掲載するのも効果的です。

Googleの検索エンジンや検索連動のリスティング広告からカテゴリーページに流入した顧客は、検索キーワードとカテゴリーページの内容が一致していないと「欲しい商品がない」と判断し、サイトから離脱してしまいます。例えば、「カニ ギフト」というキーワードを狙ったカテゴリーページであれば、ファーストビューにカニの写真を大きく掲載してください。そして、カテゴリーページの内容を文書で説明することも重要です。消費者がページの内容を理解しやすくなるのはもちろんのこと、HTML内にテキストを入れることでGoogleの検索エンジン対策にも効果があります(図3-11-1)。

自社ECサイトのカテゴリーページは、Googleの検索エンジンで商品ページよりも上位に表示されることもあります。商品カテゴリーを絞って通販サイトを探している消費者にとって、カテゴリーページが上位に表示された方が便利であるとGoogleが判断しているためと考えられます。カテゴリーページのタイトルや本文に狙ったキーワードをちりばめるなど、GoogleのSEOも意識してページを制作することが基本となります(図3-11-2)。

図3-11-1　**カテゴリーページのファーストビューに写真を大きく掲載した例**
出典：https://www.gyoren.net/ic/gyohan-0005

図3-11-2　**カテゴリーページのタイトルや本文にキーワード(ここでは「ビジネスリュック」)をちりばめた例**
出典：https://store.ace.jp/shop/r/rbz-ruck/

Chapter 3-12

[自社ECサイト 売場の鉄則]

商品ページで不安を解消する

Keyword　不安解消コンテンツ、悩み解消コンテンツ、利用ガイドページ

商品を手に取ることができないECサイトでは、特に初めて買う自社ECサイトでは、消費者が購入前に感じる不安や疑問を取り除いてあげることが必要です。商品ページのコンテンツを充実させ、売る側と買う側の認識のギャップを埋めることで購入率が高まります。

購入前の疑問に答え、不安を解消する

商品ページは、商品訴求、詳細情報、使用イメージ、事例、特典などの掲載はもちろんですが、消費者は購入前にさまざまな不安や疑問を持っています。

服や靴なら「サイズが合わなかったらどうしよう」という不安がつきまといますし、化粧品やサプリメントでは「肌に合わなかったらどうしよう」「期待した成果が本当に出るのか」といった不安もあるでしょう。こうした不安や疑問を解消するには、高評価のレビューやランキングの入賞歴、累計販売実績などを掲載し、多くの人が使っている（＝安心できる）ことをしっかり伝えるのがポイントです。

パソコンや家電のように機能が重視される商品では、スペックをアイコンなどで分かりやすく表示し、「法人向け」「動画編集向き」といった用途も記載することで、「商品を選べない」という悩みを解消できます。

新規顧客が多い場合、商品の使い方を説明することも大切です。例えば、洗顔料やスキンケア化粧品の使い方は、その商品を初めて使う人にとっては「この洗顔料は、何プッシュ使えば良いのか」「泡立てネットを使った方が良いのか」など、疑問に思うことも少なくありません。お店側からすれば当たり前のことでも、商品を初めて使う人の気持ちを想像してページ内で丁寧な接客を心掛けましょう。

図3-12-1　**新規顧客向けに利用ガイドを用意した例**　出典：https://www.hanariro.com/

購入前の不安要素例

- **靴／服**　サイズが合わなかったらどうしよう
- **パソコン**　スペックは？ 目的の作業はきちんとできる？
- **化粧品**　肌に合うかな？
- **サプリメント**　期待した成果がでるだろうか

新規顧客が多いなら利用ガイドに誘導

発送や決済方法、保証制度などを記載した利用ガイドへのリンクを貼ることも重要です。消費者は初めて使うECサイトだと、「商品が本当に届くのか」「壊れていたらどうしよう」など、不安は尽きないものです。商品の保証制度や返品サービスがある店舗は、そのことを大きく記載して消費者の不安解消につなげましょう。メーカー保証のほかに店舗ごとの保証サービスがあると他店との差別化のポイントにもなります（図3-12-1）。

Chapter 3-13

[自社ECサイト 売場の鉄則]

商品ページからの回遊で購入率アップ

Keyword 関連商品への誘導、フッターエリアのリンク、UGC

取扱商品数が多いECサイトでは、サイトを訪れた消費者が商品を探しやすいように、店舗の回遊率を高める導線作りが重要です。商品ページから他の商品ページや特集ページへ移動しやすい仕掛けを作りましょう。

商品ページに関連商品や類似商品のバナーを掲載すると、店舗の回遊率が高まります。アパレルならコーディネートの写真を載せ、モデルが着用しているアイテムの商品ページにリンクを張ると良いでしょう。インテリアや家具であれば、家具を配置した部屋の写真を掲載し、それぞれの商品ページへの導線を作りましょう。商品の色違いやサイズ違いの商品を掲載するのも効果的。パソコンなどの交換パーツを取り扱っているのであれば、商品ページから交換パーツのページへリンクを貼るのも有効です。

店舗の購買データを分析し、特定の商品と一緒に買われることが多いアイテムを店舗のおすすめ商品としてレコメンドすれば、まとめ買いを誘発してアップセルにつながります。

スマホサイトでは商品ページの下まで一気にスクロールする消費者も多いため、ファーストビューからフッターまで、手を抜かずに導線を設計することが大切です。商品ページの一番下で消費者が行き止まりにならないように、フッターにカテゴリーページや特集ページへのリンクを貼りましょう(図3-13-1)。

会員登録キャンペーンやLINE連携キャンペーンなどを行っている場合は、クーポンコードなどへのバナーを貼るのも回遊促進に効果的です。

関連商品やおすすめ商品の回遊バナーにUGC※を活用するEC事業者も増えています。ファッションや雑貨、化粧品、インテリアなどを探している消費者は、他の人がどんな使い方やコーディネートをしているか気になるものです。一般消費者がInstagramやTwitterなどに投稿した、商品を実際

※ UGC
User Generated Contents、ユーザーによって生成されたコンテンツ。

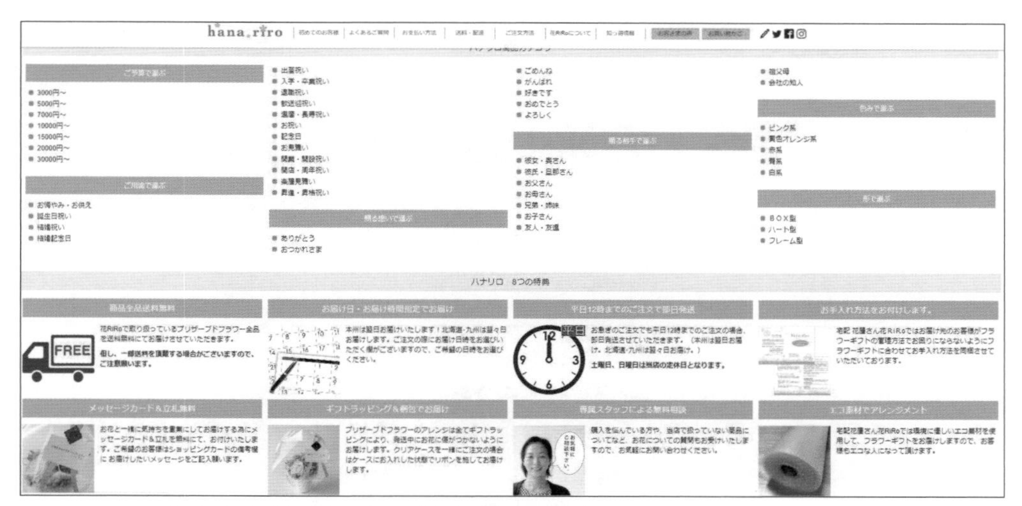

図3-13-1　**フッターにカテゴリーページへのリンクを用意した例**
出典：https://www.hanariro.com/

図3-13-2　**SNS訴求でユーザーとの接点を強化している例**
出典：https://www.harmonature.com/

に使っている写真をECサイトに使うことで、リアルな使用イメージが消費者に伝わり、それらの商品ページへ誘導することができます（図3-13-2）。

SNSの写真を使う際は、SNSの利用規約を遵守し、投稿した人に使用許可を得てECサイトに掲載していくことも有効な方法となっています。

Chapter 3-14

[自社ECサイト 売場の鉄則]

「買わない顧客」の来店動機を作る

Keyword　コンテンツマーケティング、CMS、WordPress

自社ECサイトを訪れる消費者の中には、商品に関する情報収集を目的としている人もいます。商品の使い方などのコンテンツを掲載することで、見込み客を集めたり、既存客の継続的な来訪を促したりすることができます。

顧客に有益な情報を提供し、繰り返し来訪してもらう

多くの情報を提供するコンテンツマーケティングの基本は、顧客にとって有益な情報を提供すること。アパレルの着まわし術、模様替えのインテリアコーディネート、食材を使った料理レシピ、革製品を長持ちさせるメンテンスの方法、冷凍の海鮮を美味しく食べるための解凍方法など、見込み客や既存客が知りたいことを記事風のページで解説します（図3-14-1、図3-14-2）。

コンテンツページから商品ページにリンクを貼ることで購入につながりますし、既存客が読みたい情報を掲載すれば、商品を購入した後もECサイトを繰り返し訪れる動機を作ることができます。

コンテンツを発信する際は、WordPressのようなCMS※が使われることも多いです。記事を公開したらSNSで拡散しましょう。

※　CMS
Contents Management Systemの略。

コンテンツの例

- **アパレル**　着まわしや衣替えの参考になるコーディネート
- **家具/インテリア**　インテリアコーディネート、部屋の模様替え、収納・整理術
- **食品**　食材を使った人気レシピ、季節のレシピ、アレンジレシピ
- **化粧品**　使い方、洗顔の方法、肌のお手入れ方法
- **革製品**　革を長持ちさせるメンテナンスの方法

図3-14-1　**商品に関連した知識を記事風に掲載している例**
出典：https://www.hanariro.com/hanakotoba/hanakotoba-top.html

図3-14-2　**商品に関連した知識を記事風に掲載している例**
出典：https://www.nippon-olive.co.jp/contents/food/

コンテンツの企画は「ユーザーが知りたいこと」と「SEO」の2軸で考える

コンテンツマーケティングはGoogleの検索エンジン対策（SEO）にも役立ちます。記事の内容は「顧客が知りたいこと」と「SEOを意識したキーワード」の2軸で考えてください。

SEOの軸でネタを探すときは、サーチコンソールなどを使って検索ボリュームが多いキーワードを調べ、狙ったキーワードで検索結果が上位の店舗のコンテンツを調べます。どのような記事を作っているのかをチェックし、競合よりも内容の濃いコンテンツを作りましょう。

顧客が知りたいことを調べるには、カスタマーサポートに寄せられた問い合わせを分析するのも効果的です。よく聞かれる質問への回答を記事にすれば、それが顧客にとって有益なコンテンツになります。

近年は動画をECサイトに掲載する企業も増えてきました。服を着用して歩いたときの布の揺れ方などは、写真よりも動画の方が伝わりやすいはずです。動きを見せることで売れやすい商品は動画も積極的に活用してください。

Column

ビッグワードのSEO上位化は至難の業

どの企業も狙いたい人気のキーワード（ビッグワード）は、Googleの検索結果の1ページ目が楽天市場・Amazon・大手企業で埋め尽くされているのが実態です。今からビッグワードや、売上に繋がりやすいキーワードで上位を目指すのは至難の業とも言えます。
そこで、中小ECができることとして、自社の商品が売れるキーワードを探すことから始めます。隠れたキーワードを探すために「リスティング広告」を活用して売りたい商品に誘導して検証します。「売れるキーワード」がわかってから、そのキーワードのSEOのプランを立てる方法もあることを知っておいてください。

Chapter 3-15

[自社ECサイト 売場の鉄則]

購入手続きページも手を抜かない

Keyword　EFO、アシスト機能、ID決済

すでに会員登録やアプリ登録が終わっていることが多いモールに比べて、自社ECサイトでは商品ページやコンテンツでどんなにお客さまの不安を取り除いても、お客さまが入力するフォームの使い勝手が悪いと、そのまま購入や入会を止めてしまうこともあります。そんな防止策の1つとして導入が増えているのが、EFO※です。

EFOとは、お客さまが名前や住所などを入力するフォームの使い勝手を高める施策のことで、自社ECサイト運営における重要な施策として、購入をアシストするシステムの利用も増えています。

※　EFO
Entry Form Optimization
(エントリーフォーム最適化)

使い勝手のいいフォームでストレスを軽減

リアルの店舗で買い物をする際にレジでの会計に時間がかかると、お客さまはストレスを感じてしまいます。リアル店舗では買い物を止めて商品を棚に戻すことはあまりないでしょうが、すぐに他の店舗へ乗り換えができるECの世界では、そのまま離脱してしまうこともめずらしくありません。

エントリーフォームを最適化するEFOの具体例としては、「アシスト(サポート)機能」を用意し、お客さまのストレスを軽減する方法があります。

- **入力中のフォーム項目の色を変えてわかりやすくする**
- **入力途中で内容をチェックして不備があればすぐに指摘する**
- **郵便番号を入れると自動で住所が入力される**

といった機能です。こうした機能は、ASP型のショッピングカートを使っているサイトであれば、オプション機能として簡単に導入できる場合があります。中にはアシスト機能が標準装備されているカートもありますので、システムを選ぶ基準にしてもよいでしょう(図3-15-1)。

お客様情報

下記フォームに必要な内容を入力の上、次へおすすみください。

氏名	「姓」と「名」に分けてご入力をお願いします。 例）日本　例）太郎 入力してください。
氏名（フリガナ）	「姓」と「名」に分けてご入力をお願いします。 ex)ニホン　ex)タロウ
Eメールアドレス	【重要】Yahoo！メールのアドレスは連絡不達が多発しておりますので、別のメールアドレスをご設定ください。 メールアドレス 入力してください。 確認のため上のメールアドレスを再度入力してください（再入力）
郵便番号	- 住所検索
都道府県	選択してください
住所1（市区町村）	
住所2（番地）	
住所3（建物名）	
お電話番号	日中に連絡可能な電話番号をご記入ください - -
お電話番号（携帯など）	- -
限定企画や新着のお知らせメール	※こちらをOFFにすると、お誕生日ポイントなどお知らせのメールも来なくなりますのでご注意ください。 ◉可 ○否

図3-15-1　**自社ECサイトのフォーム例**
https://www.harmonature.com/fs/cotton/GuestEntry.html

購入のモチベーションを下げない工夫

入力フォームページに入る前のバナーなどに商品写真やメッセージを表示して、レジでポイントカードを勧誘するように、「全部入力するとお得な情報が届きます」など、直接的なメリットを提示したりすることで、入力のモチベーションを維持できます。

入力をアシストしたり、離脱してしまう要素がある場合は原因を分析して改善しなければいけません。特にカード情報や決済情報などを入れるところで離脱するケースもあるため、最近はAmazonID連携の決済などを導入することで、住所やカード情報の入力を不要とするシステムも増えています。

ID決済※を繋げるシステムや、コンビニで後払いできる後払い決済を提供する企業も増えており、決済方法の選択肢を入れることで離脱を少なくすることも可能です。

※　ID決済
Amazon Pay・楽天ペイ・LINE Payなど、それぞれのアカウントに登録された住所情報とクレジットカード情報を使って、商品やサービスの支払いができる決済サービス。

Chapter 3-16

[自社ECサイト 運営の鉄則]

パッケージや同梱物でファンを作る

Keyword　同梱物の工夫、パッケージ戦略、専用ボックス

自社ECサイトの大きな特徴として、自由度の高い梱包と同梱物が可能です。単純に決まった同梱物と段ボール調の梱包ではない工夫が必要になってきています。

納品書の他にもレビュー記入のお願いなどをチラシやレビュー記入方法の説明書として同封すると効果が期待できます。他にも、お客さまとコミュニケーションをとるため、商品のお手入れ方法や豆知識などの読み物情報なども入れると効果が期待できます。

リピートが必要な単品通販系はこの同梱物までこだわらないと、一度の購入では利益にならないため、リピート購入を促進するためにも、メルマガのステップメールや同梱物を活用して、感動に繋げる必要があります。同梱物からサイトへ誘導するQRコードなどを入れる際にも、効果測定のためにURLに専用パラメーター※を入れるように意識しましょう。

※　パラメーター
ページのURL「URLパラメータ」を付加して、申込数・購入数の計測を可能にする。

リピーターやファンになってもらうためにも、箱の開封時や開封後の感動から、情報をSNSなどで拡散してもらえるかは重要な要素となります。捨てられない箱やシェアしたくなる箱を作るとコストは掛かりますが、情報として共有したくなるためリピート促進やファン作りに繋がります。

化粧品などの場合だと、箱や同梱品にも比較的こだわれますが、販売単価が低い商品は、利益を圧迫してしまうため、逆に梱包をコンパクトにして送料を安くすることで、箱を開ける際の楽しみは少し減ってしまいますが、お客さまにコストメリットを還元することもパッケージ戦略の1つになります。

あるECサイトでは、かわいい柄やロゴを入れ、ポストに入るサイズの専用ボックスを用意しています。メール便で配送できるので送料も抑えられますし、ファンになってもらう施策にもなっています。写真に撮ってシェアしたくなるデザインになっているのでSNSでの共有も促進されますし、箱についてレビューを書いてもらうことも期待できるでしょう（図3-16-1）。

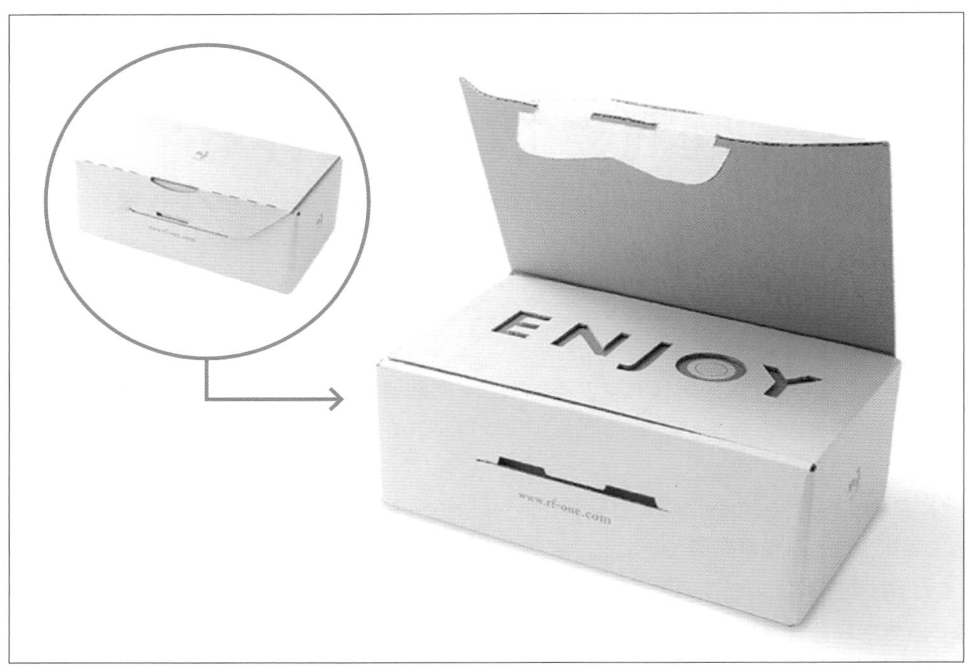

図3-16-1　**工夫を凝らした専用ボックスの例**

このように工夫を凝らして、単純に届けられればよいということではなく、購入後のファン作りの視点を持った梱包・同梱物作戦を考える必要があります。

Column

届いて開封した瞬間から考える

今までのECによる買い物体験は「安心して購入できて、早く・確実に届く」が中心でした。しかし、メーカーが直接消費者と接点を持つDtoCモデルが増えるにつれて、今後は「開封した瞬間の感動・体験」をスマホでSNSや動画でシェアしてもらうことが、ブランド価値と商品認知の拡大につながります。商品開発・運営体制も「届いて開封した瞬間」「初めて使ったとき」から考える動きも出ています。

Chapter 3-17

[自社ECサイト 運営の鉄則]

さまざまな広告を組み合わせる

Keyword　1件購入あたりコスト、費用対効果、改善のロジックツリー、目的別・予算別の広告

自社ECサイトの広告は目的をしっかり定め、運用の際には代理店を使うのか社内で行うのかを決めておく必要があります。代理店を使うと運用コストが掛かる分、手間は省けますが、それでも数字は把握して、どのような運用が行われ、どのような結果になっているかを理解できるようにしておく必要があります。特に最低限、購入までのプロセスやクリック数・コスト・購入率・1購入あたりのコスト・費用対効果あたりは重要な数字となるためしっかり把握しておくようにしましょう（図3-17-1）。

用語	説明	計算式
表示回数	広告の表示回数。インプレッション・IMPなどと言われる	
クリック数	広告がクリックされた回数。Click・CTSなどと言われる	
クリック率	表示回数に対してクリックされた割合。CTRと言われる	CTR(%)＝クリック数(CTS)／表示回数(IMP)
クリック単価	1クリック当たりの費用。CPCと言われる	CPC＝ご利用金額(COST)／クリック数(CTS)
コンバージョン	購入件数や申込み件数などの成果のこと。CVと言われる	
コンバージョン率	クリック数に対してCVに繋がった割合。CVRと言われる	CVR(%)＝コンバージョン数(CV)／クリック数(CTS)
コンバージョン単価	CV1件あたりにかかった費用。CPAと言われる	CPA＝ご利用金額(COST)／コンバージョン数(CV)
広告費用対効果	広告費用に対して得られた売上の比率。ROASと言われる	ROAS(%)＝広告経由売上／ご利用金額(COST)

図3-17-1　**ECの担当者として知っておきたい用語**

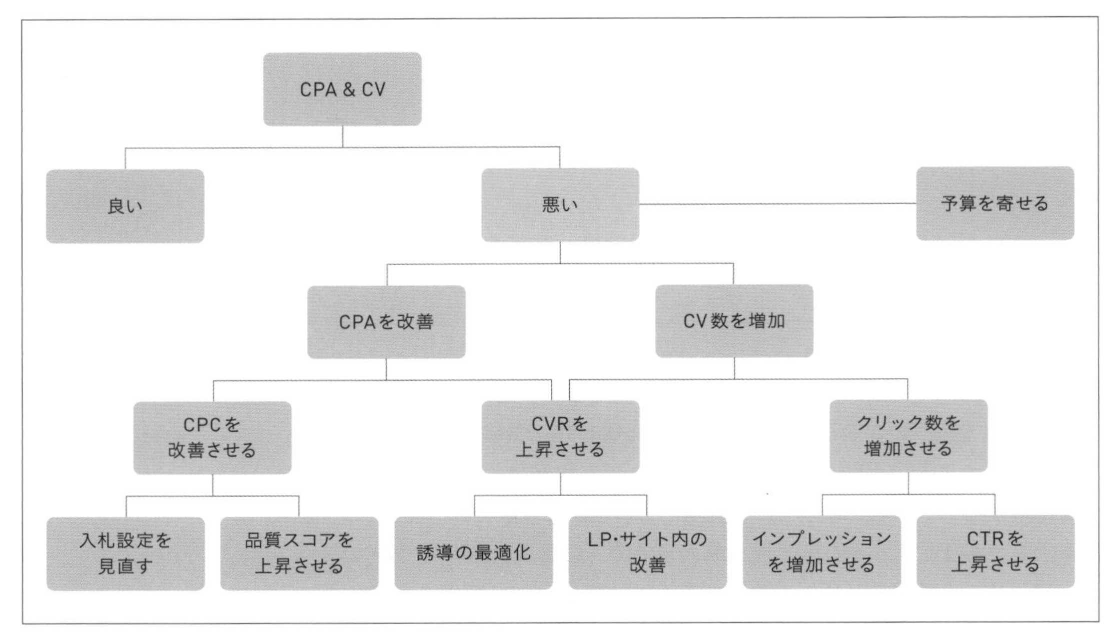

図3-17-2　分析・改善のロジックツリー

広告を配信する際にも、これらの数値が悪い場合、原因を解明して改善できないと意味がありません。迷った際には、図3-17-2のようなロジックツリーを活用して、今何をすべきかを把握することができます。

これは、CPAが悪いのかコンバージョンはどうなっているのか、1つずつ分解して施策に落とし込むためのロジックで、例えばCPAを改善したいならCPCに問題があるのか、CVRなのかといったように、原因を細かく分解して、具体的な施策に落とし込んでいきます。

現状に合わせて1つずつたどっていけば、何をすれば良いのか分かるため、慣れるまではこのようなロジックツリーを参考にすると良いでしょう。

売上のステージに合わせた投資を行う

広告はその効果や予算が気にされるものですが、代理店に任せるにしても、予算をどれくらい預ければ良いのか適正金額がわからず、言われるがままに広告費をかけたけど効果がなかったという事態も散見されます。そのため、ECとしての成長段階や広告予算ごとにどのように代理店を活用するかが重要になります。

月商	低	中	高
認知目的広告	×	△	○
アクセス目的広告	△	○	◎
購入目的広告	◎	◎	◎

図3-17-3 **月商レンジ別の広告施策**

例えば月商が100万円未満など低い場合には、認知広告を行うのは、やり方として良くない判断となります。低予算で広告をやるにしても、まずは購入に振り切る方が良い結果を生むでしょう。購入目的で広告費をかけると、月商の高い低いは関係なく売上に繋がるため、試してみる価値があります(図3-17-3)。

次に、アクセスが増えれば購入してもらえる状態なのかは判断が必要になります。特に月商が低いサイトの場合、アクセスを伸ばしてもそれがそのまま購入に至るかどうかはわかりません。アクセスを増やしても本質的な問題がサイトやLPにある場合、いかにクリック数を最大化しても思うように売上には繋がらないため、優先順位としては回遊やLP改善に力を割くべきです。ただし、月商が200～500万円くらいの中規模サイトの場合、すでにコンバージョンも整っているため広告の目的をアクセスにしても売上が期待できます。さらに月商が高いサイトの場合、アクセス目的の広告や購入に振り切った広告を打っても、サイトが整っている可能性が高いためどちらにも高い効果が期待できるでしょう。

認知目的の広告は一見効果的に見えますが、特に注意して運用する必要があります。「こういう商品を扱っている」という広告を、Yahoo!ページのトップやSNS広告などで多くの人に見せたとしても、効果が出る店舗は多くありません。すでに月商の高い店舗が購入やアクセスの広告も最大限行っており、さらに認知を高めるために行うのであれば相乗効果が期待できますが、すべてが整っている状況でなければ売上に繋がりにくいため注意するようにしましょう。

予算別に力を入れる広告を使い分ける

続いて、売上別ではなく、広告予算別の視点で具体的な施策を確認してみましょう(図3-17-4)。

月の広告予算	検索広告(指名)	リマーケティング	検索広告(一般)	ショッピング広告	SNS広告など
～10万円	○	×	×	×	×
10万円～20万円	○	○	×	×	×
20万円～30万円	○	○	○	×	×
30万円～50万円	○	○	○	△	×
50万円～	○	○	○	○	△

図3-17-4　**広告予算別の視点での施策**

予算が決まっている場合、購入目的の指名検索は相性が良くなります。店舗をサイトや商品名・ブランド名の指名で流入する場合、具体的に何か欲しい商品を購入したい状況であるため、SEOで上位化されていない際に有効です。また、ライバル店が広告を配信している際にも指名検索の広告を出すことでライバルへの流出を防ぐことにも繋がります。

広告予算が10万円を超えてくると、サイトを訪問した方にリマーケティング広告※を打つことも有効になり、20～30万円になるとアクセス寄りの広告にも期待できるようになります。先述した月商別の考え方とほぼ同じですが、指名広告やリマケは、すでに知っていたり、サイトに来訪済みのため、店舗や商品のことを知っている層に広告をかける方法になります。まだ商品や店舗を知らない層には、一般ワードでの検索広告で、広く周知させる広告となるため、その分広告予算が多く必要になるのです。

※　リマーケティング広告
サイトを訪問したことがある人に向けて広告を配信する手法。

ショッピング広告※は広告費に余裕があり、ビジュアル面で他社との差別化ができている店舗に適しています。基本的にはキーワードベースになるため、キーワードのバリエーションがそもそもサイトにないものや、キーワードに対して検索ボリュームが少ないと広告をかけても頭打ちになるため、SNS広告をかけて別の場所から店舗に誘導する必要があります。

※　ショッピング広告
Googleが提供する検索画面に連動して配信される広告枠。検索窓のすぐ下に画像付きで表示されるので露出比率が高い広告となっている。

図3-17-4は、あくまでも拡大していく順序の目安となります。業界、商品単価や客単価によってCPCが変わり、一概には言えないため注意が必要です。例えば、SNSをしっかり活用し、頻繁に情報発信を行っているのであれば、SNS広告の優先度は高くなる可能性もあります。

以上、自社ECサイトの広告活用のポイントを整理しましたが、あくまで全体の計画と売場が整った段階で、売上レンジに応じて検証しながら進めていくことを基本とします。自社ECサイトは、長期視点で顧客を増やしていく行く必要がありすので、短期的に効果を狙う広告は使わない前提で実施いただきたいです。

Chapter 3-18

[自社ECサイト リピートの鉄則]

「RFM分析」で顧客との接触濃度を変える

Keyword　ワンステップマーケティング、ツーステップマーケティング、RFM分析

Chapter 3

ECの販売モデルの1つに、特定の商品を定期的に顧客に届ける「リピート通販」と呼ばれる販売モデルがあります。化粧品や健康食品、食品などのジャンルで利用され、年間売上が10億円を超える企業も多く、ネット広告・紙媒体も含めて新規獲得を行うために積極投資する企業が多いのが特徴です。

リピート通販の販売手法

販売手法は、大きく分けて2種類。1つ目は新規顧客を獲得するためのサンプルセットや初回無料のお試し商品などを販売し、その顧客をレギュラー製品の定期購入へと引き上げる「ツーステップマーケティング」と呼ばれる手法です。

ツーステップマーケティングのメリットは、何よりも新規顧客を獲得しやすいことで、デメリットはサンプルから定期購入に引き上げる手間がかかることや、引き上げに失敗するとサンプルの投資費用を回収できなくなることが挙げられます。

引き上げ率を高めるための「マーケティングシナリオ(獲得モデル)」をきちんと実行することが必須で、具体的にはメルマガやDMなどの基本的なものから、顧客に直接電話するアウトバウンドの電話、LINEのプッシュ通知などがあります。サンプルを使い切るタイミングでこうした定期購入キャンペーンのメルマガを配信するなどの施策を行えば、引き上げ率が格段に上がるでしょう。

2つ目は、初回からレギュラー製品を販売する「ワンステップマーケティング」と呼ばれる方法です。初回から定期購入の加入を促す場合は、初回のみ割引料金を適用したり、実質無料で販売したりすることもあります。ワンステップマーケティングのメリットは、サンプルからレギュラー製品に引

き上げるための労力がかからないことで、デメリットは新規顧客の獲得件数がツーステップマーケティングに比べて減ってしまうことです。

覚えておきたい指標：CPAとLTV

リピート通販の広告戦略を考える上で欠かせない指標について、覚えておくべき指標が2つあります。ひとりの顧客を獲得するために必要な費用を表す「CPA※」と、ひとりの顧客がそのショップや商品に対して生涯でいくらの金額を使うかを表す「LTV※」です。

※ CPA
Cost Per Action
顧客獲得費用

※ LTV
Life Time Value
顧客生涯価値

例えば、CPAが1万円で、販売価格が5,000円の商品を1個売っただけでは広告投資は赤字になってしまいます。しかし、売上総利益率が50%の商品で、平均LTVが5万円であれば、利益額が2万5千円となり、CPAが1万円でも収支は合うようになります。このように、リピート通販の広告戦略を考える場合には、CPAとLTVを踏まえて投資額を考える必要があります。

効果検証はお客さまのセグメント別に

メールマガジンの効果を高め、売上アップにつなげるためには、配信後の効果を数字で検証することが大切です。お客さまによってもメルマガの効果は変わるため、お客さまを分類してグループ（セグメント）を作り、セグメント別にメールを配信してそれぞれのセグメントでの効果を確かめます。

セグメント化の代表的な方法としては、RFM分析があります。RFM分析とは、お客さまを「最終購買日（Recency）」「購買頻度（年間購入回数、Frequency）」「購入金額（Monetary）」で分析する手法です。例えば、最終購入日が直近で年間購入回数が多く、購入金額が高いお客さまは「優良顧客」として分類します。逆に、長期間購入せず、年間購入回数が少なく、購入金額が低いお客さまは、すでに他のサイトへ移った「離反顧客」と捉えます（図3-18-1）。

メルマガ検証で使う5つの「率」

RFM分析などでお客さまのセグメントを作り、セグメント別にメルマガを配信したら、「開封率」「クリック率」「配信数に対する購入率」「開封数に

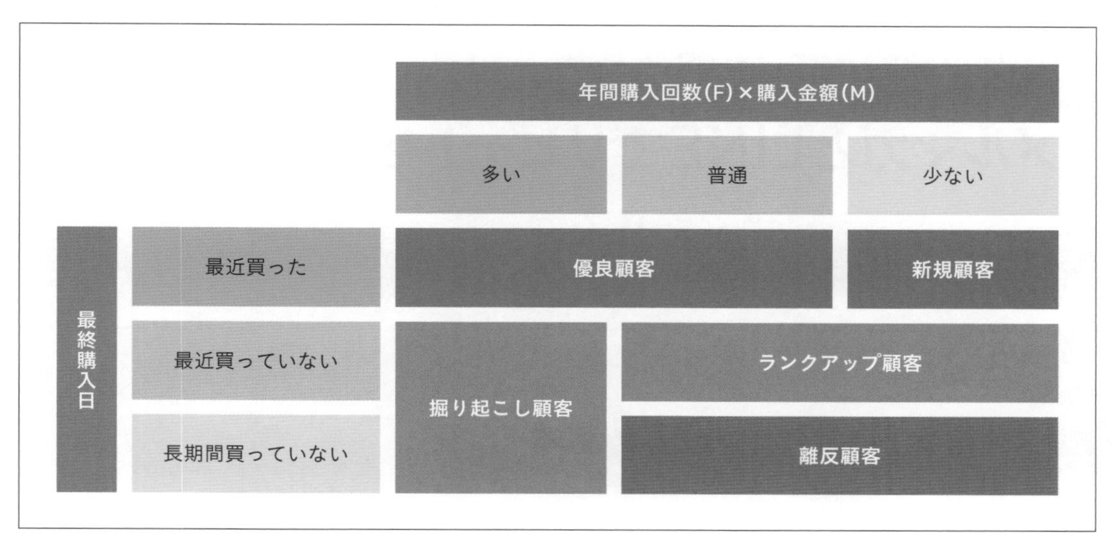

図3-18-1　**RFM分析でお客さまをセグメント化する**

	検証ポイント	目標値
1	配信数に対するメルマガ開封率	15～20%
2	開封数に対するメルマガ内URLクリック率	15～20%
3	配信数に対する購入率	0.3～0.5%
4	開封数に対する購入率	3.0～5.0%
3	訪問数に対する購入率(URLをクリックして訪問した人の購入率)	10%以上

図3-18-2　**メルマガの効果を測る5つの「率」**

対する購入率」「訪問数に対する購入率」の5つの指標で効果を検証します。

メルマガは、メールを開いてURLをクリックしサイトへ訪問さえしてもらえれば、購入率が高くなる特徴があります。そのため、開封率やクリック率を高める取り組みが必要です。

図3-18-2に、一般的なECサイトでの目標値を示しました。目標値はあくまでも目安ですが、大きく下回る場合は改善の余地があります。件名や送信のタイミングを調整するなど、具体的な対策を考えましょう。

Chapter 3-19

[自社ECサイト リピートの鉄則]

メルマガとLINEでリピートを増やす

Keyword　計測用パラメーター、リマインドメール、ブロック率

リスト作りが自社サイト成長の基本

自社ECサイトの場合、モールと違ってお客さまの個人情報を自社の店舗で扱うことができるため、会員リストを作成することが可能です。ただ会員リストを活用して売上を出すためには、リスト数として1,000や2,000といった単位が必要になるため、現状揃っているリストがそれ以下の場合は、まずリスト集めを行う必要があります。

リストを集めるためには、購入時に「会員登録」をしてもらう必要があります。会員登録でどんな情報や特典が届くのかといった説明ページの作成は必須です。会員登録で○ポイントプレゼントや会員限定セールの実施、抽選でプレゼント企画などお客さまにとってのメリットを強調してページを作ると良いでしょう。また、ページ内にはメリットだけでなく、会員登録の方法も忘れずに記載するようにしましょう。

メルマガ限定の企画を考える

メルマガの定番企画は、誕生日にクーポンやポイントを配信することが多いのですが、ただ誕生日月にメルマガを1通送るだけではなく、リマインドのメールを送ると効果的です。来月誕生日というタイミングで月末にクーポンを送り、翌月末にクーポンの期限切れをリマインドすることでクーポンの使用率を向上させることが可能です。

また、クーポンを使うときにも利用者が迷わないように、クーポンの使い方説明をメルマガの中に入れることで、疑問を払しょくして使用率を上げることに繋げることができます。

会員限定セールは企画として強く、お客さまにとっても登録メリットに繋

がるため、「メルマガ会員限定」でセール内容を送ることも会員登録のページに明記しておくと良いでしょう。会員限定セールは有名店でも押している企画で、クローズで行うのも良いのですが、会員以外にも見えるところで実施することで、限定セールを目当てに会員数を増やすことにも繋がります。店舗との相性もあるため、オープンにするかは実際にテストしてみて進めると良いでしょう。

テキスト配信でも良いのですが、最近はリッチメニューやリッチメッセージで画像やバナーを配信することが多くなっています。テキストだけの配信の場合、スマホ画面いっぱいに文字が表示されると、お客さまもうんざりしてしまうため、見栄えの良いバナーを作って配信を行います。このバナーの効果を高めるポイントとしては、バナーをクリックすればリンク先に飛べることが分かるように、ボタンなどを設置してクリックを促す必要があります。リンク先に飛べるかどうか分からない画像では、クリック率が下がってしまうため、必ずボタンを付けるようにしましょう※。

※　リンクのURLには、キャンペーンURLビルダーでパラメーターを付けたものを使用して、アナリティクスで分析できるようにする。詳しくは次ページコラム参照。

自社ECサイトでのLINE活用の鉄則

メルマガ同様LINEも、メリットがないとブロックされてしまうため、LINE友達登録でポイント付与など、お客さまにとってのメリットを訴求する必要があります。配信頻度によるブロック率も考える必要があるため、基本的には週に1回くらいから始めて、頻度を増やした際にどれだけブロック率が変動するのか確認して、ベストな回数を決めていくと良いでしょう。

LINEの場合、メニュー項目を下に表示でき、メニューからのリンク数も最大6個設置可能になっています。基本型で開いている状態になっており、閉じておくこともできるのですが、基本的には開いておいた方が誘導率が高まります。必ずしも6個すべてを使う必要はありませんが、ぜひ活用しましょう（図3-19-1）※。メニューからのリンク先は、1つの商品ページに飛ばすのではなく、極力特集ページや商品一覧に飛ばすのが理想です。1つの商品ページの場合、お客さまの心に刺さらないかった場合すぐ離脱されてしまうため、テーマや特集に刺さるように特集ページなどに誘導するようにしましょう。日本すべての年代にLINE利用者がいますので、ファン作りに有効に使っていく必要がありますが、受け手も情報過多になっているので、距離感を意識しながらの活用が必須となります。

※　リンクするURLには忘れず分析用のパラメーターを設定すること。詳しくは次ページコラム参照。

図3-19-1
LINEではメニューを下部に表示できる
出典：あしながおじさん公式LINE@

Column

メールやLINEには分析用のパラメータを設定する

メールマガジン配信に際しては、施策を改善するためにGoogleアナリティクスで分析する必要があります。そのため、メールのページ誘導URLに「計測用パラメーター」を付けて計測できるようにすることが重要です。
メルマガやLINEからの流入は、アナリティクスではDirect（直接の流入）に分類されてしまうため、細かい評価・分析ができなくなってしまいます。
それを防ぐために、Googleの提供しているキャンペーンURLビルダーというツールを使って、URLに専用のパラメーターを作成します。URLやソースメディアなどの必須項目を入力することで、分析可能な状態のURLが作られるため、メルマガやLINEから誘導する際には、リンク先にそのURLを使うことで、分析項目として活用することが可能になります。メルマガもLINEも、配信するためにどのターゲットから売上に繋がっているのかをしっかり確認して改善するようにしましょう。

Chapter 4

楽天市場
運営の鉄則

楽天市場は年間流通総額が3兆円を超え、日本最大級の「ポイント経済圏」を形成し多くのユーザーを惹きつけています。特に家具・インテリアなどの高単価品や食品・コスメを中心としたギフト需要にも強く、店舗の努力と工夫によって売上の差が出やすいモールとなっています。スマホやアプリからの購入比率が高まる中で、プロが取り組む基本からセール対応・広告活用まで解説していきます。

Chapter 4-1

[楽天市場 売場の鉄則]

「カート統合」でカテゴリー登録の最適化を行う

Keyword　タグID、カート統合、カラーバリエーション

楽天市場で販売していく上で、基本中の基本となるのが「商品登録」です。その中でもカテゴリー登録は売上に大きく影響することを理解して適切な商品登録を行うことが必要です。

まず楽天市場の「タグID」を、自社の商品で売りにしたい項目についてすべて登録する必要があります。カテゴリーはもちろん、ブランド・カラー・サイズなど詳細な登録が可能になっていますので、手間をかけてでも登録が必要です。細かく設定すればするほど、検索結果でライバル商品が少なくなる傾向があり、選ばれる確率が高まります。

その上で、カテゴリー登録を行う際にも、売上に影響するポイントが存在します。それが「カート統合」です。

図4-1-1のように、売れていない店舗の事例を見ると、同じ商品の色違いであっても、1品番ごとに1商品のページを作っているケースが多く見られます。例えばTシャツの場合、同じ商品特性でカラーが白・ピンク・イエローとあった場合、それぞれに品番を作ってしまうとカートを統合した場合と比べて売上が下がる可能性が高くなってしまうのです。

売れる店舗の場合、同じTシャツとしてカートを統合しており、1つのページに3種類のカラーバリエーションがあるように見せています。

なぜこのカート統合が売上に影響するのかというと、ポイントは2つあります。1つ目のポイントは売上実績による影響で、ページがバラバラの場合、売上実績が分割されてしまうことになり、カート統合されている同じような商品に対して不利な状況となるのです。1つのページに集中させた方が、売上実績が累積して、楽天市場内の検索順位も上がりやすくなるのです。

2つ目のポイントがレビュー数の分散で、ページを分けるとその分レビューもそれぞれのページにつくことになるため、やはり同じバリエーションの商品カート1つに統合すべきなのです。

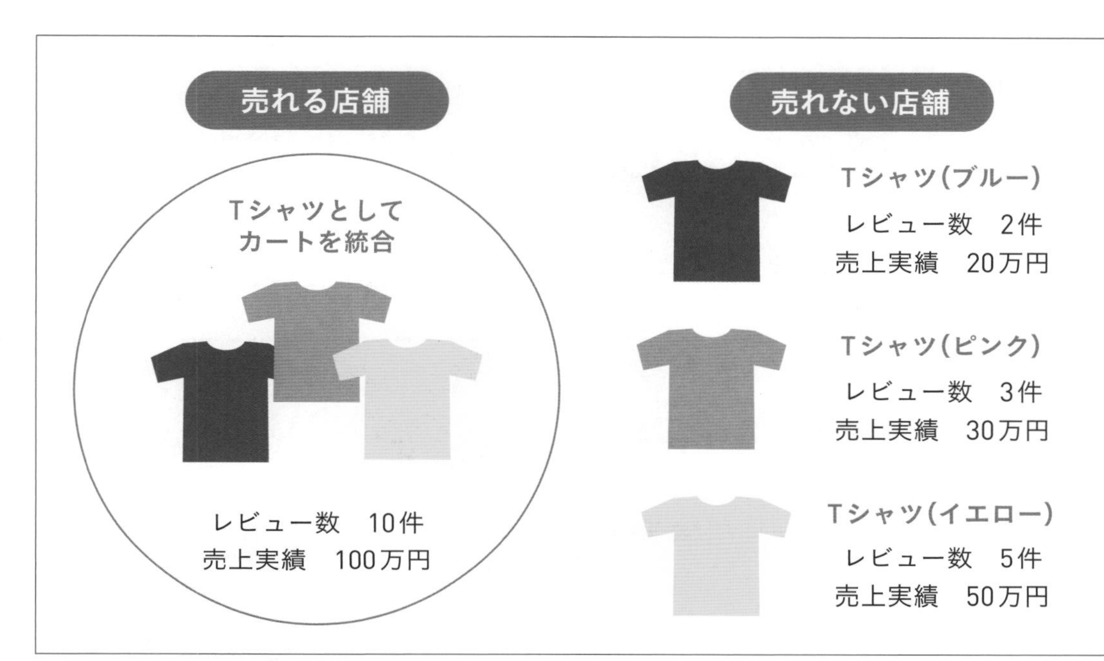

図4-1-1　**「カート統合」で実績を蓄積する**

カート統合の条件と注意点

カートを統合できる条件は、同価格であることと、基本的な商品のスペック・仕様が同じことです。また、カートを統合する際にはいくつかの注意点も存在するため、統合する前にあらかじめ確認しておきましょう。

まず、カート統合時は統合前のページを削除しないように注意しましょう。その商品自体にすでに実績が溜まっている場合、重複したページも置いておく方が売上に繋がります。合わせて統合前のページを「在庫なし設定」にしていないかも確認しておきましょう。在庫なし設定にしていると、統合前のページからの自然検索での流入や、お気に入り登録が失われてしまいます。

また、店舗内で遷移先にしている箇所が統合前の商品に設定されていないかも確認する必要があります。統合前のページにバナーなどで誘導していた場合、統合後のページに切り替えるように必ず確認するようにして、統合したページに実績とレビューを集めるように意識しましょう。

Chapter 4-2

[楽天市場 売場の鉄則]

楽天市場に特化したページ作りが基本

Keyword　RMS、回遊コンテンツ、比較コンテンツ、組み合わせ販売

「スマホファースト」から「アプリファースト」に

楽天市場の店舗運営システムの管理画面（RMS）※を見ると、デバイスの種類は

- PC
- SP（スマホ）ウェブ
- SP（スマホ）アプリ

の3つに分かれています。EC事業者の方にPC・SPの利用比率を聞くと、PC2：SP8というような回答が多いですが、SPウェブとSPアプリの構成比までは把握していないことがほとんどです。

実際のアクセス人数を見てみると、SPアプリのアクセスが5割ほどと最も多く、バナーなどを設置して実機で確認する際には、アプリでどう見えるかを最も重要視すべきなのです。よって「スマホファースト」という言葉ではなく「アプリファースト」という言葉が正しく、EC事業者として、最も利用者に見られているデバイスをしっかり意識すべきでしょう（図4-2-1）。

楽天市場を運用している方であれば、RMSから検証画面をよく見ると思いますが、実は検証画面からはアプリを確認することができません。バナーの位置を変えたり、設置を指示したりする際、SPウェブならできることがアプリではできない仕様もあるため、仕様の違いをしっかり押さえておく必要があります。

アプリは変更も激しいため、常に変化も意識しながら、アプリ上のこの位置はどこをいじれば反映されるのかなど、常にアプリ内の表示の変化にアンテナを張っておくようにしましょう。

※ RMS（Rakuten Merchant Server）
楽天市場のサイト構築・運営・広告の管理を行うシステム。

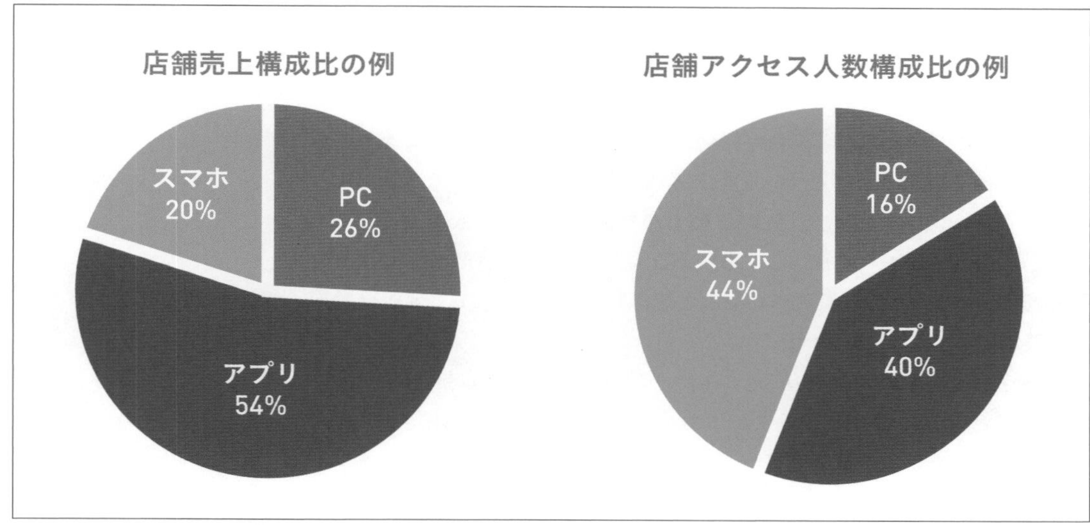

図4-2-1　**デバイス別の構成比を確認する**

楽天市場の商品構成ページの基本

0ベースから楽天市場の商品ページを作成しようと思うと難しく感じる部分もあるかもしれませんが、一度基本となる構成を作ってみると全体を把握することができるようになります。ここで紹介する基本構成をそのままアップすることもできるため、どうしてもページ作成に迷ってしまった際には、まず基本構成を忠実に作成してみると良いでしょう（図4-2-2）。

まず、ページを作成する場所として一番最初に表示されるサムネイル画像です。サムネイルには基本的には商品ページで伝えたい情報を入れるようにしましょう。特に1枚目のサムネイルは検索結果にも表示されるため、楽天市場のルールに沿って訴求内容を見極める必要があります。競合他社と同じようなサムネイルだとクリックされにくくなるので、自社と競合の差別化ポイントを見極めてクリエイティブを作成する必要があります。

楽天市場の商品ページは上下に長く、サムネイル画像を横にフリックすることで情報をキャッチアップするユーザーが多いため、表示限度の20枚までしっかり情報を入れることが基本となります。

商品名やキャッチコピーは検索表示で選ばれる要素として重要で、検索結果で表示された際にどのような商品かわかるように工夫しましょう。

商品説明文の下のコンテンツには、ランキング実績を掲載する店舗が多くなっています。ECでは、店頭で実際に手にとったり、販売員の話を聞いて参考にすることができないため、商品の信頼性や、売れている感などを訴求する必要があります。

ランキングと同様に、レビューもお客さまの声の一例として見せるのも有効です。他のお客さまがどういう理由で購入したのか、実際に購入してみてどこが良かったのかなど、実際に買われたお客さまの声を見せることで安心してもらったり、参考にしてもらえるようになります。どのようにその商品を使うか、どうやって食べるかなど想像しやすいようにレビューを選択して表示するようにしましょう。

商品を販売し始めたばかりで、レビューの評価がついてない場合や評価が低い場合でも、情報として入れておくことで安心してもらえたり、購入ハードルも下がるため有効です。

回遊コンテンツの活用

お客さまにとって、商品ページが目当ての商品ではなかった場合でも、すぐ離脱されずショップ内を回遊していただける回遊コンテンツも入れるようにしましょう。他にも販売している商品があったり、合わせ買いをしてほしい商品がある場合、商品ページに誘導する回遊コンテンツを入れます。複数ある場合は、機能や特典を比較して表示することで購入しやすくする比較コンテンツも有効です。

回遊コンテンツでは、ユーザーが比較する際に、迷ったり探すのに疲れて離脱してしまう確率を下げるために、優待商品・オススメ・人気No.1・ランキング実績など欲しいと思える商品に迷わず誘導できるようにしましょう。

これは例えば、実店舗で見かける居酒屋のように多くのメニューを均等に羅列するのではなく、スピードメニューや人気No.1商品などカテゴライズするのと同様の意味があります。ECでも共通して分かりやすいメニューにしておくとより回遊しやすくなるでしょう。

『組み合わせ販売』も楽天市場のシステムで多くの工数を掛けず設定できるため、事前に設定しておくようにしましょう。受注データから分析して、セット販売されているものを設定することで、同梱率が11〜16%上がったという事例もあるため、設定して損はありません。ひげ剃りの本体と刃のセットなど、ある商品と一緒に使ってほしい商品を組み合わせることで購入率が上がるため有効です。

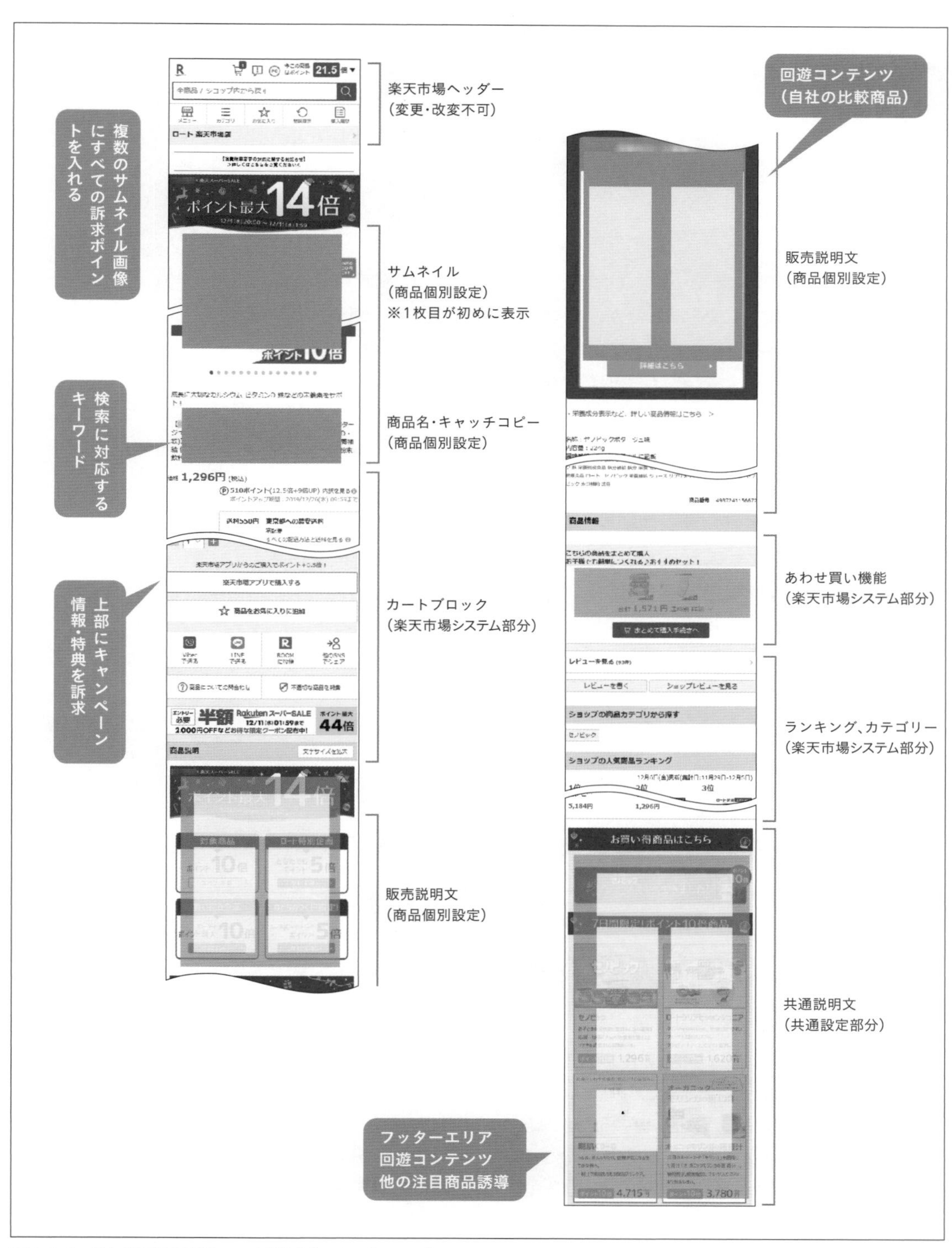

図4-2-2　**楽天市場の商品ページ構成(スマートフォン)**

フッター共通説明文・バナー設定・目玉商品も楽天市場のシステムで設定することが可能です。まだ買いたい商品が決まっていない状態でも、何となく商品を探している方や、店舗が気に入っている方も多く回遊しています。オススメ商品やブランドが複数ある場合は、ブランドカテゴリーへのリンクを並べて見せることで他社に逃さず、自社店舗内を回遊できるようにしましょう。

以前は、楽天市場は安売りというイメージがあり、ページ制作時にも赤や黄色を多用する傾向にありましたが、最近は高価格商品の販売やブランドの確立ができている店舗も目立っています。ブランドイメージを担保しつつ、多くの人が集まるイベントを活用して訴求する店舗もあるため、自社の戦略に合わせて使い分けるようにしましょう。

最近はメーカーの「楽天市場公式店」も増えてきています。公式コンテンツを作ることもブランド戦略上重要になっています。店舗名に［公式］と入れてわかりやすく表示、サムネイルにも［公式］と店舗名を入れることで安心してファン客にも購入してもらえるようにしましょう。楽天市場のメリットとしてオンライン限定商品も用意して展開すると良いでしょう。

Column

成長を続ける楽天経済圏

楽天市場のイベント「楽天カンファレンス2021」で、流通総額は2020年に3兆円を超えたと公表されました。1人当たりの購入金額は前年比10%増程度、購入者の約75%はリピート購入するという実績も共有されています。「家ナカ需要」が活発だった2020年の12月の流通総額の前年比は50%増という実績も作っています。

注目は「ポイント経済圏」の拡大です。年間ポイント発行数は約4700億円となり、ポイント消化率も90%以上となってECの消費者を惹きつけて離さないモデルになっています。今後も物流・携帯事業も連携させて日本市場に合ったプラットフォームとして成長が予想されます。

Chapter 4-3

[楽天市場 売場の鉄則]

スマホは、「フリック」対応と文字の大きさを最適化する

Keyword　フリック対応、スマホ対応の文字サイズ

楽天市場は、約75%以上はスマホ経由と言われています。商品ページもスマホファーストの視点で作っていく必要があります。

商品ページで転換率を上げるために重要なのは、商品の魅力や特徴を正確に伝えることです。例えば商品ページのサムネイルで見てみましょう（図4-3-1）。

転換率の上がるページを作るためには、スマホのサムネイル枚数を上限まで最大限活用します。サムネイルを横にフリックするユーザーは増えていて、縦にスクロールする人と同じく半数ほどいると言われています。特に年代別で見ると、若いユーザー層の方が横にフリックしやすい傾向となっているため、化粧品やアパレルを扱っている店舗は必ず対応しましょう。また、フリックすればするほど購買意欲が上がる傾向もあるので、画像枚数を意識して上限まで設定するようにしましょう。

このようなスマホ対応は、意外とできている店舗が少ないのが現状で、PCでページを作成してそのままスマホに移行させている店舗が割合としては多くなっています。この方法では、スマホでの見え方が異なったり、PCとの情報に差分が生まれてしまうため、必ずスマホファーストで店舗ページを作成するようにしましょう。

ページ作成時には他にもいくつか注意点がありますが、特に文字サイズは必ずスマホでも見える大きさを意識して作るようにしましょう。単純にPCから移行した場合、視覚的に小さい文字になってしまう店舗も多いのですが、どんなに良い情報も見えないと意味がないため、しっかり文字の大きさを担保するようにしましょう。また、PC画像をスマホにそのまま持ち込むと、画像の横端が切れてしまうパターンもあります。スマホの画像はスクエアなので、縦スクロールにも対応できるスクエアの画像を作って対応するようにしましょう。

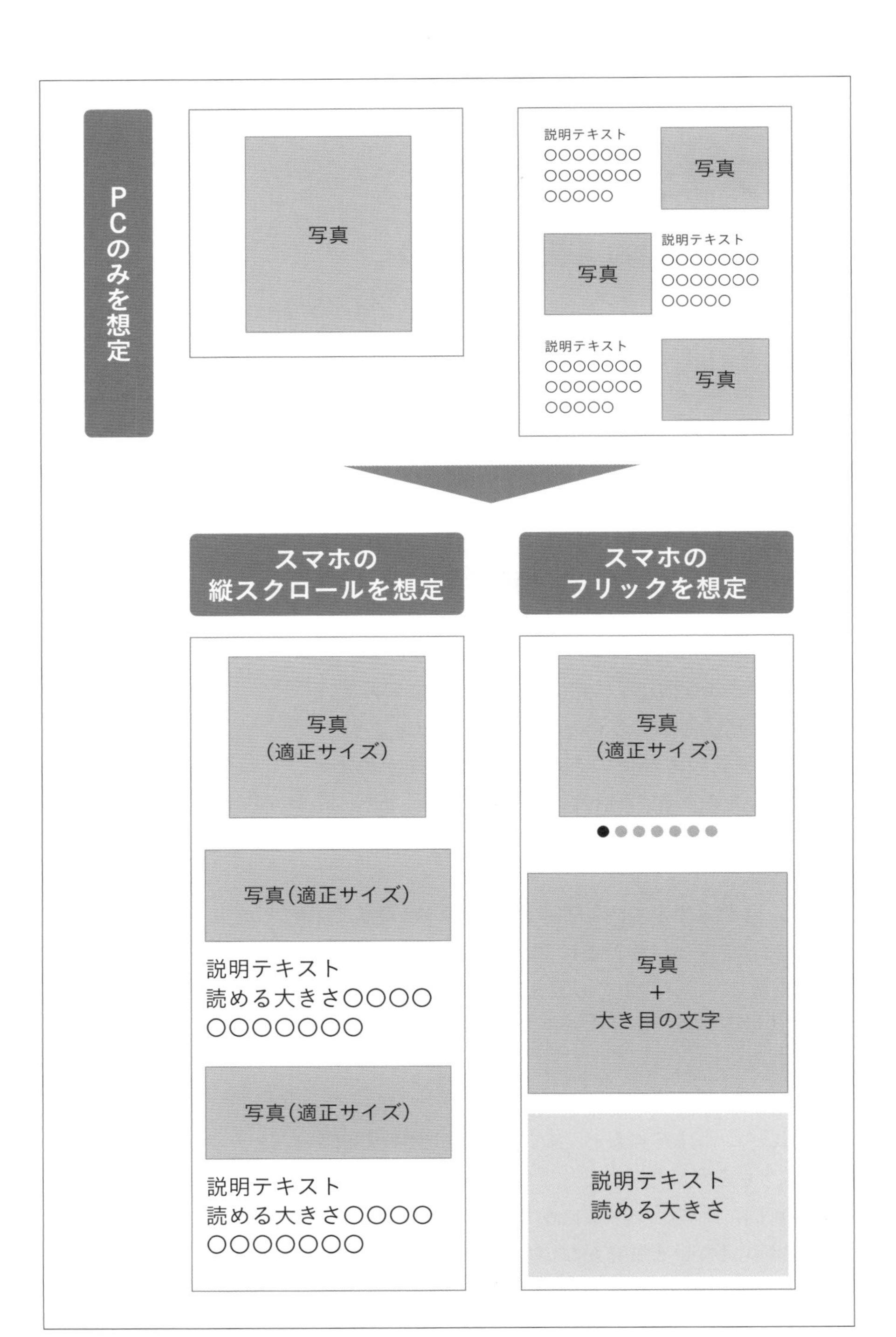

図4-3-1　**スマホファーストの視点で商品ページを作成する**

Chapter 4-4

[楽天市場 売場の鉄則]

最初に消費者をつかむ「サムネイル」画像の作り方

Keyword　商品画像ガイドライン、ベンチマーク店舗

楽天市場のサムネイルには、2018年7月19日に商品画像登録ガイドラインが新設されています。このガイドラインの目的は、商品の探しにくさを解消してユーザビリティ向上に繋げることで、楽天市場全体の訪問者数アップを狙っており、画像の視認性向上のために守るべきガイドラインとなっています。

ガイドラインの判定基準については、テキスト要素の占有率・枠線・背景について3段階の評価が用意されているため、詳しくは楽天市場のガイドラインをしっかり確認するようにしましょう。

サムネイル画像制作の流れ

楽天市場のサムネイルはクリックされる要素を追加していく意識で作成を行います。クリックされればされるほど、サムネイルの表示回数にも影響するため、クリック率を向上させて店舗へのアクセスを増やせる可能性が高くなります。

作成の流れは、

❶ 競合・ライバル商品の調査
❷ サムネイルに入れる要素整理
❸ デザイン・作成

の順に行います。すぐにデザインから入る店舗が多いのですが、必ず競合調査を行って自店舗に足りない要素や他社への強みを洗い出し、視覚的に掲載していくことが重要になります。

店舗名、ロゴ

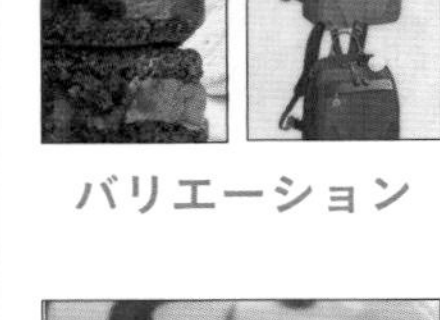

バリエーション

180g

4個入り

内容量訴求

北海道産 厳選素材

クール便

キャッチコピー画像

商品画像

図4-4-1 **サムネイル画像・制作素材**
上記パーツのほか、「ランキング受賞マーク」「送料無料マーク」などを準備し、組み合わせて制作する

店舗としてアピールすべきポイントを整理し、画像サイズ指定・ブランド規定・カラー・ロゴの扱い・デザインの参考とするベンチマーク店のほか、どのジャンルでどのキーワードで露出されるかなど、徹底的に競合調査を行います。調査の結果、強みと弱みを理解して他社に勝てる要素を盛り込むことが重要です。

重要な要素は図4-4-1にある通り、店舗名、ロゴ・内容量・ランキング受賞・商品画像、バリエーション画像・キャッチコピー・商品名・送料無料の7つですが、テキスト上限を超えないように、乱雑に情報を入れるのではなく、競合調査の上、必要最低限の情報を入れるようにすると良いでしょう。

Chapter 4-5

[楽天市場 売場の鉄則]

回遊してもらう工夫をどこまでできるかが、繁盛店への道

Keyword 回遊バナー、カテゴリーページ誘導

楽天市場では、ユーザーが店舗内で回遊するほど購入率は高まる傾向があります。特にスマートフォンでは商品ページからの離脱率がPCよりも高いため、ユーザーを店舗のカテゴリーページなどに誘導する仕掛けが必要です。

回遊バナーを貼る

店舗内の回遊率を高めるには、商品ページに類似商品や関連商品のバナーを貼ると効果的。色違いやサイズ違いの商品のバナーや、カテゴリーページへの誘導バナーを貼ると回遊しやすくなります。

楽天市場を使うユーザーの多くは、個別のお店で買い物をしている意識は低く、「楽天市場で買い物をしている」という認識を持っていることが多いと言われています。そのため、検索結果のページから商品ページにアクセスしても、目当ての商品がなければ即座に検索結果に戻ってしまうことが少なくありません。

せっかく自社の店舗の商品ページまで来てくれたユーザーを他の店舗に取られないように、商品ページで接客(商品提案)を行うことが必要です。実店舗の販売スタッフが、色違いの商品や類似商品などを顧客に提案するように、ECサイトでもユーザーが興味を持ちそうな商品を提案することが重要です(図4-5-1)。

商品ページから類似商品やカテゴリーページなどへ誘導するためのバナーは、商品ページの最後に貼ります。商品の良さを説明し切る前に他の商品をお薦めするのは、ユーザーにとって親切とは言えません。まずはその商品についてしっかり説明し、クロージングまで行ってから別の商品を提案しましょう。

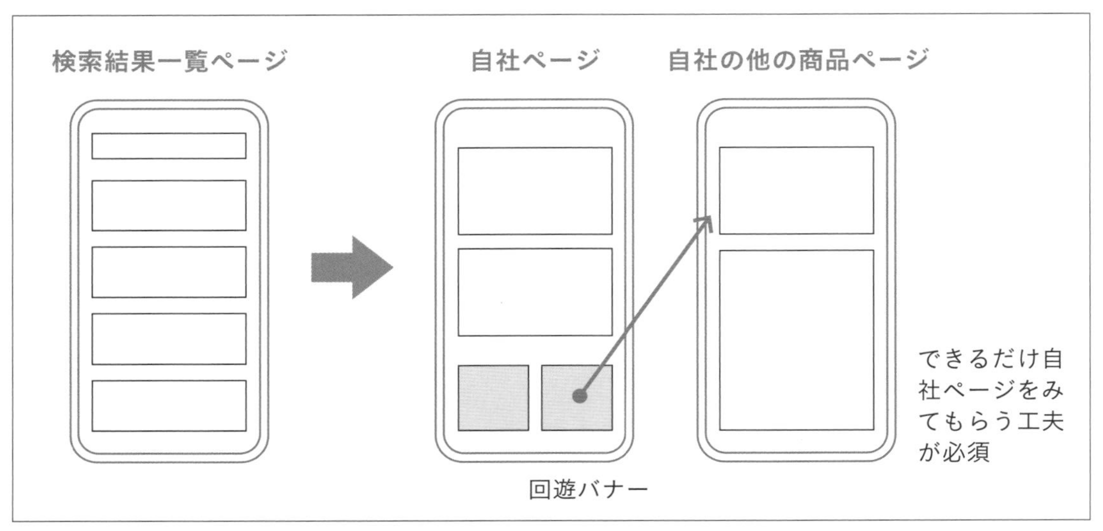

図4-5-1　**回遊バナーの設置例**

A店

	人数	購入件数	転換率
カテゴリーページを見ていない人	98,636	5,731	5.8%
カテゴリーページを見た人	7,151	936	13.1%

B店

	人数	購入件数	転換率
カテゴリーページを見ていない人	168,287	9,742	5.8%
カテゴリーページを見た人	7,364	764	10.4%

カテゴリーページを見た人の転換率は2倍以上の結果も！

図4-5-2　**カテゴリーページ誘導に関する参考データ（著者調べ）**

カテゴリーページの閲覧で転換率が2倍に

商品ページからカテゴリーページへ誘導することも重要です。著者が支援している店舗のデータを調べたところ、店舗のカテゴリーページを見たユーザーの転換率は、それ以外のユーザーの2倍以上になるという結果が出た店舗もあります（図4-5-2）。ユーザーが最初にアクセスした商品を買ってくれなくても、同じカテゴリーの別の商品を提案することで購入率は高まります。商品ページにはカテゴリーページへの回遊導線も必ず作りましょう。

Chapter 4-6

[楽天市場 集客の鉄則]

楽天市場ならではの集客ルートを理解しよう

Keyword　5つの集客ルート、売上が伸びる循環、RPP広告

楽天市場でユーザーが商品ページにアクセスするルートには、さまざまなものがあります。集客ルートを知って、ユーザーとの接点を増やしていくことが楽天市場で売り上げを伸ばすポイントです。

楽天市場の主な集客ルートは「楽天市場内の検索」をはじめ、「ランキング」「RPP広告」「アフィリエイト」「お気に入り」などがあります。

❶楽天市場内の検索表示

検索は集客の最重要ルートとして位置付けてください。著者のデータでは、商品ページへの流入数全体の5〜7割を検索経由が占める店舗が多いです。楽天市場で検索されやすいキーワードを商品名や説明文に盛り込むなど、検索最適化対応を必ず行いましょう。

❷ランキング

楽天市場ランキングはアクセス数が多いコンテンツなので、ランキングに掲載されると商品ページへの集客に効果があります。また、ランクインしたことで商品に箔がつき、転換率の向上も期待できます。楽天市場ランキングは総合やジャンル別で「マンスリー」「ウィークリー」「デイリー」「リアルタイム」の順位が発表されますので、最初は範囲を狭めても良いので「ランキング1位」獲得を目指しましょう。

❸RPP広告

楽天市場内の検索結果の上位部分などに表示される広告枠「RPP広告」も重要な集客ルート。新商品や販売実績が少ない商品は、キーワード対応だけでは検索表示で上位に表示されにくいため、検索連動型の広告を活用することで売り上げのブーストをかけることも必要です。

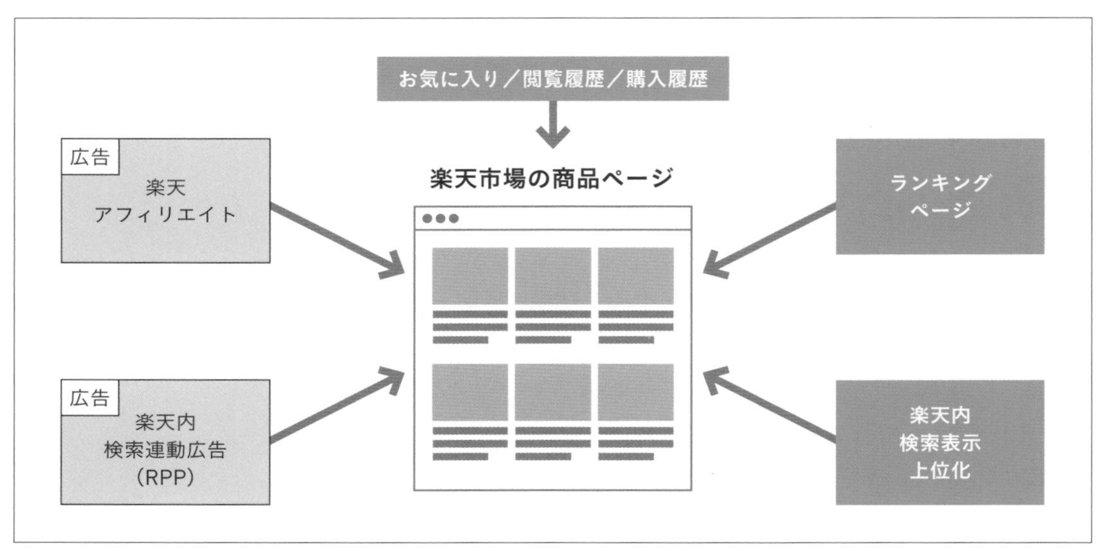

図4-6-1　**楽天市場　5つの集客ルート**

❹楽天アフィリエイト

アフィリエイターに商品を取り上げてもらうことで集客を促進することができます。店舗は成果報酬の料率を設定し、商品が売れたらアフィリエイターに報酬を支払う仕組みです。

❺お気に入り

利用者・購入者が店舗を「お気に入り」に登録すると、新着情報などを通知することができます。ユーザーとの接点になりますから、お気に入り登録を促すバナーを貼るなど工夫をしましょう。

売り上げが伸びる循環を作る

すべての集客ルートを強化し、ショップの売り上げが伸びれば、商品がランキングに掲載されたり検索の表示順位が上がったりして露出が増えます。すると、売り上げが増えてランキングなどに乗りやすくなり、さらに売り上げが伸びる循環を作ることができます。そうなれば皆さんのお店も繁盛店ゾーンに入ります。楽天市場などのモールの特徴は、モールのルールや特徴に沿って対応を行うと、集客のサイクルが出来ることにあります。自社ECサイトでは起きにくい特徴ですので、モール自体の集客を最大に活用できるように対応を行っていきます。

[楽天市場 集客の鉄則]

「検索結果」で表示を増やす基本

Keyword　検索対象キーワード、サジェストキーワード、言い換えワード

楽天市場における集客で特に重要なのが「楽天市場内の検索表示」。楽天市場における検索の仕組みや、検索最適化のポイントを解説します。

検索の表示順位は「キーワード×販売実績×レビュー」が大きく影響する

著者の持つデータで見ると、楽天市場では商品ページのアクセス数のうち検索経由が7割を占める店舗もあります。また、キーワードで商品を検索するユーザーはニーズが顕在化しているため、商品ページにアクセスしてからの購入率も高い傾向にあります。こうした特徴を踏まえると、検索表示最適化は楽天市場における必須の施策と言えます。

現在の楽天市場における検索結果に影響する要素のひとつとして

❶ 検索キーワードと商品名の関連性
❷ 商品の販売実績（金額・数量）
❸ レビューの件数と評価

などの掛け算で決まると言われています。

そのため、キーワード最適化を行えばすぐに表示順位が上がるわけではありません。とはいえ、そもそもキーワードを最適化していなければ検索結果に表示されませんから、まずはキーワード最適化を行うことが必須です。

対策1　サジェストワードを参考にする

キーワードを探す際は、サジェストワードを参考にしてください。サジェストワードとは、楽天市場の検索ボックスに文字を入力したとき、ボックスの下に表示される予測ワードのこと。楽天市場で検索ボリュームが多い

売れる店舗

【ポイント10倍】【3段2個セット】チェスト 送料無料 衣装ケース 衣装ボックス 収納 収納ボックス 衣類収納 押入れ収納ボックス 収納家具 クローゼット プラスチック 収納用品 収納ケース ○○店舗名○○

売れない店舗

カラーボックス　ホワイトワイドA4-2段【送料無料･1年保証】

図4-7-1　**検索キーワードの良い例、悪い例**

キーワードの組み合わせが一覧で表示されます。

対策2　モデル店舗を参考にする

自社と同じ商品ジャンルで売れているショップがどのようなキーワードを使っているのかを調べ、商品名や説明文の参考にすると良いでしょう。

対策3　言い換えの単語も盛り込む

商品の一般名称の言い換えワードを、商品名に盛り込むことも重要です。例えば、収納用のカラーボックスは「収納ボックス」と呼ぶ消費者もいますから、商品名に「カラーボックス」と「収納ボックス」を併記することで、どちらの単語で検索しても表示させることができます。

また、カラーボックスはテレビ台や本棚としても使えます。商品名に「テレビ台」や「本棚」と入れれば、テレビ台や本棚を探しているユーザーにもリーチできます。

最初は広告の活用も必要

新商品や販売実績が少ない商品の表示順位を上げるには、楽天市場内の検索結果画面に表示される広告を活用することも必要です。現在の楽天市場の検索表示は、販売実績やレビューも表示順に影響していると言われていますので、広告を活用することで商品の露出を増やし、販売実績やレビューを積み上げていくことで、検索の表示順位も良い影響が出てくることが期待できます。

Chapter 4-8

[楽天市場 運営の鉄則]

イベント「買い物マラソン」「スーパーセール」準備の心得

Keyword　イベントの目標設定、日々の進捗確認、イベント中の改善

楽天市場の代表的なイベントとして「スーパーセール」「お買い物マラソン」があります。セール準備をしているとありがちな例として挙げられるのが、ページの準備に熱が入り過ぎて目標設定や振り返りを疎かにしがちなことです。どんな企画を作ってどんな広告で集客し、作ってから準備に力を入れていくと、準備が完了したタイミングでゴールを迎えてしまい、イベント開始がゴールとなってしまいます。EC成長のために本来必要となる振り返りや次のイベントの計画がたてられないのです。

イベント時の正しいフローとしては、①目標設定を行い施策決定し、②目標とする売上やアクセスなど、具体的な指標を決めてからイベントに向けた準備を行うべきです。

その上で、③イベントが始まれば日々売上を追い、施策がうまく機能していなかったり、結果が出なかったりといった場合には、イベント中にも改善ができないかを考え、イベントが終わったら目標との差分を見比べて、何が足りなかったのか、施策の成否の要因はどこにあったのか、次回のイベントに向けての反省点を洗い出します。

これらを実行するためには、準備に力を入れ過ぎた結果、毎回同じようなルーティンにするのではなく、常に目標に対して改善する姿勢で臨むようにしましょう（図4-8-1）。

目標に対して、改善を繰り返すには、具体的に施策を1つ1つ数字で振り返ることが重要です。とりあえずイベントを実行することが業務になってしまうと、メルマガも同じ内容になってしまいがちですが、数字で振り返りを行うことで商材ごとに合った企画に気付くことができたり、新規の多いイベントにはこの企画といった、勝ちパターンを見つけることができます。

楽天市場のセール対応は、運営メンバーの労力も使いますので、計画・目標を立てることをスタートにして、実行・検証で得られたノウハウを蓄積することで効率的にセール参加が可能となります。

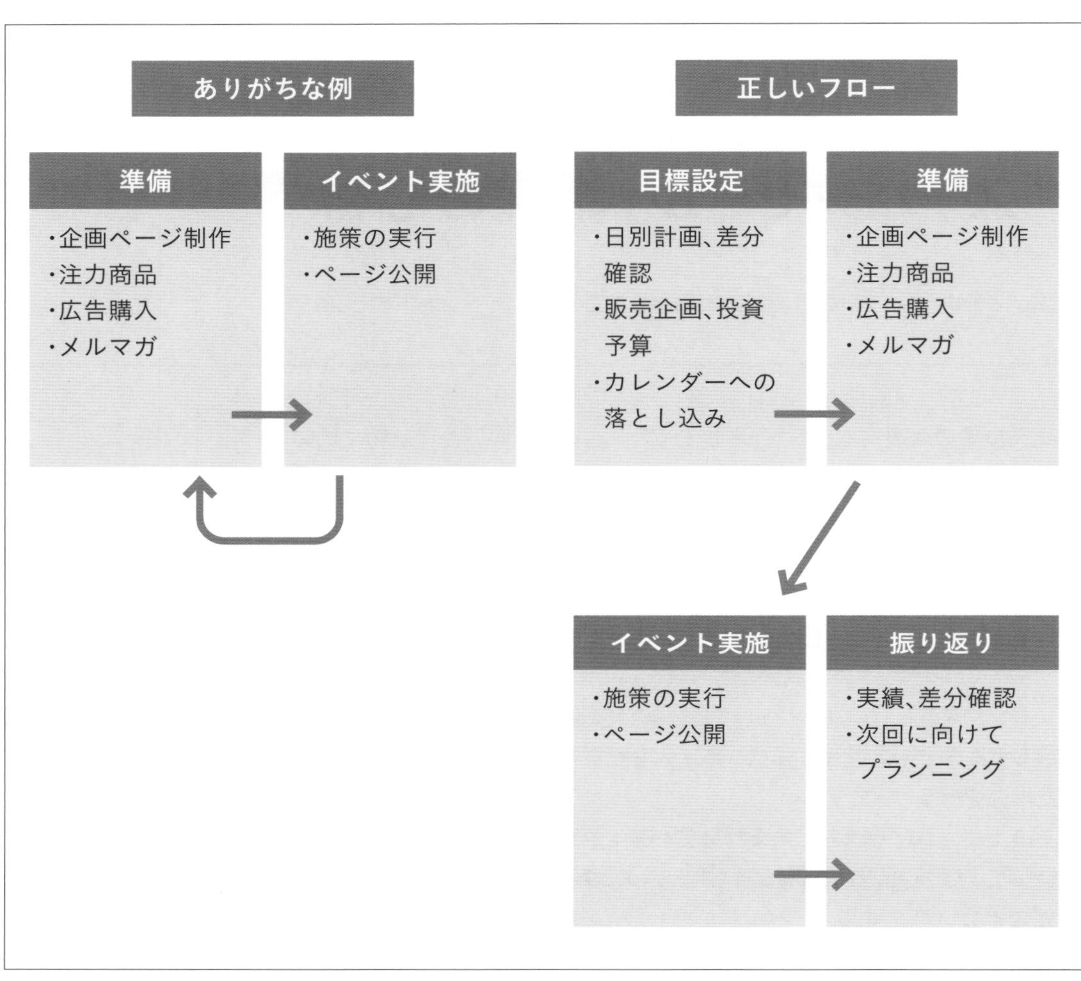

図4-8-1　**イベントの良い例、悪い例**

Column

楽天市場の主なセール

楽天スーパーセールは、年4回の頻度で、3月（月初め）・6月（月中頃）・6月（月初め）・12月（月初め）で開催される傾向があります。その他、スーパーセールが無い月に開催される「お買物マラソン」や「超ポイントバック祭り」、楽天イーグルスに関連したセール、11月に開催されることがある「ブラックフライデー」などがあります。

Chapter 4-9

[楽天市場 運営の鉄則]

検索結果表示で他社と差別化する

Keyword　表示結果内容の差別化、先頭のキーワードの差別化

楽天市場で検索結果画面に表示される商品画像の1枚目を作る際に、ポイント10倍や公式というキーワードを入れておくなど経験則や「何となく」で作りがちですが、必ず確認してほしいのが、商品に対する検索キーワード※の確認です。

楽天市場の管理画面(RMS)では、商品に対してどのような検索キーワードで流入しているかを確認できるようになっています。そこで、1位の検索キーワードを実際に楽天市場で検索してみて、他にどのようなバナーが出ているか傾向を掴みます。

※　検索キーワードについてはChapter 4-7も参照。

価格差を価値の表現でカバーする

様々なパターンがありますが、例えば商品価格が他社の方が安い傾向にある場合、そのままだと他社商品に流れてしまうため、「違いがあるから価格が高い」ということを記載する必要があります。

例えば電動歯ブラシであれば、「独自の丸形回転ブラシ」や「手磨きと比べて約2倍の歯垢除去力」など、ちょっとでも引きが強い部分を強調するなど、検索されるキーワードと並べて差別化できる要素を考えてからバナーを作るようにしましょう。

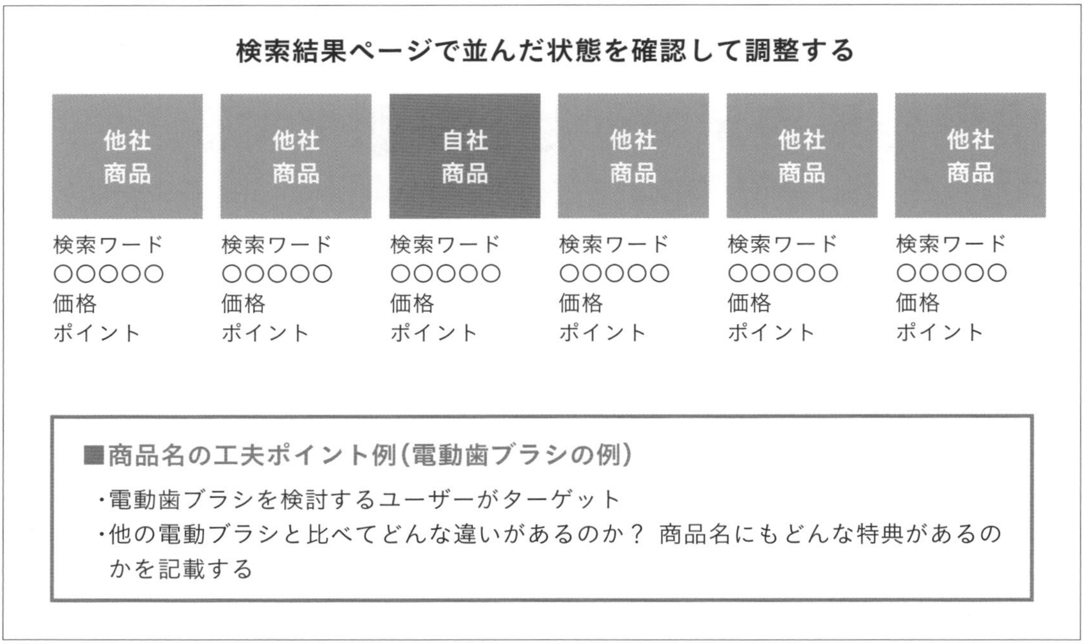

検索結果ページで並んだ状態を確認して調整する

他社商品	他社商品	自社商品	他社商品	他社商品	他社商品
検索ワード ○○○○○ 価格 ポイント	検索ワード ○○○○○ 価格 ポイント	検索ワード ○○○○○ 価格 ポイント	検索ワード ○○○○○ 価格 ポイント	検索ワード ○○○○○ 価格 ポイント	検索ワード ○○○○○ 価格 ポイント

■商品名の工夫ポイント例(電動歯ブラシの例)

・電動歯ブラシを検討するユーザーがターゲット
・他の電動ブラシと比べてどんな違いがあるのか？ 商品名にもどんな特典があるのかを記載する

図4-9-1 検索キーワード策定の例

先頭のキーワードで差別化する

商品名についても他の商品との違いを入れるようにします。

検索ワードとして「電動歯ブラシ」と記入しているユーザーに対して、商品名の頭に「電動歯ブラシ」という言葉を持ってくる意味はあまりありません。検索結果では40～50文字までしか表示されないため、商品名の先頭に「今なら替えブラシ1本プレゼント」など、訴求できる内容を入れるようにしましょう。楽天市場で成長している企業は、スマホとPC画面の検索結果画面を常に「消費者目線」で確認して、限られた情報の中で「どのように差別化」すれば良いかを考えて実行に移しています。状況によっては「伝えたいポイント」より「他社より目立つポイント」を優先させることも必要です。

Chapter 4-10

[楽天市場 運営の鉄則]

顧客のタッチポイントを洗いだして「看板を立てる」

Keyword　顧客のタッチポイント、道路標識を設置する意識

ECを運営する上で、「顧客とのタッチポイント」を意識することは非常に重要です。

例えば、レビュー記入率アップのキャンペーンを行うとしましょう。

キャンペーン告知のバナーを設置する場所を決める際に、「何となく」や「今までと同じように」という理由で、「トップページに設置して後はメルマガで告知」などと決めてしまいがちです。このような場合、結局バナーを設置してもクリックされないパターンがほとんどで、労力とコストをかけてキャンペーンを行ってまで伝えたい情報が、多くのユーザーに気づいてすらもらえなくなってしまうのです。

ユーザーはこちらの意図に気づかない前提で設計する

そもそも多くのユーザーには、運営側から伝えたいことは「気づいてもらいにくい」ということを前提に告知を進めるべきです。その前提にたった上で重要なのが、顧客とのタッチポイントを正確に理解できているかということです。

例えばレビュー記入キャンペーンを行う場合、トップページのバナー1つではキャンペーンをやっていること自体に気づいてもらえません。そこで、ユーザーはどういう流れで商品を見つけて購入➡レビュー記入となるかを洗い出してみましょう。

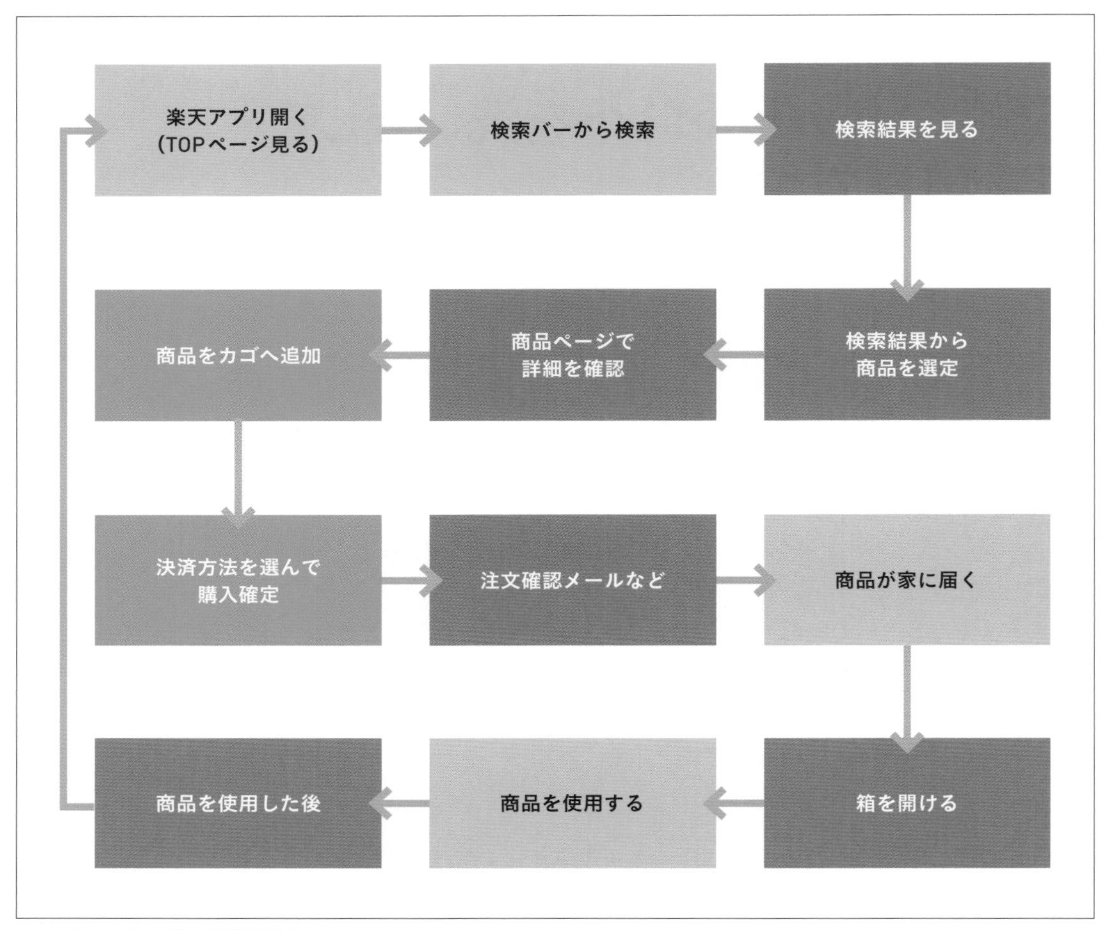

図4-10-1　**ユーザー行動の流れ**

図4-10-1のように、楽天市場で見てみると

- **アプリを開いてトップページを見る**
- **検索バーで検索**
- **検索結果で商品を見つける**
- **商品ページで詳細を確認**
- **商品をカゴに入れる**
- **決済方法を選んで購入を確定**
- **注文確認メールが届く**
- **商品が家に届く**
- **商品の箱を開ける**

・**商品を実際に使用**
・**レビュー記入**

という流れになります。
　この流れの中で、キャンペーンの内容を知っていただくには、どこでレビュー記入の促進ができるかをすべて把握して、可能な限り情報を盛り込む必要があります。

- **商品名の検索結果**
  商品名に「レビュー特典付き」と記入することで訴求することが可能。商品ページの詳細にもバナーを設置して訴求
- **注文確認メール**
  レビューキャンペーンを実施していることを記入
- **届いた商品の箱を開ける際**
  チラシを入れることで訴求することが可能
- **購入者に「一言レビューOK」というメルマガを送る**

など、訴求できる箇所すべてでレビュー記入をお願いするのです。

道路標識を意識して訴求をする

　イメージとしては、例えば車で目的地に向かう道路を走る際、出発時に1枚だけ看板が立っていてもほとんどの人がその存在に気づくことはありません。しかし、立ち寄る休憩場所や曲がり角など、ポイントポイントに同じ看板があれば、ようやくその存在に気付き、情報を理解できる状態となるのと同じなのです。これらの視点によってキャンペーンやレビュー記入率の効果は何倍にもなる可能性があります。

Chapter 4

Chapter 4-11

[楽天市場 運営の鉄則]

データを見ながら「店舗内ランキング」で回遊を高める

Keyword　店舗内ランキング、ランキング2位のデータ分析

楽天市場の運営において、様々な施策を実行する際には、データをセットで見る習慣が重要です。

例えば、店舗内売上ランキングをコンテンツとして設置するのは、ユーザーにショップ内を回遊していただくために非常に有効です。しかし、多くの店舗がランキングを設置することで1位の商品が多く見られるだろうと考え、そこで終わってしまいがちです。回遊バナーを設置して満足するのではなく、実際にどれくらいのユーザーが回遊したか、設置後にデータを計測してコンテンツを繰り返し改修する必要があります。

店舗内ランキングで回遊を高める

1位2位3位それぞれのランキングページからの回遊率をデータで見てみると、よくあるパターンは2種類に分かれます。

最も多いのが、例えば1位15%・2位7%・3位2%とランキング順に回遊率が高いパターンですが、実はここに落とし穴が存在します。

ランキングを設置して一度想像通りの結果になると、そのまま放置して計測を止めてしまい、突然数字が悪くなってもその理由が分からず、多くの場合答えの出ない良し悪しの議論になりがちです。本来であれば、予め定義しておいた指標となる数字と比べて低い場合はどう伸ばしていくのか、どういうコンテンツをどの場所に設置するのか、設置した場所は目立っているのかなど、検証して改善を繰り返す必要があります。

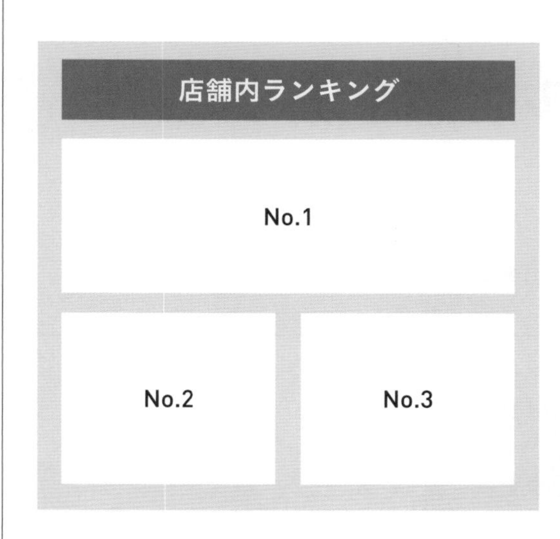

■店舗内に自社の「売れ筋ランキング」などの回遊バナーを設置して検証

それぞれのバナーのクリック比率を検証
(例) NO. 1：10%
NO. 2：12%
NO. 3： 5%

なぜ、NO. 2が、一番クリックしてもらえたのか？を検証し、他のページ内の回遊バナーの工夫に反映して、店舗全体の回遊を高めていく

図4-11-1 **回遊バナーの検証**

2位の流入データもチェックする

もう1つのパターンが1位10%・2位12%・3位5%のように、2位が最も見られているパターンです。このパターンでは、なぜ1位が伸びていないのか、なぜ2位が一番見られたのか、どのような回遊をさせるのがベストなのかを考える必要があります。

実は、ランキングで2位が見られるというのはよくあることです。たとえば、電動歯ブラシなど比較的単価の高い商品の場合、1位商品の単価が高いために2位がよく見られるということがあります。このような場合、1位の商品には楽天市場の電動歯ブラシカテゴリー、ウィークリーランキング連続受賞や○%ポイントバック・レビュー特典・購入特典など、特別なオファーを付けないとクリックされにくいものです。いずれにしても、データを取らないと分からないため、データを元に回遊施策を考える癖付けが必要です。

Chapter 4-12

[楽天市場 運営の鉄則]

ライバル店舗・モデル店舗を決めて対策を行う

Keyword　露出場所の目標設定、競合のメルマガ登録、サムネイル画像の差分確認

楽天市場は約5万店舗が出店していると言われています。同じ商材を扱う店舗が多数いる前提で売上を伸ばすためには、ライバル店舗・モデル店舗を意識した「競合対策」が必要となります。競合対策を行うためには、まず3つのポイントを意識するようにしましょう。

❶ 検索結果でどの位置に露出するべきなのかを知る（ポジション取り）
❷ 競合店舗、競合商品を知る（相手は誰か）
❸ 競合商品との差分を、サムネイルやページから知る（相手との差分を知る）

❶検索結果でどの位置に露出するべきなのかを知る

検索結果ページで競合より良い位置を確保するためには、「何となく良い場所」ではなく具体的に露出を狙う位置を明確に把握しておく必要があります。例えば冷蔵庫であれば、なんとなく「冷蔵庫」という単体のビッグワードを狙ってしまいがちです。しかし、実際に検索してみると50万件以上の商品がヒットし、そのすべての商品が比較対象となってしまうため、いきなりレッドオーシャンに飛び込むことになってしまいます。このような場合は、1つキーワードを足して「冷蔵庫　小型」とすることで約1.9万件と約1/25に比較対象の商品を減らすことができます。

このように競合と戦うためには、いきなり「ビッグワード」に飛び込むのではなく、まずは複合キーワードを追加した「ミドル・スモールキーワード」で現実的に勝てる目的を設定すると良いでしょう。勝負するステージが決まったら、その検索結果のどこで勝つのかも定義しておきます。例えば「冷蔵庫　小型」で検索結果1ページ目を取るなど、目標を具体的に定めておくことが重要です。

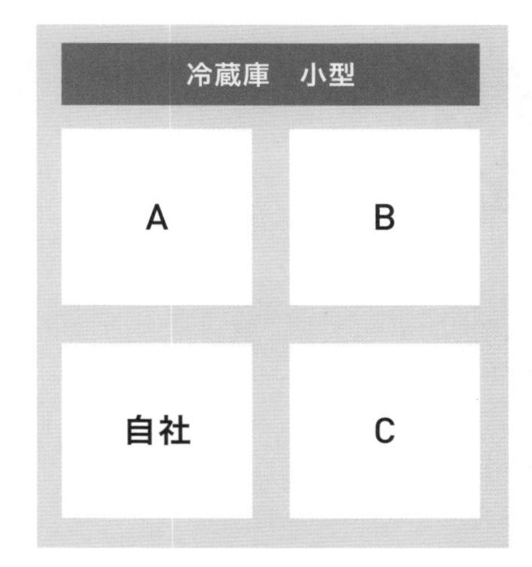

露出件数例
「冷蔵庫」………… 約55万件
「冷蔵庫　小型」…… 約2万件

❶露出を狙う位置を正しく把握する

例）「冷蔵庫」であれば、いきなりビッグワードの「冷蔵庫」の上位露出は難しい……
「冷蔵庫 小型」のようにミドルワード内で競合に勝つことが必要となる

▼

❷そのときの競合店舗・競合となる商品は何か？

確認ポイント
①競合店舗の「お気に入り登録」「メルマガ登録」を行う
②ポイント施策、配送サービスなどを確認する

▼

❸検索結果の差分・商品力の差を理解してページに反映する

訴求の違いを整理して、まずは同等レベルにする

図4-12-1　**ライバル店舗・モデル店舗を確認する**

❷競合店舗・競合商品を知る

競合を知るためには徹底したベンチマークを行う必要があります。そのために簡単でおすすめなのは、モデル店舗・競合店舗のお気に入り追加や、メルマガに登録する方法です。その店舗がどのタイミングでポイント施策やクーポンを発行しているのか。どのような内容のメルマガを発行しているのか把握することで、競合の施策をリアルタイムで知ることができます。

確認する上でも、楽天市場のトップページにお知らせに登録している商品の販売終了やまもなくポイントアップなどアラートが出るため、競合の動きも捉えやすくなります。メルマガも、競合となる商品をどのようなタイミングでどのような内容のメルマガを送っているかを把握できるため、積極的に登録を行いましょう。

❸競合商品との差分を知る

競合との差分を調べる際には、勝てないポイントとなるネガティブな情報だけを探すのではなく、競合に勝てる自社の強みも一緒に把握するようにしましょう。検索結果で競合商品と比較された際にどう見えるか、どんな打ち出し方をしているかを確認して、勝てるポイントをページに反映させると良いでしょう。

Chapter 4-13

[楽天市場 運営の鉄則]

レビューの重要性を知って、レビュー記入率10%超えを目指す

Keyword　レビュー記入率、レビュー記入特典

楽天市場で売上を伸ばしていくためには、レビューを着実に増やしていくことが必須です。基本的な対応ですが、できている店舗とそうでない店舗でレビューの増え方に大きな差がでることを知って対応していきましょう。レビュー記入率10%以上を確保するのに必要なのは以下の3ステップです。

❶ レビュー記入者限定の特典を用意(施策準備)
❷ サーチ面、ページ内での訴求(楽天市場内で購入前にお知らせ)
❸ メルマガやDMでの追客(ユーザーの購入後に再度お知らせ)

順番に説明していきます。まず、準備段階として❶のレビュー記入者限定の特典を用意しましょう。対象商品は、レビューを増やすために必要な投資としての意味もあるため、季節もの商品より今後数年間長く主力として販売する商品に絞ると良いでしょう。特典内容は、次回店舗で使える500円OFFクーポンなどが一番簡単で、実施している店舗も多いのですが、クーポンの場合、もう一度店舗に来るという条件が含まれてしまいます。条件が増えると、購入者にとってはハードルの高い特典となってしまうため、レビュー記入率は落ちてしまいます。そこでおすすめなのが、記入対象商品に親和性の高い商品を特典として別送するという手法です。例えばスマホケースに特典をつけるならスマホリングを、シャンプーであればシャンプー後のトリートメントの試供品など、購入商品に近い商品が良いでしょう。

別送で特典がもらえる場合、レビューを書くだけで特典が手に入るため、記入の心理的なハードルが下がり、レビューの記入率がアップします。

❷のサーチ面では、まず記入特典キャンペーンを実施していることを知ってもらう必要があるため、購入前の検索状態のお客さまにもしっかりと訴

❶準備段階（特典を用意）＝必要な投資

➡ クーポンを活用する店舗が多い。その他、記入対象品に親和性の高い特典も準備
（例）スマホケース×スマホリング、シャンプー×トリートメントサンプルなど

❷サーチ面での訴求、ページ内での訴求

➡ まずは知ってもらうことが大事
同じ商品と並んでも「こちらにはレビュー特典がある」と気づいてもらえるようにアピール

❸購入後はメルマガや同梱物でレビュー記入を誘導

➡ メルマガの件名：「使用感のレビュー記入で特典プレゼント」
➡ 商品お届け時に、同梱ハガキで、レビューキャンペーン案内

図4-13-1　**レビュー記入率10％超えのためのステップ**

求を行います。商品名の先頭に特典を訴求する文章を入れることで、同じ商品でもこの商品には特典がつくとわかってもらえるようになります。また、商品ページに来た際にもサムネイルに特典情報を入れることで訴求をしっかり行います。

ここまでしっかりキャンペーン情報を提供することで、仮に価格で他社に負けている場合でも、特典込みの価格として認識されるため、同じような商品と並んでも有利にアピールすることができます。

❸のレビュー特典の対象商品をメルマガでお知らせしたり、対象商品に「レビュー記入でプレゼント」と明記したチラシなどを同梱することでレビュー記入キャンペーンのことを思い出してもらい、QRコードでレビュー記入ページに簡単に飛べるようにすることで、記入してもらいやすい体制を整えます。

著者の過去の経験では、購入者のうちレビューを記入いただける記入率は平均1～2％程ですが、しっかり対策を行えば10％～20％など、10倍の記入率に伸ばすことが可能です。

[楽天市場 運営の鉄則]

広告用バナー企画・制作の鉄則

Keyword　広告用バナー、想定ユーザー設定

楽天市場の広告用バナー制作時に、デザイナーが一番に考えることとは何でしょうか。実は、すぐにデザインのことを考えるのではなく、基本的なことと思いますが、

- **実際にどの場所にバナーが出るのか**
- **誰が見るのか**
- **その人の購入意欲はどれくらいなのか**

を先に考える必要があります。

例えば、楽天市場トップで父の日特集をやっており、特集に合わせた商品を出品するとします。特集ページを見ているユーザーは、実店舗で言うと何か良い商品がないかと、ウインドウショッピングをしている状態です。欲しい商品が具体的に絞れているユーザーは直接検索から入るため、検索結果を見ているユーザーと比べると、特集ページを見ているユーザーは購入意欲が低い状態と言えるでしょう。

さらに特集ページを見るユーザーは、その他のバナーと見比べることになるので、設置するバナーの上下左右にはどのようなバナーが並ぶのかを確認する必要があります。バナーが多く並ぶ中で目を惹かないとクリックされにくいため、例えば全体的に淡い色が多く、写真メインで文字が入っていないバナーが多かった場合、ちょっと濃い色の背景を使ったり、文字で注意をひくバナーを作るなど、相対的に見て目を引くことができるかを考えます。同時に、そのバナーをクリックした後に見る商品ページもセットで確認して、中身と連動したバナーの内容を意識するようにしましょう。

例えば、電動歯ブラシの事例で考えてみましょう。図の左の悪い例では、楽天市場はポイントや売れている感が重要なので、ポイント10倍や売上ランキングを目立つように、上部に掲載してバナーを作成しています。しかし、何が欲しいか決まっている段階ではない状態でその情報を一番に見て

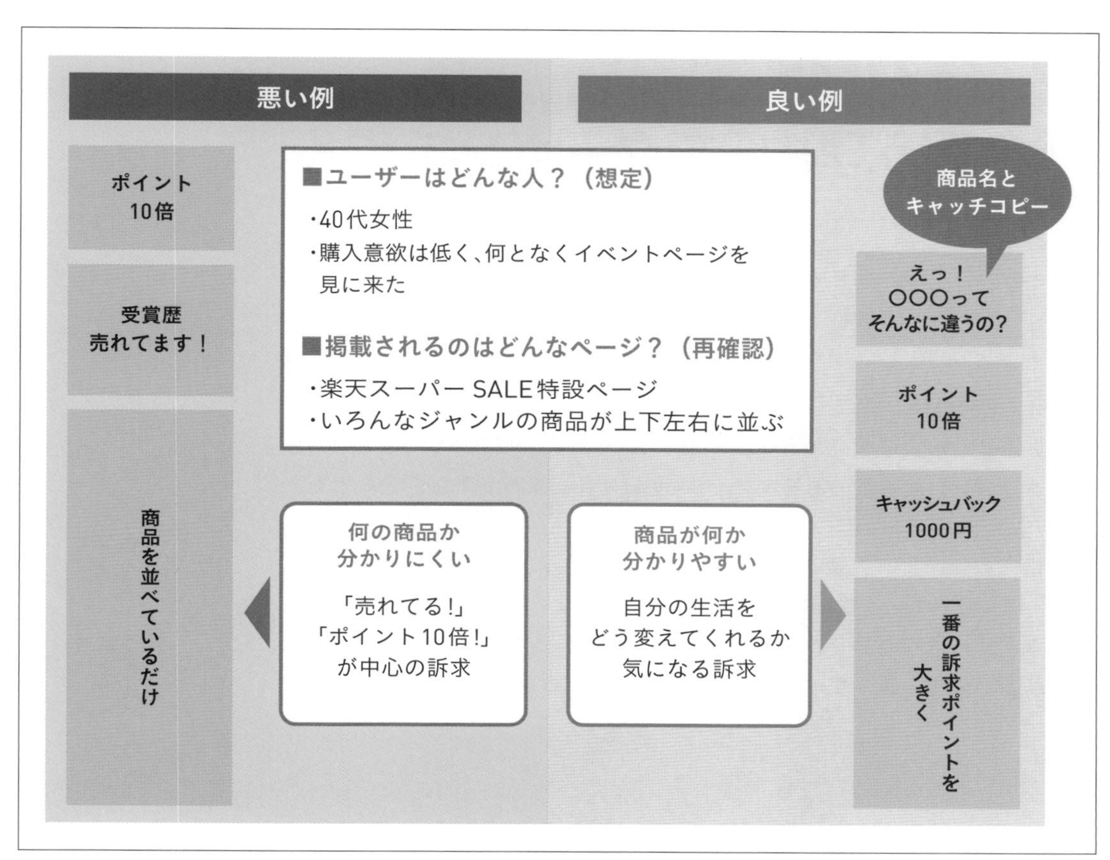

図4-14-1　**広告用バナーの良い例、悪い例**

も、自分には関係ない情報として見過ごされてしまい目立つことができません。

図4-14-1の右側の良い例ではより具体的に考えて、そのページを見る人が例えば40代女性が多く、まだ意欲は低い状態で何となくセールの特設ページでお得なものがないかと探している状態、かつその他のバナーには背景が淡いものが多く、文字訴求がないバナーが多かったため、背景を濃く、自分の生活に影響があるようなキャッチコピーを活用して問いかけ、「自分に関係ある内容と認識した状態」でポイントとキャッシュバックを訴求してクリックしやすいようにしました。

実際にバナーを濃い色・文字訴求に変更したところ、CPC※が改善されたり、「10,000円キャッシュバック」の訴求だけで、元の値段がわからずCPCが高くなっていたものが、具体的なキャッチコピーを追加することで、CPCが半分程度に改善した例もあります。

※ CPC
1クリック当たりの費用。
Cost Per Clickの略。
Chapter 3-17も参照。

Chapter 4-15

[楽天市場 運営の鉄則]

「今買う理由」をクーポンで作る

Keyword　スタートダッシュクーポン、金額割引クーポン、まとめ買いクーポン

クーポン発行は、主に「いま買う理由」を用意して、通常時もしくはイベント期間中の転換率を高めることが目的になります。売れている店舗は、複数クーポンや限定感のあるオファーを付けて、いま買う理由を訴求しています。

逆に売れていない店舗は、イベントに合わせて何となく発行しているだけで、施策に合わせたクーポンの活用ができていないのです。特に楽天市場のユーザーは、商品をお得に買いたい・ポイントを貯めたいと考えている方が多いので、ユーザーの特性を意識してクーポンを作成するようにしましょう。

クーポンは、大きく分けて3種類

1つ目が、スタートダッシュクーポンと呼ばれる事前に配布するクーポンで、イベント開始前のメルマガで事前にクーポンを獲得してイベントに対する衝動を確保します。

2つ目が金額別割引クーポンで、割引パターンを松竹梅の法則に従っていくつか作り、一番売りたい価格を真ん中に用意するクーポンです。例えば客単価が4,000円の場合、3,000円以上で500円OFF、5,000円以上で1,000円OFF、8,000円以上で2,000円OFFとして、真ん中の1,000円OFFクーポンに誘導することで、お客さまとしても選びやすくなります（図4-15-1）。

3つ目がまとめ買いクーポンで、商品を多く購入してもらい客単価アップに繋げます。例えば3枚購入で100円OFFなどに設定する場合でも、購入金額を送料無料ラインに合わせることで、店側としても客単価がアップし、顧客側も送料無料となるため、喜ばれるクーポンとして作用します。

クーポン設定を行う際は、金額条件を設定し枚数も限定とすることで「い

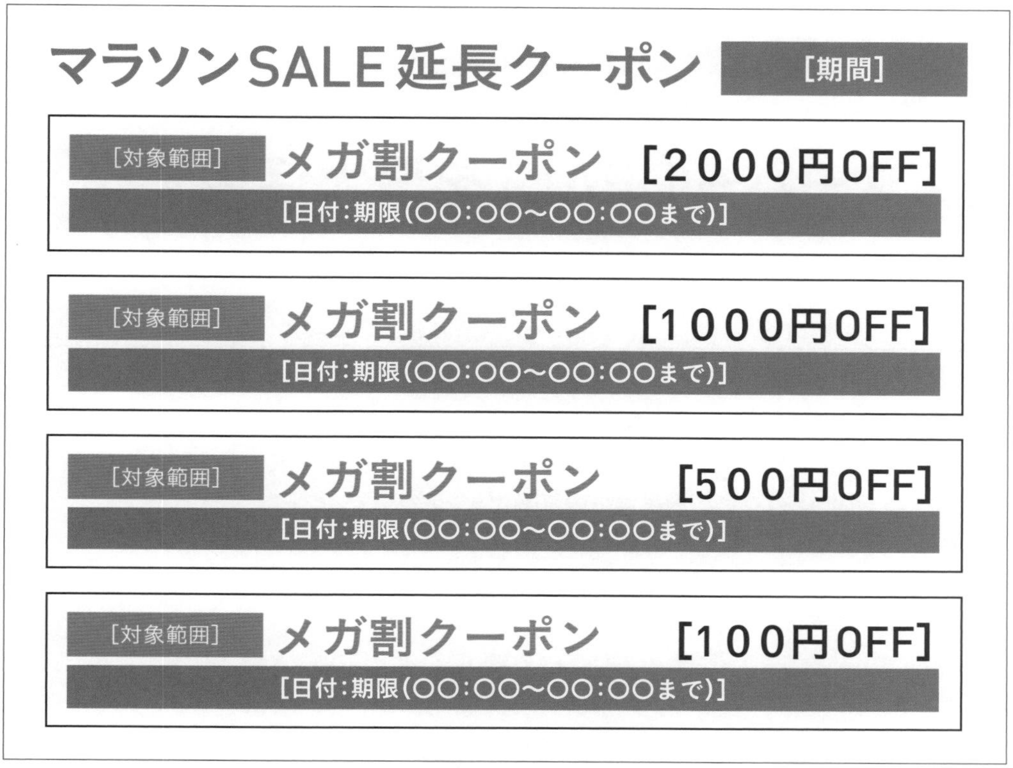

マラソンSALE延長クーポン [期間]
[対象範囲] メガ割クーポン [2000円OFF]
[日付:期限(○○:○○~○○:○○まで)]
[対象範囲] メガ割クーポン [1000円OFF]
[日付:期限(○○:○○~○○:○○まで)]
[対象範囲] メガ割クーポン [500円OFF]
[日付:期限(○○:○○~○○:○○まで)]
[対象範囲] メガ割クーポン [100円OFF]
[日付:期限(○○:○○~○○:○○まで)]

図4-15-1 **売りたい商品の価格を想定してクーポンを設定する**

ま買う理由」付けを意識するようにしましょう。商品別クーポンも、限定期間もしくは枚数限定とすることが重要です。

設定方法に注意が必要

クーポンで多いミスは、複数のクーポンが併用できない設定になってしまうことです。例えば対象商品を複数購入したのに、1つ分しか割引適用されないなど、設定によって同一商品指定や全商品対象クーポンとの併用が不可となってしまいます。

これは、指定した回数しかクーポンが適用されないためで、すべてのクーポンを併用したい場合は、1ユーザあたりの利用回数条件を「無制限」に設定するようにしましょう。クーポン設定は削除できないため、必ず非公開にした状態でテスト発行して、実際にカートで使えるか確認してから実行するようにしましょう。

Chapter 4-16

［楽天市場 運営の鉄則］

メーカー・ブランドは「楽天スーパーDEAL」を最大活用する

Keyword　楽天スーパーDEAL、ブランドの直接値引きを回避

楽天市場の「楽天スーパーDEAL」はポイント還元のキャンペーンです。楽天市場ではポイント施策といえば、ポイント○倍という表記が多いのですが、楽天スーパーDEALの場合、商品価格の50%ポイントバックなど、後からポイントとして返ってくる点が特徴です。

例えばブランドとして値下げはできないけど、ポイントバックならOKというメーカーには積極活用をおすすめします。

また、単純にポイントをつけただけだと集客が足りず見つけてもらえないといった場合にも楽天スーパーDEALは効果的です。

例えば24時間限定のポイントバックの枠に出すと、コストは多少かかるものの、広告より安くアクセスが集まるため費用対効果が高く、瞬発的に2,000アクセス近くを集められる例など、目的によっては非常に便利な枠となっています。

また、イベント時には楽天市場側でも誘導が強化されるため、楽天市場トップから楽天スーパーDEALのページに飛べたり、商品ページにそのまま飛ばしたりなど、かなり強力な導線として集客に有利になります。楽天スーパーDEAL対象商品は、ページ内に楽天スーパーDEAL対象商品のバナーがわかりやすく表示されたり、価格の部分に○%ポイントバックなどお得なことがわかりやすく表示され、ポイントバックもお得に見えるため、転換率も上がりやすく検索画面に表示されやすいため、有効活用すべき枠と言えるでしょう。

さらに、楽天スーパーDEALは高単価商品が売れる傾向にあるので、安い商品はセット組でお得感を増して高単価商品として売ることで客単価アップも狙うことができます。

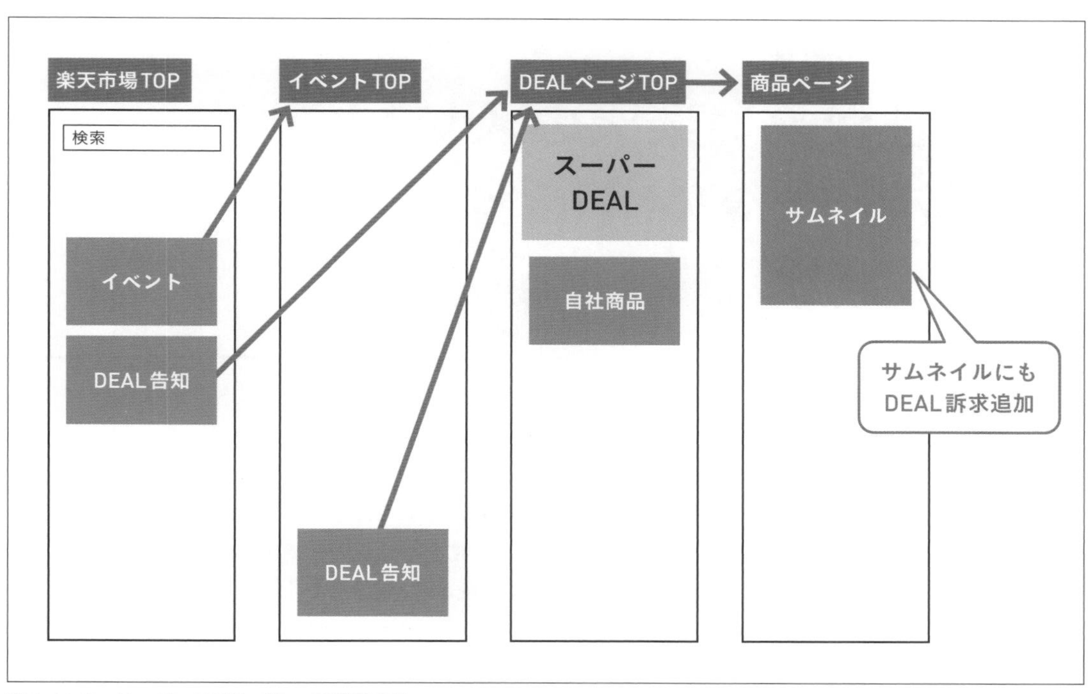

図4-16-1　**スーパーDEALバナーで誘導する**

集客としても重要ですが、ページに来てもらった際に購入してもらえるように、いま買う理由として楽天スーパーDEALを活用することもできます。具体例としては、サムネイル1枚目に楽天スーパーDEALの特徴であるポイントバック訴求を行ったり、2枚目に楽天スーパーDEALの画像を追加するなどの工夫も有効となります（図4-16-1）。

Column

「RPP広告」活用が必須に

楽天市場の検索結果画面に表示されるクリック課金型広告で［PR］と表示されています。誘導したい商品を指定して、指定の検索キーワード別に広告設定が可能ですので、商品別に費用対効果を確認しながら運用できることから、特定商品を起点に売上を伸ばしたい企業にとっては必須の広告となっています。

Chapter 4-17

[楽天市場 運営の鉄則]

有効性が高い楽天のメルマガを最大活用する

Keyword お気に入り登録誘導、開封率、送客率

メルマガは、楽天市場の中ではリピート購入を高める施策としても有効な手段となります。

メルマガは、通常のECのメルマガと同様に件名や配信時間まで気をつけて、まず開いてもらうことが重要です。件名はスマホで見ると15文字くらいが訴求ポイントとなるため、15文字で一番言いたいことやクリックしたくなる文言を入れるようにしましょう。限定感を出すため、「あなただけ」「〇〇限定」といった訴求でも開封率がアップします。他にも、件名に「はじめての方へ」などセグメントを限定しての訴求や、1度だけ購入の方などの限定訴求も効果的です(図4-17-1)。

楽天市場は、ポイントを貯めるために利用するというユーザーも多いため、「お気に入り登録で〇ポイントプレゼント」や、「店内全品ポイント〇倍」など、楽天市場ならではのポイント訴求も効果的です。

配信時間は、ユーザーの顧客ターゲット層に合わせて配信するのがよく、20～30代の女性であれば働いている人も多いため、通勤時間となる朝の8時や仕事が終わっている夜の20～21時に、主婦なら家事が一段落する10～11時など、ターゲットに合わせて配信時間をずらして効果検証しながら配信していきます。

開封率同様、メルマガを開いてもらってからいかに商品ページまで誘導できるかも重要です。

そのためには、配信内容へのこだわりが必要となります。画像で送るHTMLメルマガではキャンペーン情報などお得な情報を『参加ハードルが低いものから』上に表示していきます。キャンペーン情報なら3つのステップで構成し、全員が対象となるキャンペーンを上部に入れ、誰でもお得な情報を訴求します。その下には特定のエントリー不要で、店舗限定で行っているキャンペーンを入れ、3つ目にエントリーが必要なキャンペーンやレビュー記載でお得になるキャンペーンなどを入れます(図4-17-2)。

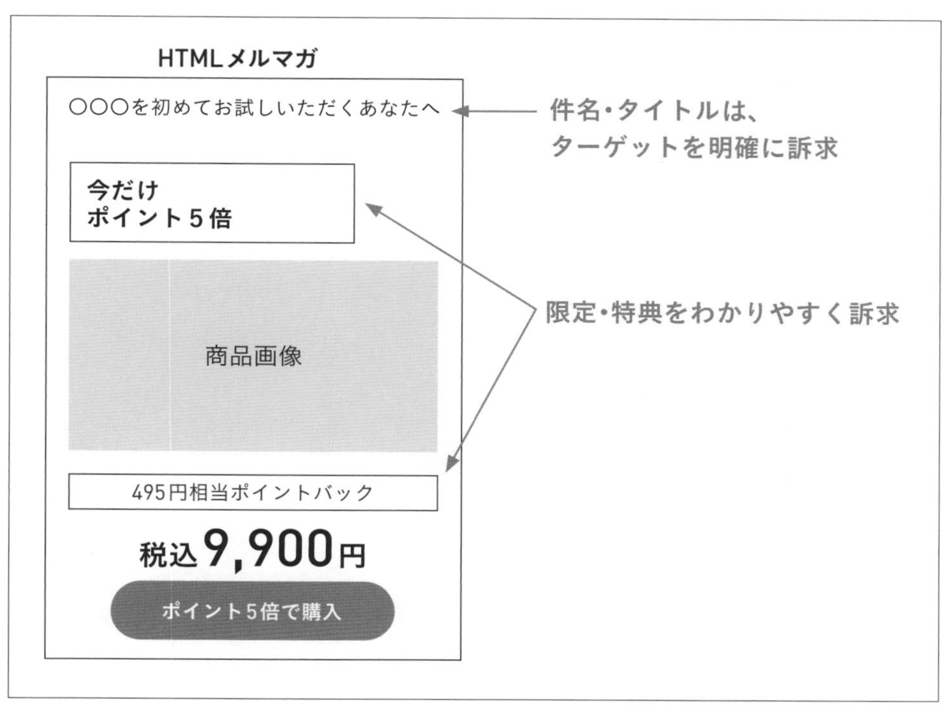

図4-17-1　HTMLメルマガのイメージ

メルマガは意外と下まで見られていますが、まずは簡単に取り掛かりやすいものから優先して上部に入れていき、お得に購入できる情報を分かりやすくすることが重要です。

商品は「ポイント5倍で購入」などのアイコンでクリックしやすくしたり、メルマガを開いた際には件名に合わせた限定訴求を行ったりすることも送客率アップのポイントになります。

Column

レビューへのショップコメントがスマホでも見やすく

スマホにおいて、店舗によるレビューへの返信内容「ショップからのコメント」の掲載が商品ページにも拡張されています。従来の商品レビューページ内に加え、商品ページ下部の「購入した人のレビュー」にも表示されるので、店舗の接客のひとつとして、レビューへの返信も行っていきましょう。

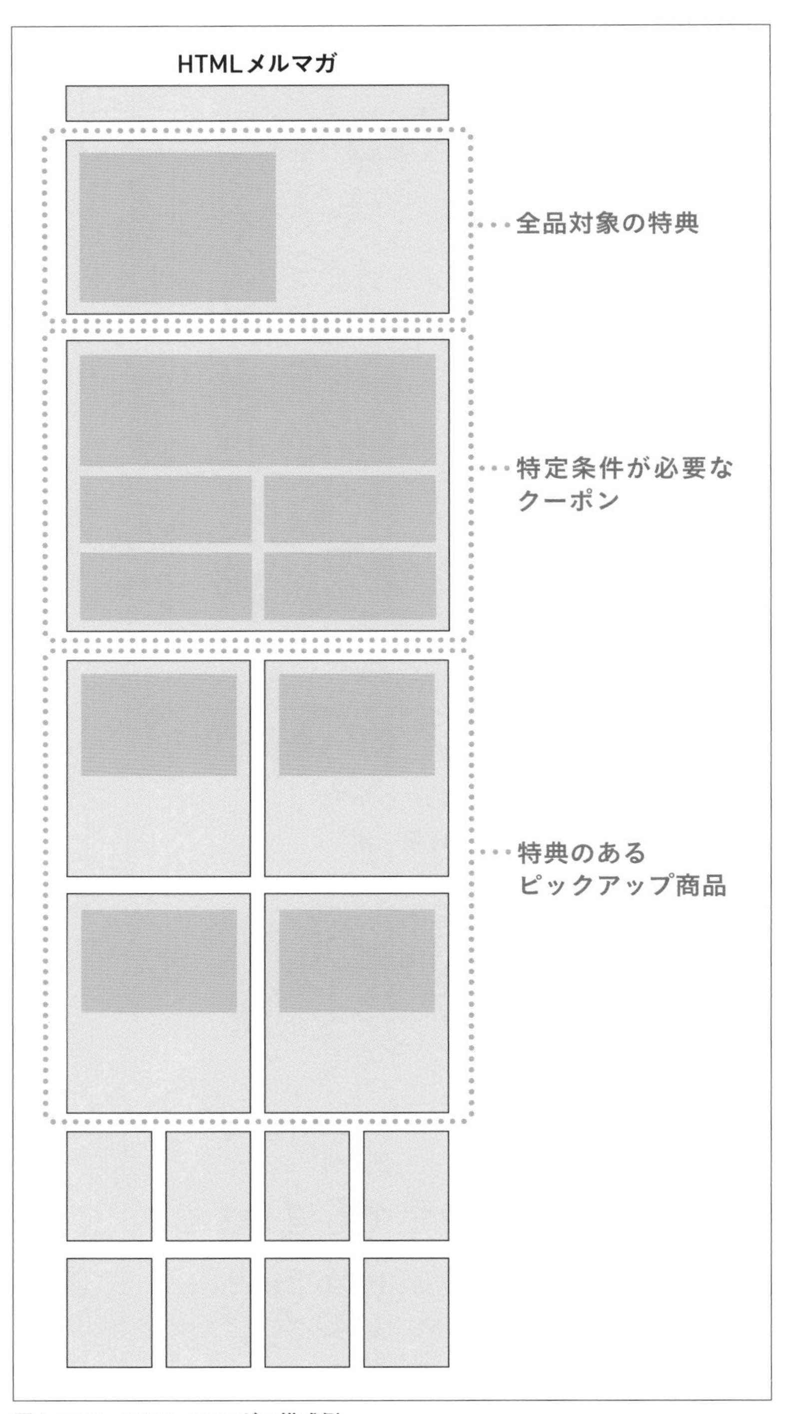

図4-17-2　HTMLメルマガの構成例

Chapter 4-18

[楽天市場 運営の鉄則]

楽天市場でLINEを最大活用する

Keyword　配信頻度、配信時間、配信タイプ

メルマガと同様、最大限活用したいのが店舗からのお知らせをお送りして商品紹介の機会を増やすことができるLINEです。メルマガと同じでユーザーにアプローチしやすく、メルマガより開封率も高いので、活用しない手はありません。

楽天市場店舗でのLINE活用事例を見てみましょう。著者の経験では、楽天市場のメルマガ開封率は平均20%前後ですが、LINEは開封率30〜50%前後と非常に高い開封率となっています。LINEは生活に密着しているツールなので開いてくれる率が高く、メルマガより接触頻度を高く持つことが期待できます。

配信頻度は月2〜4回を目安に、楽天市場のショップ紹介であれば楽天スーパーセールなどのイベントに合わせたり、5のつく日にお得商品を配信したりと、月数回に分けて配信すると良いでしょう（図4-18-1）。

LINEの開封率を上げるためには、配信時間を他の店舗とあえてずらすことも有効です。例えば20時開始のイベントであれば20時ちょうどに配信する店舗が多いため、20時17分など細かい分単位で設定して少し遅く送ることで、ラインのトーク画面の上に来るように工夫できます。また、タイトル部分に絵文字をつけることで、他店からのメッセージが多く表示された際にも埋もれず、目立たせるなどの工夫も有効です。目につきやすくすることで開封率が上がるため、まずは開いてもらうことを目標にすると良いでしょう。

また、LINEはテンプレートが決まっているため、取り掛かりやすいというメリットもあります。配信タイプがいくつかあり、カードタイプメッセージで商品紹介を行ったり、化粧品のステップ使いを順番に紹介することができます。リッチメッセージは、画像を使って配信でき、1度で複数のページに飛ばせるので、商品ページやキャンペーンページに効率よく飛ばすことが可能です。また、画像なので、視覚的に情報をキャッチアップしやすく「詳

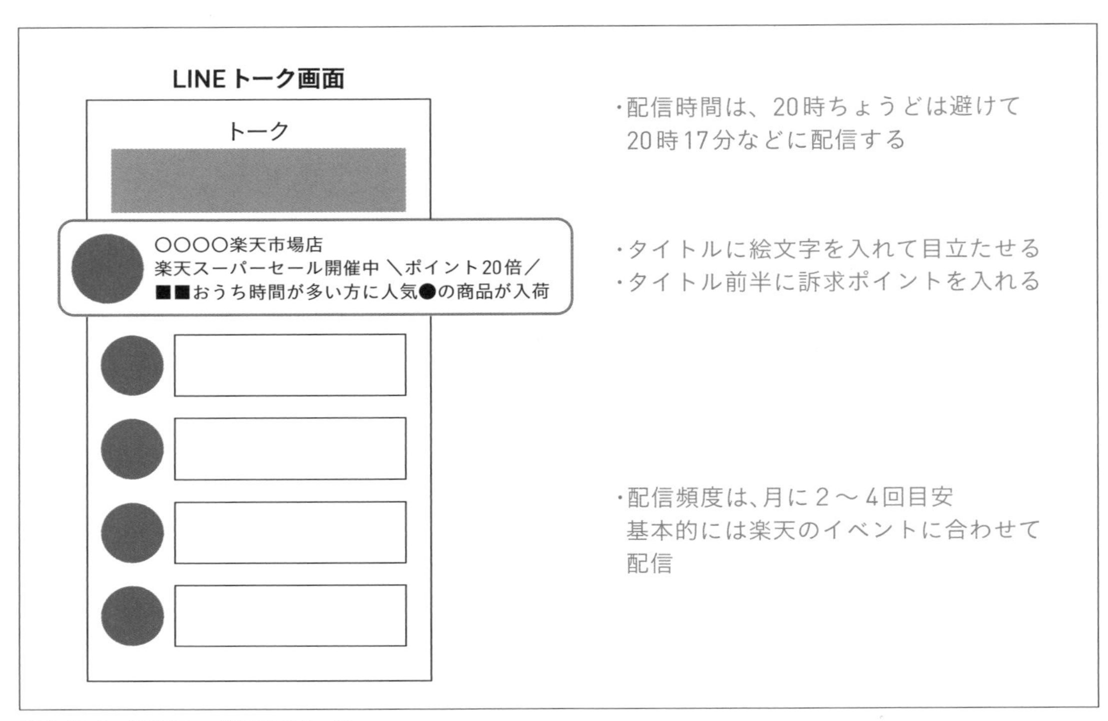

図4-18-1　**LINEトーク画面イメージ**

しくはコチラ」など視覚的なボタンをつけて、タップしやすくして集客率アップを目指しましょう。目的や商材に合わせて使い分け、効果検証しながら配信していくと良いでしょう。

Column

ラッピング＋名前入りメッセージカード対応で差別化を

ギフトに強い楽天市場。ラッピングの種類を選べる対応をしている店舗は多いですが、最近は「ありがとう」「お誕生日おめでとう」「からだに気を付けてね」などのギフトカード＋名前入りのカードを対応してくれる店舗も増えています。成熟した楽天市場において「名前入り」のメッセージカード対応はトレンドとなっています。

Chapter 4-19

[楽天市場 運営の鉄則]

「次の改善アクション」までセットで考えて分析する

Keyword 改善アクションプラン設定、PDCAのスピード

さまざまなデータを分析することは必要なことですが、分析することが目的にならないように、あくまで方針決定の手段として捉えることが重要です。そのためには、施策実施時に必ず分析後のアクションもイメージする感覚を持つようにしましょう。

例えば、セールに向けての施策を変更した際で見てみましょう。

最もありがちなパターンは、施策を実施し、検証・分析して全体的な数字が出てから次のアクションを考えるパターンです。実際に数字が出てから次のステップを検討し始める対応では、どうしても場当たり的になってしまい答えを出すことが難しくなってしまいます。なぜこの施策をしたのか、どの数字を見るべきなのかが抜けているため、検証分析を次に活かすことがどうしても難しくなってしまうのです。

そこで、ECコンサルタントなどのプロは、先に見るべき数字を意識して定義・設定しています。検証分析の後、その設定しておいた数字から成功して上振れした場合、逆に失敗して下振れした場合、それぞれどのようなアクションを起こすかまで、予めイメージしているのです(図4-19-1)。

施策実施前から分析後のアクションまで決めておくことで、予め決めた通り実行するだけなので、PDCAを回すスピードが早くなります。

分析の後でアクションを決定する場合、様々な数字が気になってしまい、結局何をすべきか迷ってしまい、PDCAを止める原因になってしまうのです。

例えばクリエイティブの改善施策があったとして、設定する指標を全体の売上で見るのか、経由売上なのか、クリック数なのか、新規・既存率で見るのかなど様々な気になる項目が存在します。結果を一覧として出すこともできますが、たくさんの数字をパッと見ても何が良かったのかは、他にも同時進行で様々な施策をしていることがほとんどなのでわからなくなってしまいがちです。

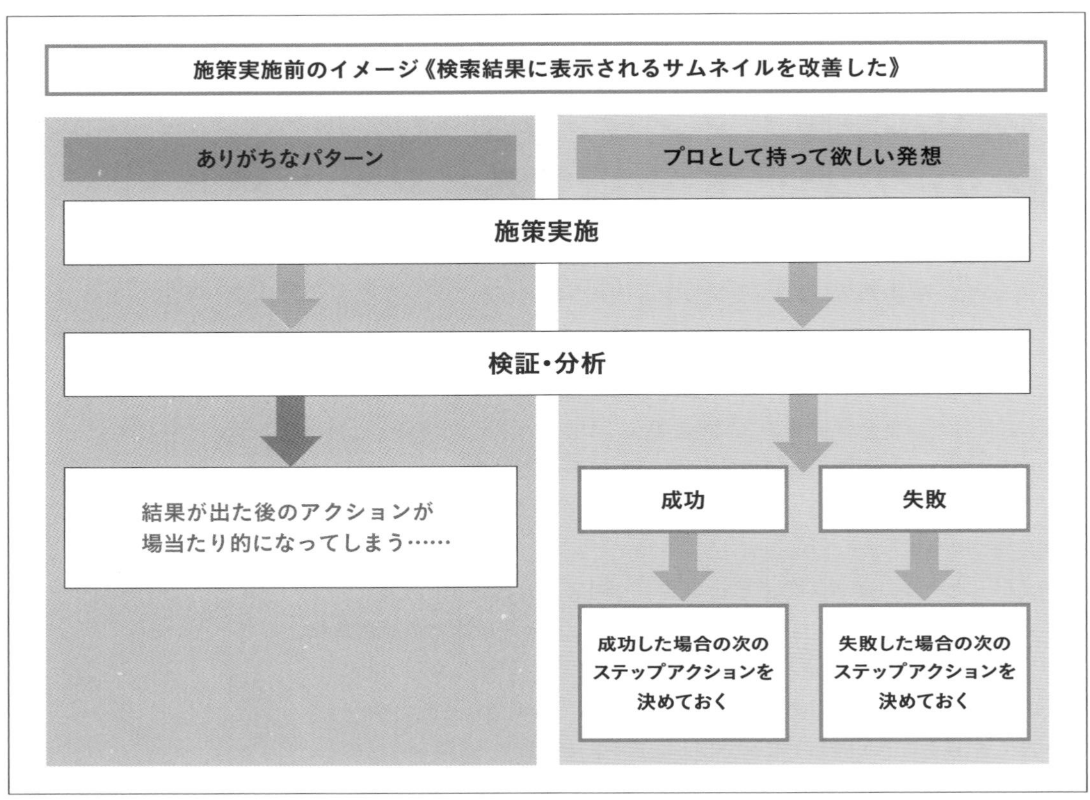

図4-19-1　**分析後のアクションを事前に決めておく**

予め定義しておいた上で成功した場合は今後も継続しながら、成功の要因を勝ちパターンとしてノウハウに組み込みます。失敗なら原因を仮定して次のアクションに繋げ、改善を行います。この改善スピードを上げた方が、結果的に素早く良い状態に持っていくことができるのです。

Chapter 4-20

[楽天市場 運営の鉄則]

売上につながる業務時間を増やす 運営の工数管理の基本

Keyword 売上構成比、工数配分

EC業務に限った話ではありませんが、時間配分・工数管理を行うことはムダを省き、売上を向上させるためにも重要です。しかし、意外と考える機会が少ないのが、時間をかけた分だけ売上が伸びているかを見直すという作業です。

特にECは、どの業務が売上に貢献しているか細かなデータを出すことができるため、1つの業務に多くの時間をかけたのに売上に貢献できていなかった場合、上司や運営のリーダーは不満や疑問を持ち、現場もモチベーションが上がらないという結果を生んでしまいます。そのため、EC運営を円滑にして最大限のパフォーマンスを発揮するためには、売上構成比に伴った工数管理が必要になるのです。

運営で必要な実業務をまとめたものが図4-20-1の左側、時間配分です。ページ制作、バナー広告制作・入稿、メルマガ制作・配信、新商品販売準備など、運用に関して売上に結びつけたい業務が緑の部分です。例えばメルマガに多くの工数が掛かっているのに、メルマガ経由売上が上がっていないパターンや、逆にバナーはあまり工数をかけていないのに、広告枠を多く買ったため効果があったなど、左右の幅の歪みが発生しがちです。この歪みを可能な限り抑えるように調整することが重要です。

工数を調整するためには、まず図4-20-1の右側のように売上構成比を出します。直近半年の売上構成比を平均して割合を出し、時間配分と突き合わせて調整を行います。バナー広告の制作により多くの時間をかけたり、メルマガ作成の時間を削減するため、凝って作っているようであれば配信頻度を減らすなど、成果に応じた時間配分の調整を行うことが基本となります。

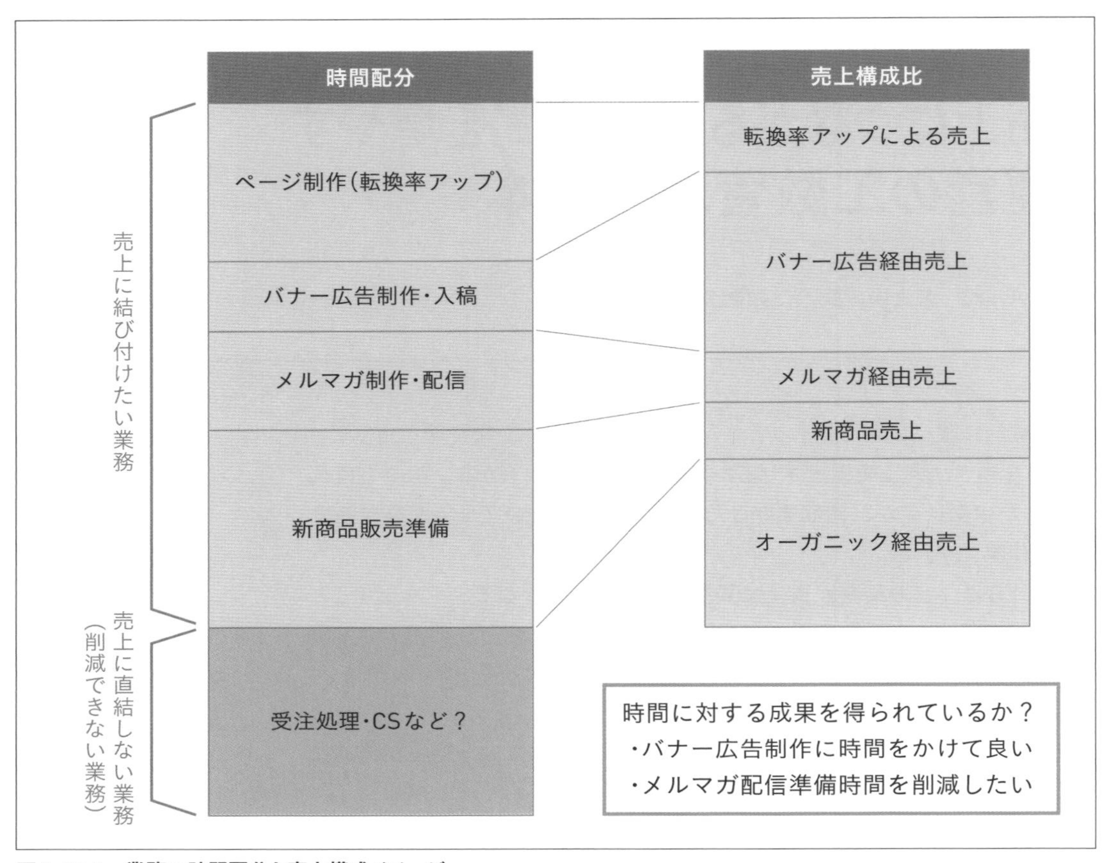

図4-20-1　**業務の時間配分と売上構成イメージ**

Column

楽天市場の［TDA］ターゲティングディスプレイ広告を活用する

新しい広告として、ターゲティングディスプレイ広告［TDA］が利用できるようになっています。ユーザー属性などを細かく絞りこんでターゲットに訴求できるバナー型の広告として利用が広がっています。セグメントの精度の高さが特徴の広告で、広告バナーを自由にデザインすることも可能です。表示場所は、検索結果画面、ランキングの合間、商品レビューの下部などであったり様々です。セグメントも性別や年齢、居住地域、閲覧履歴などの基本的な項目に加え、大型イベントにおける最大買い回り数、自店舗への来訪履歴・回数などの細かいターゲティングができる点に注目が集まっています。

Chapter 5

Amazon、成長モール運営の鉄則

Amazonは年間流通総額が推計3兆円規模となり、多くのメーカー・EC事業者に活用が広がっています。参入後、短期間で売上を伸ばす企業もあれば、基本的な対応ができなかったり、競合店舗との兼ね合いで思うように売上が伸ばせない企業もある状況です。このChapter 5では、すべてのEC事業者に活用が必須となったAmazonで売上を伸ばすための基本から、Amazon特有の広告活用ポイントを解説していきます。併せて、成長への期待が高まる「PayPayモール」(Yahoo!ショッピング)の動向と活用ポイントも解説します。

Chapter 5-1

[Amazonで売る鉄則]

Amazonの魅力は「売上拡大サイクル」にあり

Keyword　ベンダーセントラル、セラーセントラル、FBA、ファンダメンタル

Amazonは月間約5,000万人以上が訪れるという強さを持っています※。

そんなAmazonの販売方法は2つあり、Amazonに商品を卸してAmazonが販売する「ベンダーセントラル」という販売モデルと、自社が販売者になって直接お客さまに商品を販売する「セラーセントラル」という販売モデルが選択できるようになっています。最近はメーカーを中心に自社がショップを持つセラーセントラルを選択する傾向が増えています。

配送に関しては、受注から配送まで倉庫に預けてAmazonに任せることができるFBA※を利用する企業も多く、FBAを利用することによって「Prime」マークがつき、購入に繋がる可能性が高くなるというメリットがあります。

多くの人が訪れているAmazonでは、図5-1-1のような売上拡大サイクルが基本的な販売戦略となります。

❶ Amazonのルールに沿って商品登録する
❷ ページの情報を入れることで、検索で見つけてもらいやすくなる
❸ 商品ページにお客さまがくるようになって売上が上がりだす
❹ 売上の実績やレビューがつくとさらに検索で上位に上がりやすくなる
❺ より露出が増えて売上が上がりやすくなる

というサイクルでどんどん売上が上がっていきます。

このモデルは自社ECサイトにはないモデルで、多くの顧客がすでに存在するAmazonで販売することで可能となるモデルです。

より短期間で売上サイクルを上げたい場合は、Amazonが提供する広告を使うことによってアクセスが増えて売上が上がり、加速的に検索順位も上がるというのが基本的な流れとなります。売れだすと様々なデータも増え、検証しながら売上を上げるコツも見えてくるため、まずは商品登録を

※　2020年4月ニールセン調べ
https://markezine.jp/article/detail/33787

※　FBA
フルフィルメント By Amazon

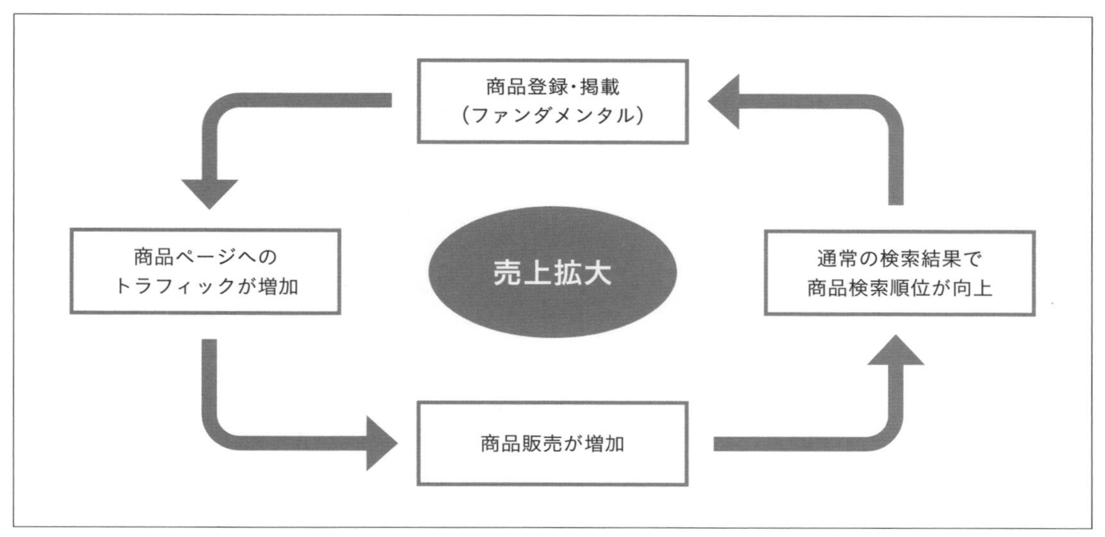

図5-1-1　**Amazonの売上拡大サイクル**

図5-1-2　**Amazon広告活用による成長サイクル**

含めた商品ページ作成と広告活用で売上アップにもっていくことが基本となります。このように自社ECサイトにはない、売上アップサイクルがあることがAmazonの魅力のひとつです（図5-1-2）。

Chapter 5-2

[Amazonで売る鉄則]

7つのタイプ別の商品戦略で差をつける

Keyword　ヒーローアイテム、ローンチアイテム、ギャップアイテム、ローレビューアイテム

Amazonの場合、売上を上げるサイクルの他にも、競合対策を行うことや継続的にレビューを貯めることも必要となるため、品揃え戦略も重要な要素となります。

必要な品揃えは大きく分けると7つの分類になります。7つのアイテムを何にするかを決めて品揃え戦略に取り組むと良いでしょう。

❶ヒーローアイテムの育成は、育てると決めた自社オリジナル商品に広告を集中させ、商品ページの最適化に加えて、スポンサープロダクト広告で面を押さえます。
Amazonランキングなど上位を獲得できたら、今度は上位を守ることが戦略となります。

❷シーズンアイテムは各社が一斉に売り出すため、どうやって混戦を抜け出すかが商品育成の一番のポイントになります。
また、Amazonでは先行して商品を探す人がいたり、シーズンオフでも購入する人が一定数いることを意識しておきましょう。特にピークの3カ月前にはサイズなど在庫を揃えて、ページ情報の見直しを行うことで競合に先行する戦略が必要です。

❸セットアイテム作りは単価アップにつながります。例えば1つの商品ページの中で、価格の違うセット商品のオプションを用意することで、当初の目的より高いものを買ってもらう「アップセル」を狙うことができます。
別商品として登録しているものでも、統合することでギフト需要など新たなニーズを獲得して、全体で売上を伸ばせる可能性も出てくるため、セットにできる商品がないか改めて確認してみると良いでしょう。

アイテム分類	選定ポイント
❶ ヒーローアイテム	すでにAmazonランキングで1位のアイテム
❷ シーズンアイテム	季節に合わせて販売するアイテム
❸ セットアイテム	セット販売できるアイテム
❹ ローンチアイテム	発売間もないアイテム
❺ ネクストヒーローアイテム	Amazonランキングで2～5位のアイテム
❻ ギャップアイテム	実店舗で売れているが、Amazonでそれほど売れていないアイテム
❼ ローレビューアイテム	レビュー点数が3以下のアイテム

図5-2-1　**7つのタイプ別の商品戦略**

❹ローンチアイテムは新商品や無名ブランドが多くなるため、新規顧客を獲得するための戦略が必要です。まずは競合となる商品の調査を行い、価格帯の差別化、隙間のあるキーワードを探し、実績で1位を獲得できるポジションを見つけることが必須となります。
またローンチアイテムが売れ始めた際に、在庫を切らさないようにする対応も重要です。

❺ネクストヒーローアイテムは、ランキングで2位～5位くらいに入っている商品で、そのポジションを維持し続けたほうが良い商品です。例えばAmazonで1位のアイテムよりも単価が2倍くらいある商品の場合、1位獲得は難しいケースになります。ただし、その価格帯においては1位を取れている商品と見ることができるため、無理に値段を下げることはせず、そのポジションを取り続ける方が良い商品です。
このように、安易に価格競争に巻き込まれず、収益を上げながら売る品揃えを、ネクストヒーローアイテムとして位置づけます。

ここまで5つのタイプの商品について実例を挙げてきましたが、他にも少し癖のあるギャップアイテムとローレビューアイテムがあります。

Chapter 5

❻ギャップアイテムは、例えば飲料水のように単価が低く、ネット通販ではケースでないと売れない商品。あるいは、対面販売で売っている高額なサロンアイテムなどを指します。ネット通販で売れる価格帯はある程度幅が決まっているため、実店舗では人気があったとしても、その価格帯から外れてしまうと、安すぎる商品は送料の問題で売れず、高すぎると説得が難しすぎて売れない、という問題がどうしてもついて回る商品群です。

❼ローレビューアイテムは、レビュー点数が3以下のアイテムで一度陥ると抜け出すことが難しいタイプになります。しかし、売り手が商品ページの育て方を間違えただけで、もともと粗悪な商品はほとんどありません。そこで、「悪いレビューをなかったことにする」のが一番の対策ということになります。つまり、商品の再登録です。
ヒーローアイテムでは絶対にやってはいけないことですが、ローレビューアイテムではむしろ、すべてを消して一から出直し、次こそしっかり売れるページづくりをしていくことが最善といえるでしょう。

Amazonで売上を上げていく場合、ページの訴求や広告活用というところに目が行きがちですが、その前に7つの品揃え戦略に沿って、攻める商品を決めることが売上拡大に重要となります。

Column

コロナ禍のAmazonは140%ペースで成長

米Amazonの発表によると、コロナ禍の2020年のAmazon全体の売上高は日本円で約40兆円を超えました。Amazonが商品を仕入れて販売する直販の全売上高（ネット通販と実店舗売上の合算）は前期比で34.6%増。第三者販売サービス売上（セラーなどのマーケットプレイスを通じた第三者が販売するサービスに関する手数料売上など）は49.6%増。巨大プラットフォームでありながら140%ペースの驚異的な成長となっています。

Chapter 5-3

[Amazonで売る鉄則]

商品情報が大好きなAmazonユーザーに商品説明文でプレゼンする

Keyword 「商品名、キーワード・箇条書き」の最適化

商品説明は、情報を網羅して商品の魅力を伝えるのはもちろんですが、Amazon内での検索表示最適化やユーザーの不安を取り除くためにも重要なコンテンツとなります。

実店舗であればお客さまに不明な点があっても店員が都度接客して対応できますが、ECは基本的にページ上の情報がすべてなので、不安点をしっかり取り除く必要があります。

検索表示最適化を意識する部分は、「商品名※」「検索キーワード」「箇条書き」「説明文」があります。

※ 「商品名」についてはChapter 5-4参照。

具体的には、商品スペックや実績のほか、使用時の不安払拭のため、利用シーンや、調理方法、丈夫さなど、少しでもお客さまの不安を取り除けるように気になるポイントを文字で説明します。購入後に不備があったら返品可能であったり、丁寧な梱包対応、商品が食品であれば生産のこだわりなど、実店舗では気づきにくい小さなこだわりも、もれなく文字で起こすようにしましょう。

箇条書きと商品説明文は同等程度の情報量で不安を取り除くように記入します。ユーザーはページ上のどこを見るか分からないので、例えば箇条書きに書いたものでも説明文にも同じ情報を記載するようにします。これは外部の検索表示対策にも繋がるため、キーワードを散りばめるように必要な情報をしっかり記載するようにしましょう。

ただし、箇条書きは長いと読みづらくなります。1項目100文字程度で、商品と関連のあるキーワードを中心に文章の中に盛り込むようにします。

項目名はわかりやすく【 】などで囲って文頭につけるようにして、仕様だけを羅列するのではなく、購入者にとってのメリットを記載するように気を付けましょう。また、商品を比較されるユーザーのために、競合との差

図5-3-1　**Amazonの商品ページには「商品名」「検索キーワード」「箇条書き」「説明文」の要素をしっかり入れる**

別化になる内容を意識して記載すると良いでしょう。

項目の数は、基本的にはセラーであればスマホで最大5項目まで登録できます。ただし、機種やカテゴリーによって変更はありますが、スマホでは3項目までしか表示されないことが多いため、特に重要な情報は前半3項目の中に入れる必要があります。

この際、検索表示に有利であったとしても出品者独自の情報や商品に関係ないキーワードはAmazonの規約違反となる可能性があるため、あらかじめ規約をしっかり確認して注意するようにしましょう。

Chapter 5-4

[Amazonで売る鉄則]

まずは「検索窓」経由で見つけてもらうようにする

Keyword　検索キーワード、複合キーワード、半角スペース区切り、禁止ワード

Amazonは売上件数が多いと上位表示されやすくなるのですが、最初は商品を掲載しても売上がついてないため、どんなキーワードで検索して、見つけてもらうかを対策することが重要です。特に重要な、商品名・検索キーワード・商品説明の箇条書きにしっかりキーワードを入れるようにしましょう。

キーワードを入れる際には、商品名が最も検索対象となる優位性が高いため、ビッグワードや商品単体を示すキーワードを優先して入れるようにします。検索キーワードは、商品名に次いで優位性が高いため、商品名に入りきらないキーワードを設定するようにします。優位性は下がるものの、商品説明の箇条書き部分も有効な対策となるため、箇条書きにも残りの必要なキーワードを散りばめて入れるようにしましょう。

商品名の基本

商品名はAmazonの規約に準じて、50～60文字程度に収めてブランド名・商品名称・型番を入れ、単語の間は半角スペースで区切るようにします（図5-4-1)。単語を区切らなかった場合、部分一致となりません。例えば「お米ななつぼし」と半角スペースを入れずに入力すると、「お米」単体では検索されにくいため、検索で不利になってしまいます。

また他社ブランド名や、主観に基づいた「最高な」といったキーワード、一時的なワードとなる「セール中」「新製品」など、禁止ワードを商品名に入れてしまうと、検索対象外としてページが表示されなくなります。禁止ワードを使わないようにあらかじめ確認して準備するようにしましょう。

図5-4-1 **Amazonの商品ページでの、「商品名」と「商品説明文」の例**

検索キーワード最適化の基本

商品名に次いで検索キーワード最適化も重要で、80文字未満を目安に検索ボリュームが多いワードを選定して入力します。類似ワードに関しては、「お米」や「ライス」など、入力する人によって異なるため、もれなく記載するようにします※。

※　検索キーワードにも商品名と同じく禁止ワードがあるため注意が必要。

お客さまが商品を検索する際、目的が明確なお客さまはより詳細な複数キーワードを入力するケースが多いでしょう。例えば男性が冬向けの厚手シャツを探す場合、「メンズ　厚手シャツ」「メンズシャツ　冬　人気」など様々なキーワードで検索されることがあります。そのため、詳細な複合ワードも洗い出し、入りきらないキーワードは商品説明の箇条書きも活用して、もれなく入れこむようにします。Amazonの場合、アルファベットの大文字・小文字やひらがな・カタカナはどちらか1つで対応可能なので、その分ほかのキーワードを盛り込むようにしましょう。

ただし、人気のキーワードだからという理由で商品にマッチしないキーワードを設定しても、アクセスに繋がらないことはもちろん、もしクリックされてもすぐ離脱されることになるため、しっかり商品に合った複合キーワードを登録するようにしましょう。

Chapter 5-5

[Amazonで売る鉄則]

商品画像は最大の接客 スマホファーストで訴求力を高める

Keyword　ズーム機能、メイン画像、サブ画像、フリック対応、回遊モジュール

Amazonはスマホで見るユーザーが多く、細かな文章よりも画像で伝わる情報がより重要になります。スマホで見た場合を意識しながら、画像の大きさや「ズーム機能」などで拡大して見た際のサイズ感も考えて画像を作成するようにしましょう。

Amazonは1枚のメイン画像とサブ画像が8枚登録できますが、スマホで見たときはサブ画像が6枚目までしか表示されないため、メイン画像とサブ画像6枚目までに重要な情報を入れるようにしましょう(図5-5-1)。

メイン画像はAmazonルールに沿って対応

検索結果画面にも表示されるメイン画像は非常に重要ですが、85%以上の面積を商品が占める必要があり、文字やロゴを入れることも禁止となっています。背景もしっかり白になっていないとNGで、薄く色が入っているといったこともないようにしましょう。

サブ画像8枚には文字を入れることができるため、商品の特徴をしっかり記入します。ギフト用の食品などは、梱包の状態や到着時のイメージ、調理済みのイメージなども売りポイントとなるためしっかり画像で確認できるようにしましょう。

Amazonには画像にカーソルを当てると拡大されるズーム機能があります。1500ピクセル以上でズーム機能が適用されるため、拡大して細部まで確認したいユーザーのためにしっかり対応するようにしましょう。

また、各画像の縦サイズをそろえることも重要で、画像の縦横のサイズがバラバラだとスマホで表示した際、縦が短い画像が縦詰めに表示されてしまうため、すべて同じサイズで作成するようにしましょう。

図5-5-1　**Amazonにおけるメイン画像とサブ画像**

スマホファーストで見え方のチェックを行う

Amazonの商品ページには、これらの画像の下に商品紹介コンテンツがありますが、画像を横にフリックして見る人と、商品紹介コンテンツを画像と文字で縦に見る人が存在するため、もれなく両方に情報を盛り込む必要があります。

PCとスマホで表示の違いもあるため、両方で表示確認を行いましょう。商品カテゴリーや商品の特徴、打ち出したい内容に合わせて、16種類あるテンプレートの中から適切なテンプレートを活用すると良いでしょう。

商品説明も重要ですが、回遊モジュールと呼ばれる店舗内商品を並べるモジュールも用意されています。飛んできたページの商品が思っていたものと違う場合にも、自社の別商品に回遊する施策として、もれなく設定して、ページの訴求力を高めていきましょう。

Chapter 5-6

[Amazonで売る鉄則]

6つのポイントを押さえて カートボックスの一番上を獲得する

Keyword　カートボックスを獲得、オリジナルセット商品、相乗り対策

Amazonで重要な施策となる「カートボックスを取る」とは、商品ページに訪れた際に、最初に表示されている出品者になるということで、カートボックスを取ることがAmazonでは非常に重要になります。

特にAmazonのユーザーは、商品ページからすぐに「カゴに入れる」や「今すぐ買う」を押しがちなのですが、実際にはその商品には他にも出品者がたくさん存在します。しかし、カートが取れていない状態だと、わざわざカート下の出品者から購入先を選び直されないと売上がつかないため、カートを取るための施策が非常に重要になります（図5-6-1）。

カートボックスの獲得条件は、販売価格・プライムかどうか・出荷から配送の期間などが大きく作用されます。それらの条件を踏まえた上で、カートボックス獲得のために共通して行うべき以下6つのポイントがあるため、意識して準備するようにしましょう。

❶ 出品形態を「大口」出品にする
❷ 競争力のある価格を設定する
❸ 配送内容の充実
❹ 注文数を一定数獲得する
❺ 高いカスタマーサービスを提供する
❻ 常に在庫を維持する

どうしても価格を下げられなかったり、配送スピードを上げられない場合は、ページに相乗りして商品を追加販売するという方法もあります。例えばクレンジングオイルを出品して、どうしても競合からカートが取れない場合は、そのままあきらめて放置するのではなく、オリジナルセット商品を販売するという方法が有効です。

Chapter 5

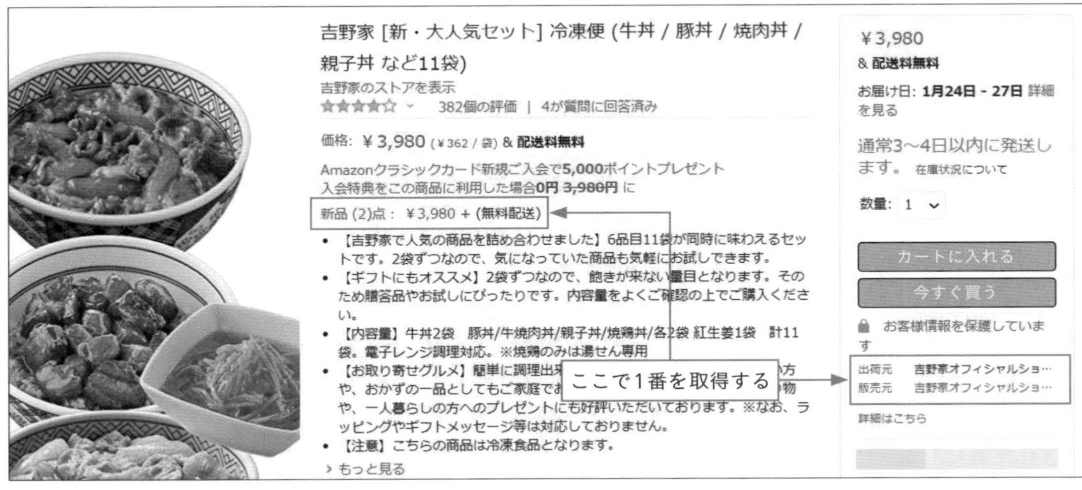

図5-6-1　**Amazonでは「カートボックスを取る」ことが重要**

クレンジングオイルにサンプルをつけたり、クレンジングの方法を書いた説明書をつけるなど、他社が販売していない商品を、値段を変えずに販売して購入してもらうようにすることで単品のクレンジングオイルとは別商品を作り、カートを取り、他社に流れないようにします。

セット商品には2種類あります。

①相乗り対策のオリジナルのセット商品

②客単価アップを狙うためのセット商品

逆に、競合対策のために相乗りされる可能性のある商品をその出品者しか販売のできない商品とセットで販売することも有効です。注意点としてはセットにする商品は、その出品者にしか販売のできないもので、他社にマネのできないものが必要になります※。

カートボックス対応はAmazonの特徴です。獲得ポイントを理解して適切な対応をしていいきましょう。

※　相乗り対策のセット品販売では単価を上げずにセット品にすることが重要。

Chapter 5-7

[Amazonで売る鉄則]

3大設定の「ブラウズノード」「ブランド名」「Amazonストア」は戦略的に

Keyword　ブラウズノード設定、Amazonストア構築、ベストブランド

ブラウズノードの最適化

Amazon内におけるカテゴリーで、カテゴリーランキングに入ると「ベストセラー」などのマークが表示されるようになります。マークが付けば視覚的にも効果があり、クリック率もアップするため重要なのですが、ブラウズノード※でカテゴリーに紐づけ設定をしていないとランキングに入らないため、忘れずに設定しておく必要があります。

ブラウズノードは種類が多く、商品に合致するカテゴリーがたくさんあった場合はライバルの少ないカテゴリーに登録することで表示確率を上げることが可能なため、ランクインしやすいカテゴリーに狙いを定めて最適化するようにしましょう。

ただし、ブラウズノードは変更になることもあるので、期間を決めて確認変更する必要があります。せっかくランク入りしていても、消えて設定なしになったり、ランキング除外になったりすることもあるため、必ず定期的に確認するようにしましょう。

※　ブラウズノード
販売する商品のカテゴリーのこと。

ブランド名の統一

ブランド名は商品ページ上部、商品名の真上にブランド名が表示されるもので、ブランド登録を設定する必要があります。ブランド名を統一するメリットは、ブランド名に売上が蓄積することで「ベストブランド」と認定され、ブランド名が絞り込みに表示されるようになり、アクセスアップなどに繋がります。カタカナや英語表記など、ゆらぎがないようにブランド名を統一して、実績が散らばらないように集約することが重要です。

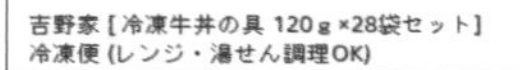

図5-7-1　Amazonストアの例

Amazonストアの設定

ブランド登録することで、Amazon内にLP※のようなページであるAmazonストアを作成することができるようになります。商品名の上に表示されるブランド名を押すか、スポンサーブランド広告のリンク先として用意することができます(図5-7-1)。

Amazonストアをリンク先に設定することで、1つの回遊手段となり、他社にとられない施策として作用するほか、ブランディングにも効果的なので、ブランドを持つ店舗は積極的に設定することがおすすめです。

※　LP
ランディングページ

以上、基本的な設定ですが、多くのお客が集まるAmazonにとって、ポジション取りが大きく売上に影響が出ることを知って、基本設定を行いましょう。

Chapter 5-8

[Amazonで売る鉄則]

Amazonユーザーは「リードタイム」を必ずチェックする

Keyword [prime] マーク、リードタイム、FBA、マケプレプライム

リードタイムは、商品の注文が入ってから出荷までの日数を指し、プライムに影響する重要な設定となります。発送までの日数を選ぶことができるのですが、ここで無理な設定をしても、配送期日を守れないと配送遅延となり、店舗評価が落ちることになるため、まずは必ず守れる日数を設定するようにしましょう。

ただし、リードタイムによって表記が異なります。基本設定(デフォルト設定)では2日となっており、表記内容が「在庫あり」となります。しかし設定を遅く変更すると、「通常2〜3日以内に発送します。」などの表記に変更になってしまうため、可能であれば2日がベストです。

Amazonのユーザーは特にスピードを重視する傾向にあり、出荷スピードが早い方が転換率も上がりやすいため、2日に対応できない状況であれば、できる限り早い日数を設定できるように、徐々に物流体制も見直す必要があるでしょう。

リードタイムは、平日営業日換算となるため、土日出荷はできないけど平日出荷できるのであれば平日の営業日換算で設定できます。土日のどちらかという設定もできるので、店舗に合った出荷可能な日を設定するようにしましょう。祝日は営業日外とみなされるため加味する必要はありませんが、長期休暇となるGWや年末年始などは都度配送設定を変えていないと配送遅延扱いとなるため、対応してから休みに入るようにしましょう。

図5-8-1　**プライムマーク［prime］**

プライムマークを取得する

リードタイムが2日以内で、遅延率が低くパフォーマンスが高いと認められると、プライムマーク［prime］を取得することができます。

プライムマークは検索結果や商品ページに表示されるのですが、Amazonで売れている上位商品はすべてプライムマークがついているため、基本的にはAmazonを攻略するためには、プライムマーク取得を目指すことになります(図5-8-1)。

プライム会員ユーザーは配送設定特典を無料で受けられるため、ロゴが出ることでクリック率が上がりアクセスが増加します。また、プライムマーク商品は需要も高くブランド名での絞り込み対策のように、絞り込みの1つとして有利に作用します。

プライムには、「FBA」という商品をAmazonに納品してAmazonが配送やカスタマーサービスを行うパターンと、自社出荷する「マケプレプライム」の2パターンがあります。FBAはAmazonが出荷・配送・梱包・カスタマーサービスまですべて行ってくれるため、手間が掛からない分、手数料が必要になります。

自社発送のマケプレプライムに手数料はありませんが、厳しい基準をクリアする必要があるため、どちらでプライムを取得するかはよく検討しておくようにしましょう。

Chapter 5-9

[Amazonで売る鉄則]

Amazonレビューの数で信用力を高めていく

Keyword　早期レビュー取得プログラム、Amazon Vine

Amazonで商品購入する人は、購入直前でレビューをチェックします。また、Amazonで購入しない人も店舗で購入前にAmazonでレビューを見てから購入する人もいるくらいAmazonのレビューは重要な信用情報となっています。

Amazonでは、レビューを書いてくれたらサンプルをプレゼントするといった行為はルール上NGとなり、アカウント停止処分の対象となってしまいます。しかし、レビューがないと信頼性が低く、購入にも繋がりづらくなるため、Amazon側からレビューを獲得するために大きく分けて2段階の施策が用意されています（図5-9-1）。

まず、レビューが5件以下の場合、Amazonが購入者に対してレビューを促してくれる「早期レビュー取得プログラム」を使うことができます。

レビューは1件・2件でも付けば売れるようになり、転換率が上がっていきますが、このプログラムは5件つくと使えなくなってしまいます。そこで、次にAmazon Vineが使えるようになります。

Amazon Vineは、レビュー件数が29件以下の商品が利用でき、Amazonからこのユーザーがに Vineレビュアーであるというお知らせがやってきます。Vineレビュアーは、単純な「ありがとう」のみのようなレビューではなく、しっかりとした投稿実績を持つレビュアーをAmazonがメンバーとして認定しているもので、そのVineレビュアーに対してアプローチすることができるのがAmazon Vineです。

レビュー数	利用できるプログラム	店舗でできること
5件以下の場合	早期レビュー取得プログラム	フォローメール
29件以下の場合	Amazon Vine	

図5-9-1　レビュー獲得に向けた取り組み

Amazonでは、レビュー件数を14件獲得することを目指すことが1つの目標となります。そのためにはAmazon Vineを活用しないと難しいため、しっかり活用して早期に星4つ以上の良い評価を集める必要があります。

レビューが30件集まった後は、Amazonからの施策は用意されていないので、フォローメールを送ることで、さらに40・50・100件と集める必要があります。

基本的にAmazonで購入した人は、レビューを丁寧に書いてくれる人が少ないため、何もしないと100件に1件くらいの書き込みで良い方ですが、シンプルなフォローメールを送ることで100件中3件に増やすことができるなど、わずかでもレビュー数を増やすことができるため、30件以降は地道な活動を通して増やしていくようにしましょう。

Column

3人に2には、レビューで買い物行動を変えた経験がある

著者が2020年12月に実施した1200名へのインターネット調査によると、「実店舗で買う際に、ECモールのレビューをチェックすることはありますか」という質問に対して、約6割の人が実店舗でレビューを確認することがあると回答しました。また「ECモール内で、購入しようとした商品のレビューを見て、がっかりして他の製品を買った経験はありますか」という質問に対して、67%の人が「ある」と回答しました。レビューが買い物行動に影響していることが伺えます。

Chapter 5-10

[Amazon広告活用の鉄則]

Amazon内の広告の種類を知って、入稿先のバランスを調整する

Keyword　スポンサープロダクト広告、スポンサーブランド広告、スポンサーディスプレイ広告

Amazonの広告には「スポンサープロダクト広告」「スポンサーブランド広告」「スポンサーディスプレイ広告」の3種類があります。それぞれの特徴と表示箇所を確認しておきましょう。

スポンサープロダクト広告

スポンサープロダクト広告※はAmazon内で最も多い広告枠で、検索結果ページの上部・中部・下部の3つの場所に表示されることが多い広告です。通常の検索結果に広告が紛れる形となるため、お客さまにとっては広告とわかりづらく、他の広告に比べて購入に直結しやすい広告と言えるでしょう。

検索結果のほかに、商品ページに表示されるスポンサープロダクト広告もあり、商品詳細ページの中部に「この商品に関連するスポンサープロダクト」と表示されるほか、ページ下部にも表示枠があります。ごく一部、商品の箇条書きの下に出る場合もあります（図5-10-1）。

スマホ表示の場合も基本的には同じですが、商品によって表示される数が異なります。

ミドル・スモールワードなど、検索ボリュームが少ないキーワードの場合は広告枠が少なくなり、キーワードによっては広告枠がないものもあるので出稿の際には確認するようにしましょう。

スポンサープロダクト広告はAmazonのセラー・ベンダーどちらも出稿可能です。

※　スポンサープロダクト広告の活用についてはChapter 5-12を参照。

Chapter 5

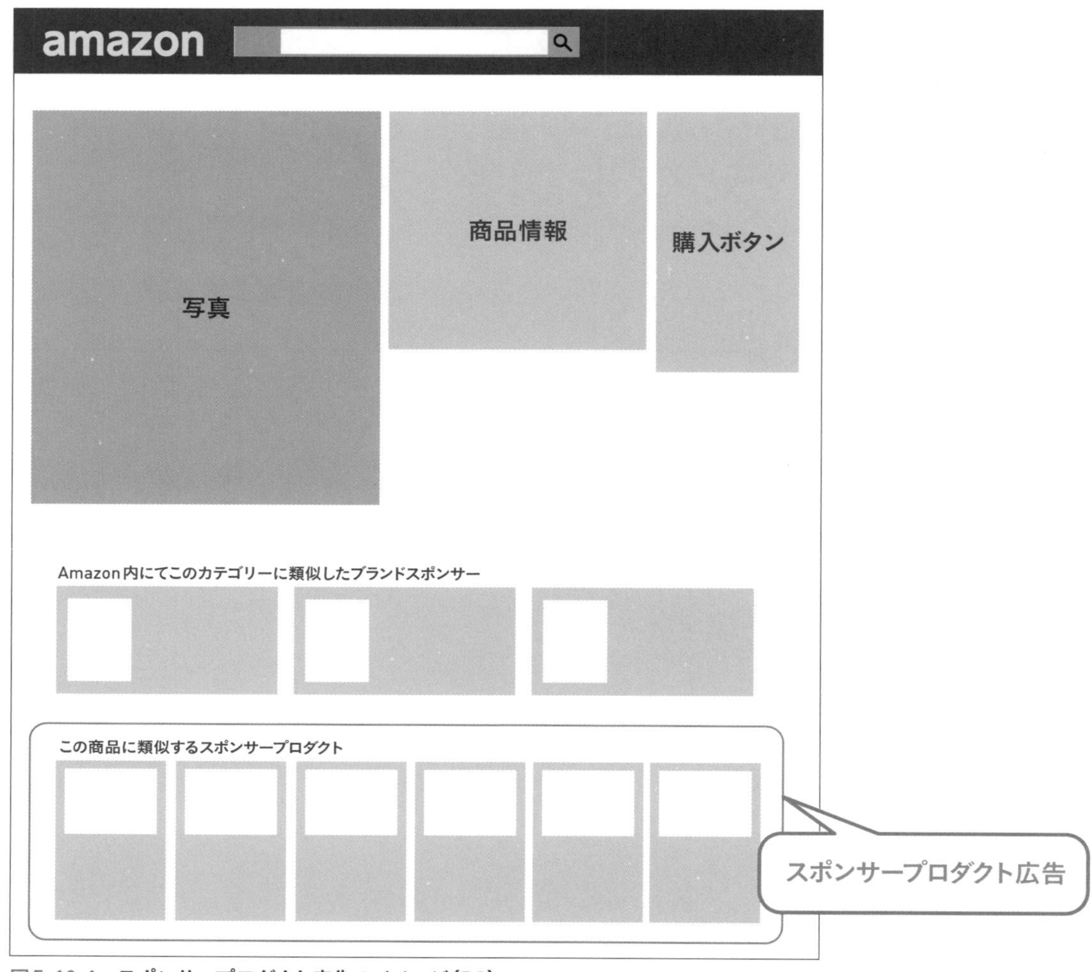

図5-10-1 **スポンサープロダクト広告のイメージ(PC)**

スポンサーブランド広告

スポンサーブランド広告は、商品単体で表示されるスポンサープロダクト広告とは違いバナーで表示される広告で、特にブランドの認知拡大に役立つ広告です。スポンサープロダクト広告はクリックすると商品詳細ページに飛びますが、スポンサーブランド広告はAmazonストアや商品リストのページに遷移します。表示枠で大きく違う点は、ロゴが入ることと、見出しのキャッチコピーが入れられることです。ブランドで訴求したい内容を入れることで、クリックを集めることができるようになります。

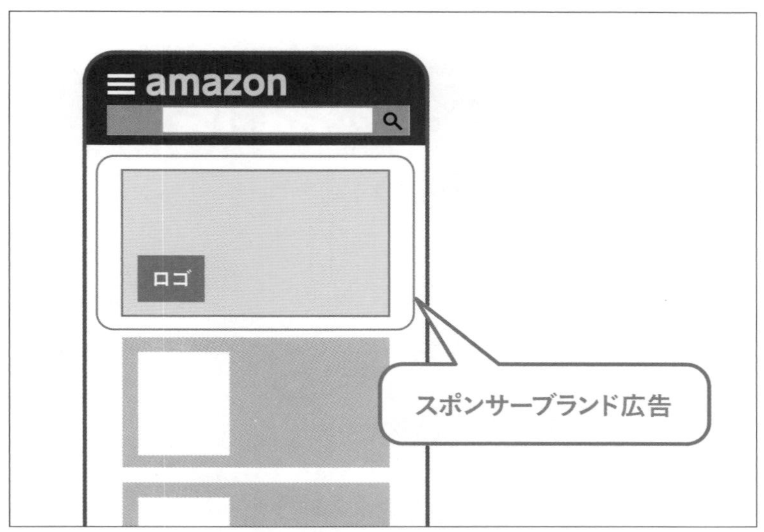

図5-10-2　**スポンサーブランド広告の表示イメージ（スマホ）**

表示箇所は検索結果の上部と、下部に出てくるほか、2019年12月末から商品詳細ページの中部にも「このカテゴリーに関連したブランド」として表示されるようになり、それぞれの枠に設定することが可能です。

スポンサーブランド広告は、ベンダーは普通に出稿することができますが、セラーはAmazonブランド登録が必要となるため、検討の際には出稿条件を確認するようにしておきましょう。

スポンサーブランド広告で誘導できる、Amazonストアページは、ランディングページのように作りこむことができますが、スポンサーブランド広告を使わないと誘導することは難しいので、ストアページを活用するのであれば、スポンサーブランド広告を積極的に検討するのも良いでしょう。

スポンサーディスプレイ広告

スポンサーディスプレイ広告は、表示箇所は商品ページのみとなります。商品ページの箇条書きの下や、カートの下などカートに近い位置に表示できる広告で、ブランド広告と同じように見出し文を設定することが可能です。

特徴としては、カートに近い位置にあるので、競合商品を見ているユーザーにとって比較検討しやすく、自社商品以外の商品を見に来たユーザーにも、自社商品を認知させることができます。

Chapter 5-11

[Amazon広告活用の鉄則]

「クリック課金型広告」の基本を知って、Amazonの売上加速を狙う

Keyword　広告実績の蓄積、入札額、商品ページとの関連性

Amazonの広告には検索結果や商品ページなど複数の表示箇所があり、広告の種類によって配信される箇所や表示の形式が異なります。本項では、ユーザーが1回クリックするごとに課金が発生する「クリック型課金広告」を例に、広告表示が有利になる3つの優位性を確認しましょう。

広告実績を作る

広告実績は継続配信していく上で蓄積されるもので、クリックの割合など様々な数値で優位性が変わります。例えば広告配信していく上で蓄積された売上が100万円と10万円の場合、100万円の方が優位性は高くなります。

入札額を調整する

ターゲティングごとに入札額が決まり、入札額の高い方が優位に表示されます。図5-11-1のように入札額が100円と50円では100円の方が優位性は高くなります(優位性については変動する場合があります)。

商品ページとの関連性

商品名や箇条書き、検索キーワードなどの商品ページにターゲティングしたいキーワードが入っていることで、より表示されやすくなります。例えばNIKEのスニーカーを広告商品として出品した際に、商品名や商品ペー

	広告実績	入札額	商品ページとの関連性
優位性が高い	・売上高100万円 ・ACoS 10% ・CTR 5%	入札額100円	ターゲティングしたいキーワードが商品名に入っている
優位性が低い	・売上高10万円 ・ACoS 50% ・CTR 1%	入札額50円	ターゲティングしたいキーワードが商品名に入っていない

図5-11-1　**広告表示を優位する条件例**

ジの箇条書きにNIKE・スニーカーと入っている方が表示されやすくなります。

これらの優位性は、例えば最初に紹介した売上実績の蓄積が100万円の方が優位性は高くなりますが、実績が50万円でも2番目に紹介した入札額が高い場合には表示優位性が入れ替わることもあります。予算に合わせてバランス良く運用する必要があり、基本構造を理解した上での広告活用が重要です。

Chapter 5

Column

「Amazon動画広告」が開始

2020年12月から、Amazonスポンサーブランド広告において動画広告が利用可能になりました。Amazon動画広告の掲載位置は、Amazonの検索結果の中段または下段になります。動画の長さは、カテゴリーを問わず、6～45秒の動画が設定可能です。ブランドをより認知させたい企業にとって有効な広告となります。

2020年を境に、単なる売上を狙う広告から「ブランドの認知」を狙うためにAmazon広告を活用する動きが活発になっています。

Chapter 5-12

[Amazon広告活用の鉄則]

「スポンサープロダクト広告」の有効活用が売上成長の一歩

Keyword　マニュアルターゲティング、オートターゲティング

スポンサープロダクト広告では、配信したいキーワードのターゲティング手法に「マニュアル」と「オート」の2種類があります。それぞれの特徴からメリットとデメリットを整理しておきましょう（図5-12-1）。

マニュアルターゲティング

マニュアルターゲティングは広告を表示したいターゲットを自分で設定することができます。

メリットとしては、購入に繋がりやすいターゲットが予めわかっている場合、直接狙って設定でき、入札額の調整もキーワードやページ単位で細かく調整することが可能です。

デメリットは商品ごとに1つ1つ考えて設定する必要があるため、配信の度に工数がかかる点や、本当は購入に繋がりやすいのに自分では思いつかなかったキーワードや商品ページに配信できない点が挙げられます。

オートターゲティング

オートターゲティングは、広告を表示するキーワードや商品（ASIN）を自動設定する方法です。

メリットは、1つ1つ考えて決める必要がないため、配信開始までの工数が少なく、思いもつかないようなキーワードや商品に配信できる点です。

デメリットは、購入に繋がりにくいターゲットにも配信される可能性があるため、ムダなクリックも発生してしまう可能性がある点や、入札額もグループの中で「大まかな一致」や「ほぼ一致」としか調整できない点が挙げら

	マニュアル	オート
ターゲットの選定	広告を表示するターゲット(キーワードや商品ページ)を自分で指定	広告を表示するターゲットをシステムが自動設定
メリット	・購入につながりやすいターゲットを選んで配信することができる ・入札額の調整をターゲット単位で行える	・配信開始するための工程が少ない ・自分では思いつかないターゲットに配信することができる
デメリット	・配信開始するための工程が多い ・購入につながりやすいが、自分では思いつかないターゲットには配信が行えない	・購入につながりにくいターゲットにも配信してしまう ・入札額の調整はターゲット単位でしか行えない(「おおまかな一致」「ほぼ一致」などの4種類での調整は可能)

図5-12-1　**マニュアルターゲティングとオートターゲティングの違い**

Chapter 5

れます。

　売上に繋がりやすくてたくさん表示させたいキーワードや、購入に繋がりにくいキーワードが分かっている場合、オートターゲティングでは、入札額をキーワードだけ上げ下げするといった微調整ができません。そのような場合は、マニュアルであれば購入に繋がりやすいものをピックアップして上げるなど、細かく設定できるため、メリット・デメリットを把握して計画的に運用するようにしましょう。

Chapter 5-13

[Amazon広告活用の鉄則]

「オフェンス配信」「ディフェンス配信」をマスターする

Keyword　オフェンス配信、ディフェンス配信

Amazon広告の中で特徴的な配信方法が「オフェンス配信」と「ディフェンス配信」です。すでに多くの店舗が利用していますが、入札の調整などきめ細かい運用が必要になっています。

ディフェンス配信

せっかく自社の商品を見に来てくれたユーザーが、他社のスポンサープロダクト広告に流れてしまうのを防ぐために配信する広告がディフェンス配信です。自社キーワードや商品ページに設定しておくことで、他社が入り込む余地を埋めてしまい、他社に流れることを防ぐことが可能です。

ディフェンス配信は、自社のキーワードやブランド名・商品名に配信するので、オフェンス配信に比べて表示できるユーザー数は少なくなります。しかし、元々自社の商品を見に来る人に作用するため、購入意欲が高い人を集める配信方法になります。

自社商品を検索して他社商品が並んでいる場合、他社に流れてしまうだけでなくそもそも自社ブランドを見に来た人に対して商品ラインナップが見えないことになるため、ユーザー視点で見れば「探しに来た商品が見つからない」可能性が高くなります。

ディフェンス配信で自社の商品をしっかり並べることで、すぐに欲しい商品にたどり着けるためブランドイメージ向上にも繋がります。

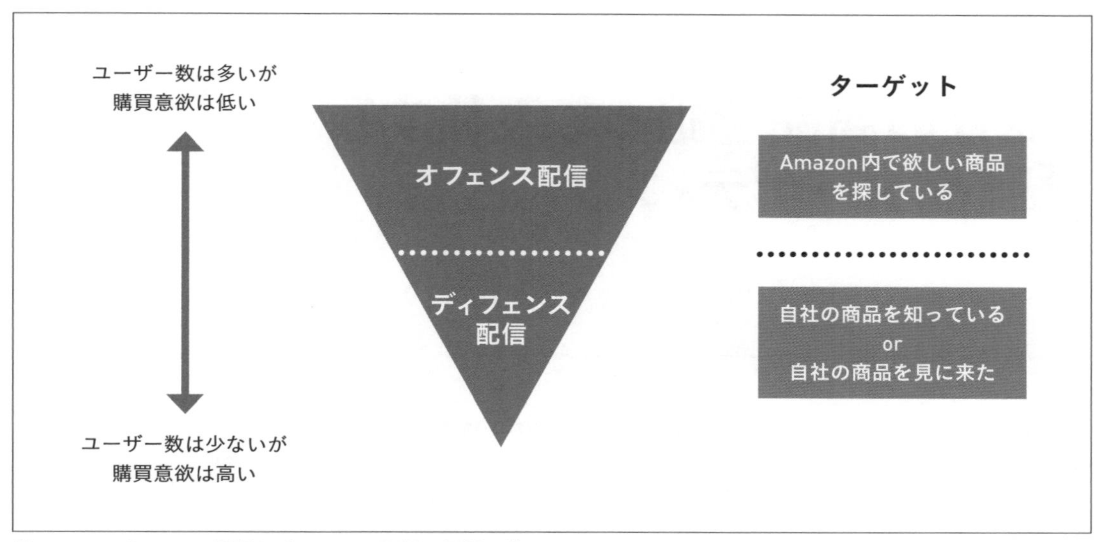

図5-13-1　**オフェンス配信とディフェンス配信の役割の違い**

オフェンス配信

自社の商品を見に来ている人以外に向けた配信がオフェンス配信です。あらかじめキーワードを設定しておくことで、Amazonで該当するキーワードを検索したユーザーに対して広告を出すことが可能で、積極的に新規獲得を狙うことができる広告配信です。他社の商品ページにも狙い撃ちして出すことができるため、オフェンス配信することで競合商品を見に来たユーザーを自社に奪うことが可能です。

ディフェンス配信とは逆に、キーワードの数や商品数も他社の方が多かったり、キーワードも一般的なキーワードが多いため対象となるユーザー数は多くなりますが、購入意欲は自社を調べにきた人より低くなります。

Amazon独特の広告手法ですが、どちらも特徴をしっかりと把握して、バランスよく広告を配信することが重要です。

Chapter 5-14

[Amazon広告活用の鉄則]

他社の商品を狙って入札する「商品ターゲティング」広告

Keyword　商品ターゲティング、マニュアルターゲティング

「商品ターゲティング」は、マニュアルターゲティング※の中にある広告のターゲティング手法で、他のECプラットフォームにはないAmazon特有のターゲティング手法になります(図5-14-1)。

※　マニュアルターゲティングについてはChapter 5-12参照。

商品ターゲティングで広告が表示される場所は、商品ページの真ん中や下部で、ディフェンス配信・オフェンス配信の商品ターゲティングとして使うことでどちらでも活用できます。

例えば、Amazon内のカテゴリーランキングで8位にいて、ランキングで上にいる1位の商品を狙っていきたいという場合、1位の商品に直接ターゲティングして広告を貼り、売上を奪うことでランキングを上げやすくなります。こういった動きは楽天市場・Yahoo!ショッピング・自社ECサイトではできないため、Amazon特有の配信となります。スポンサープロダクト広告だけでなく、2019年末からスポンサーブランド広告でも新しく活用可能なターゲティング手法となっています。

この商品ターゲティングをやっているかどうか、また攻め方や守り方を知っているかどうかで、Amazonの売上が大きく変わってしまうため、常に状況を確認しながらマニュアルでしっかり対応するようにしましょう。

今、Amazonの広告は急速に進化しています。数年前は「オート」のみで運用しているだけで効果を出している企業もありました。しかし、配信枠が増えたこともあり、広告予算を「商品別」に分けながら、ターゲティング設定も行い、オートとマニュアルの両方で運用していくことが基本となっています。運用のプロ同士の戦いとなってきていることを理解して最大活用していくことが基本となります。

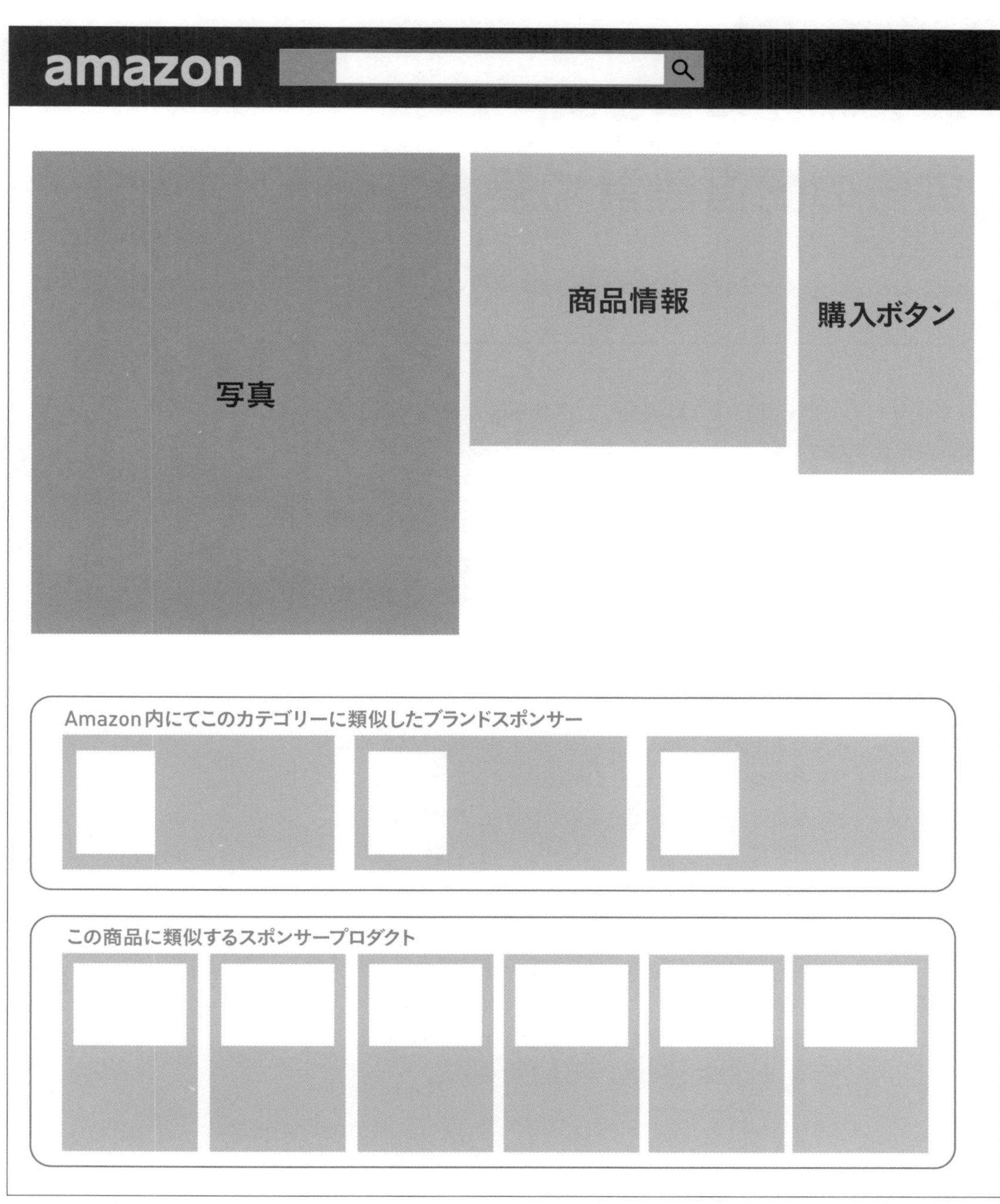

図5-14-1　**商品ターゲティング広告のイメージ**

Chapter 5-15

[Amazon広告活用の鉄則]

競合相手に見えない、広告の配信設計で差がつく

Keyword　ポートフォリオ、キャンペーン、グループ

競合企業にもわかる配信先とは異なり、広告管理画面にて投資先を整理しながら行う「配信設計」で広告の効果が大きくなることを理解して運用していくことが必要です。

広告をAmazonの管理画面から設定する場合、キャンペーンの出稿から設計を行うことになります。キャンペーンとは、広告配信グループを管理する箱のようなもので、箱の種類もポートフォリオ・キャンペーン・グループの3種類があります。

それぞれの関係性は以下の通りです。

グループは「商品とターゲティング」「キーワード」「ASIN」をまとめる箱で、グループがいくつかある場合、それをまとめる箱がキャンペーン。さらに複数あるキャンペーンをまとめることができるのがポートフォリオとなっています。

ポートフォリオやキャンペーンは設定できることがそれぞれ違います。ポートフォリオでは予算の設定が可能で、期間とその間に使う広告費の予算上限を設定することも可能です。1日ずつ設定するだけでなく、長期間の設定や、ほかに毎月繰り返しという設定も可能なため、毎月使用する予算が決まっていれば、毎月30万円と設定することも可能です。

キャンペーンは、1日あたりの予算で上限を設定でき、ポートフォリオとは違う期間で予算を決定することが可能です。それぞれ予算設定できますが、関係性としてはポートフォリオが一番大きな枠となります。

以上のように少々レベルの高い調整になりますが、広告活用が広がる中では、配信設計のポイントを理解した運用を行って行くことが必要となります。

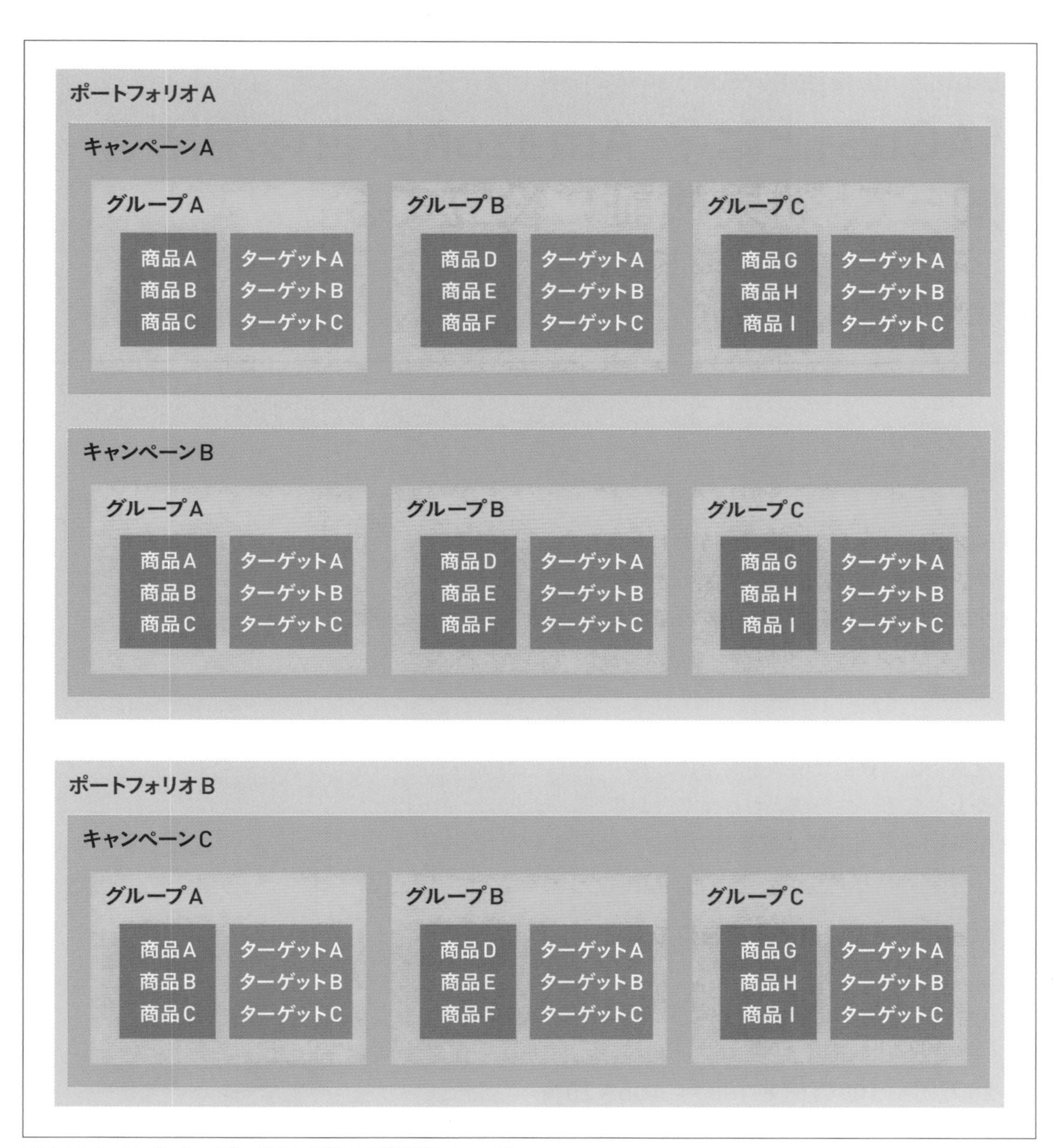

図5-15-1　**スポンサープロダクト広告の配信設計イメージ**

Chapter 5

Chapter 5-16

[Amazon広告活用の鉄則]

「ACoS」とは？ Amazon広告の用語を知って、効果検証に役立てる

Keyword　ACoS

以下の用語はAmazonの管理画面で出てくる用語なので、言葉の定義を確認して把握しておくようにしましょう。

- **インプレッション**：広告が表示された回数
- **クリック数**：広告がクリックされた回数
- **クリック率（CTR）**：広告の表示回数に占めるクリックされた回数の割合、クリック数÷インプレッション数で算出
- **広告費**：クリックが発生したことによって生じる広告料
- **平均クリック単価（CPC）**：1クリックあたりの平均広告費
- **注文**：広告経由で購入された注文数
- **売上**：広告経由で購入された売上金額
- **ACoS**：売上に占める広告費の割合、低いほうが良い数値

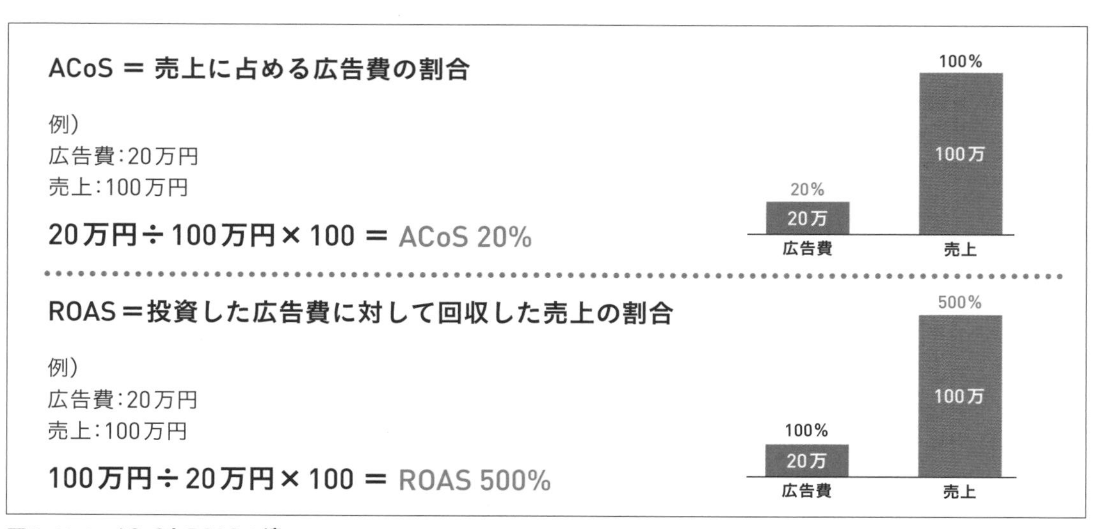

図5-16-1　ACoSとROASの違い

特徴的な用語として、「ACoS※」は費用対効果を示す割合で、他のECプラットフォームで使われるROAS※とは逆に数値が低い方が広告効果が高いことを示します。ACoSはAmazon独特の用語で、図5-16-1の計算式のように「広告費÷売上×100」で算出します。

※ ACoS
Advertising Cost of Sale

※ ROAS
Return On Advertising Spend

例：100万円の売上に対して20万円の広告費の場合、ACoSは20%となります。

以下は、ブランド広告でのみ使われる用語です。

- **新規顧客の注文**：過去１年以内のブランド商品の新規注文数
- **新規顧客の注文比率**：ブランド新規顧客による注文合計の割合
- **新規顧客の売上**：ブランド新規顧客による注文の売上
- **新規顧客の売上比率**：ブランド新規顧客による注文の売上の割合

Amazon独自の用語も多くあるので、他社の用語と混同しないように注意しながら分析や効果改善の指標として役立てていきましょう。

Column

Amazonはブランド認知の場として進化中

日本でも月間6000万人が訪れるというデータもあるAmazonは、単なる商品を売る場所から、ブランドを知ってもらうための「認知の場」として進化しています。
例えばこれまでベンダー（卸モデル）でしか使えなかったスポンサーディスプレイ広告が、直接販売するセラーでも使えるようになりました。出せる広告の種類が多かったり、ページでも画像付きの説明文があったりと、ベンダーの方が優位性がありましたが、セラーでも使えるようになって垣根がなくなっています。
また、Amazonで優良なレビューを増やすことが「ブランド価値向上」につながると考えている企業も増えています。今後もAmazonで追加される広告や機能はアメリカで有効性が実証されていることが多いので、日本でリリースされたタイミングでいち早く取り込んでいくことが大切です。

Chapter 5-17

[その他の成長モール活用]

実店舗・PayPay決済連携で成長の波に乗る「PayPayモール」

Keyword　PayPay決済連携、ZOZOTOWN連携

プレミアムモールとして有力ブランドの活用が広がる

PayPayモールは、Yahoo!ショッピングと差別化されたECプラットフォームです（図5-17-1）。Yahoo!ショッピングは手数料が安く、気軽に出店しやすいモールですが、PayPayモールは、出店基準を満たした厳選されたストアが並び、プレミアムなECモールとして位置づけられています。さらに、利用が広がるPayPay決済アプリが強く、ネット・リアルともに決済手段として広く利用されています。

PayPayモール・Yahoo!ショッピング・決済のPayPayという3つを軸に、ユーザーがアプリを通して積極的に活用しており、それぞれのアプリがシームレスに行き来できるようになっています。

なかでもPayPay決済はキャッシュレスバーコード決済で先行しており、多くの実店舗で利用可能で、取扱金額も伸びており、PayPay決済連携による成長が期待できます。また、ファッション通販のリーディングカンパニーZOZOTOWNがPayPayモールと連携したことで、ZOZOTOWNの新しい客層も増えていることで、高成長が期待できるモールとして位置付けられています。

PayPayモールはプレミアムモールとして、安心・安全も重視しているため、出店条件も次のいずれかを満たす必要があるなど比較的厳しい条件が並んでいます。

図5-17-1　PayPayモール（PC）

PayPayモールの出店条件

1. Yahoo!ショッピングベストストアアワード受賞歴があり、かつ、過去約90日間において80%以上の期間、「優良店」であること
2. Yahoo!ショッピング経由での年間流通1.2億円（税込）以上、かつ、過去約90日間において80%以上の期間、「優良店」であること
3. 上場企業または上場グループに属する企業であること
4. （グループを含む）企業年商 100億円以上（「家電」カテゴリ 500億円以上、「食品」カテゴリ30億円以上）であること

出店条件：https://business-ec.yahoo.co.jp/shopping/paypaymall/

また、PayPayモールは商流の3％が手数料となり、Yahoo!ショッピングより参入ハードルは高めに設定されているため、戦略的に出店する必要があります。

先行者利益が残るPayPayモール

PayPayモールは著者の推計で130％以上の成長を続け、また、2020年3月に、宅配便シェアNo.1のヤマト急便を展開するヤマトホールディングスとの連携が発表されています。そこで最終的に目指すサービスは、実店舗の在庫とネットショップであるPayPayモール上の在庫が連携して表示されるようになり、予約取り置きから決済までPayPayモールでできるようにすることとしており、実店舗とECをつなげて成長を狙う「OMO※」モデルで他社と差別化を狙っています。

※ OMO
Online Merges with Offlineの略。
オンラインとオフラインを融合する取組み。

実店舗の在庫予約取り置きなどは別の主要モールではまだ着手できていない取り組みとなります。外出を控える動きが進む中、在庫確認から決済まで完了して、店頭では商品を受け取るだけとなるため、最近の時流と親和性も高いと言えるでしょう。

売り場も、Yahoo!ショッピングのような賑やかな感じとは違い、UI・UXや購買体験を優先するため、店舗側がカスタマイズできるポイントも少なく設定されています。気になる商品ページを開いたときに関係ないクーポンやセール会場のバナーが多く表示されると、初めて使う人にとってストレスになることもあるため、購買体験優先の設計になっています。

伸びしろが大きく、先行者利益も残っているPayPayモールをタイミングよく活用することで新しい顧客接点を増やしていきたいところです。

プレミアムモールとして有力ブランドの活用が広がる

PayPayモールは最大100％還元などを打ち出す「超PayPay祭」などの大型セールの実施もありますが、Yahoo!とLINEの統合が実現すると「スーパーアプリ」として存在感を増すことが予想されます。中国では「タオバオを持つアリババ」「WeChatを持つテンセント」のように、ショッピング＋コミュニケーション＋決済などをカバーすることになり、一大勢力になる可能性があります。ヤフー×ソフトバンク×LINEの大型セールも実施されることは確実で、大きな変化が起きそうなタイミングです。PayPayモールを先行者として活用する動きが活発になっています。

Chapter 5-18

[その他の成長モール活用]

初期費用無料・固定費無料のYahoo!ショッピングも活用する

Keyword　ストアマッチ広告、アイテムマッチ広告、PRオプション

Yahoo!ショッピングの概要

Yahoo!ショッピングは、他のモールと比べて出店時に無料となる部分が多く、初期費用無料・固定費無料・売上ロイヤルティ無料と、ネットショップはハードルが高いと思っている方でも様々な費用をあまり気にせずネットショップを開くことができるのが最大の魅力です。日本最大級の集客を誇るヤフーからの誘導やPayPay決済・ZOZOTOWN連携など、今後も成長が期待できるモールとなっています。

Yahoo!ショッピングは、自社のプロモーション目的での利用も可能で、外部リンクや自社サイトへの送客、無料メルマガの配信、SNSへの誘導もできるようになっているため、お客さまのメールアドレスを保有してリピート促進を行ったり、分析ツールや統計を活用して戦略的に運営することも可能です。

機能としては運営ツールである「ストアクリエイターPro」や「Yahooストアマッチ広告」などで販促を実施することが可能です。出店者は個人でも可能で、個人事業主としても申し込み可能なプラットフォームです。

その他概要としてストアポイント原資負担1%・キャンペーン原資負担1.5%必須・アフィリエイトパートナー報酬は1～50%で1%必須・アフィリエイト手数料はアフィリエイトパートナー報酬原資の30%となっています。

初期費用	無料
月額システム利用料	無料
売上ロイヤルティ	無料
ストアポイント原資負担	1%～15%（現在1%は必須になります）
キャンペーン原資負担	1.5%は必須になります
アフィリエイトパートナー報酬原資	1%～50%（1%は必須）
アフィリエイト手数料	アフィリエイトパートナー報酬原資の30%

図5-18-1

Yahoo!ショッピング内の広告を最大活用する

Yahoo!ショッピングのメインとなる広告は「ストアマッチ広告」となっています。Yahoo!ショッピングの購入者の内、7割以上が商品検索かカテゴリー経由から流入しているといわれており、多くの顧客が通過する商品検索やカテゴリーリストの上位に商品を露出できれば、購入に繋がりやすく自社店舗に誘導できるユーザーも増加します。競合の商品が多いほど難易度は高くなりますが、ストアマッチ広告の「アイテムマッチ」を使うことで専用枠に商品を掲載することも可能となります。

ストアマッチとは専用枠に対する入札制クリック課金型広告の総称で、主な広告が「アイテムマッチ広告」となります。アイテムマッチ広告は、カテゴリーに対して入札を行い、主にカテゴリーリストに表示される広告で、最低入札単価は10円〜となっています。

アイテムマッチ広告の主な掲載場所は以下の3箇所になります（図5-18-2）。

1. カテゴリーリストページ
2. 商品検索結果ページ
3. 季節販促企画ページ内

入札最低単価はカテゴリーによって変動しますが、10円もしくは15円から設定可能です。アイテムマッチは商品情報を使用するため、特別に広告作成の必要はありません。

アイテムマッチのメリットは以下の3点で、

1. 様々な専用枠に掲載できる
2. 広告設定までの登録が3ステップで済む
3. 1クリック10円から設定可能

となっており、少額から広告を開始できるのがメリットです。

運営スタート段階、新商品発売段階では、ページを整えながらこの広告を有効活用して売上のきっかけを作って実績を作っていくことが基本となります。

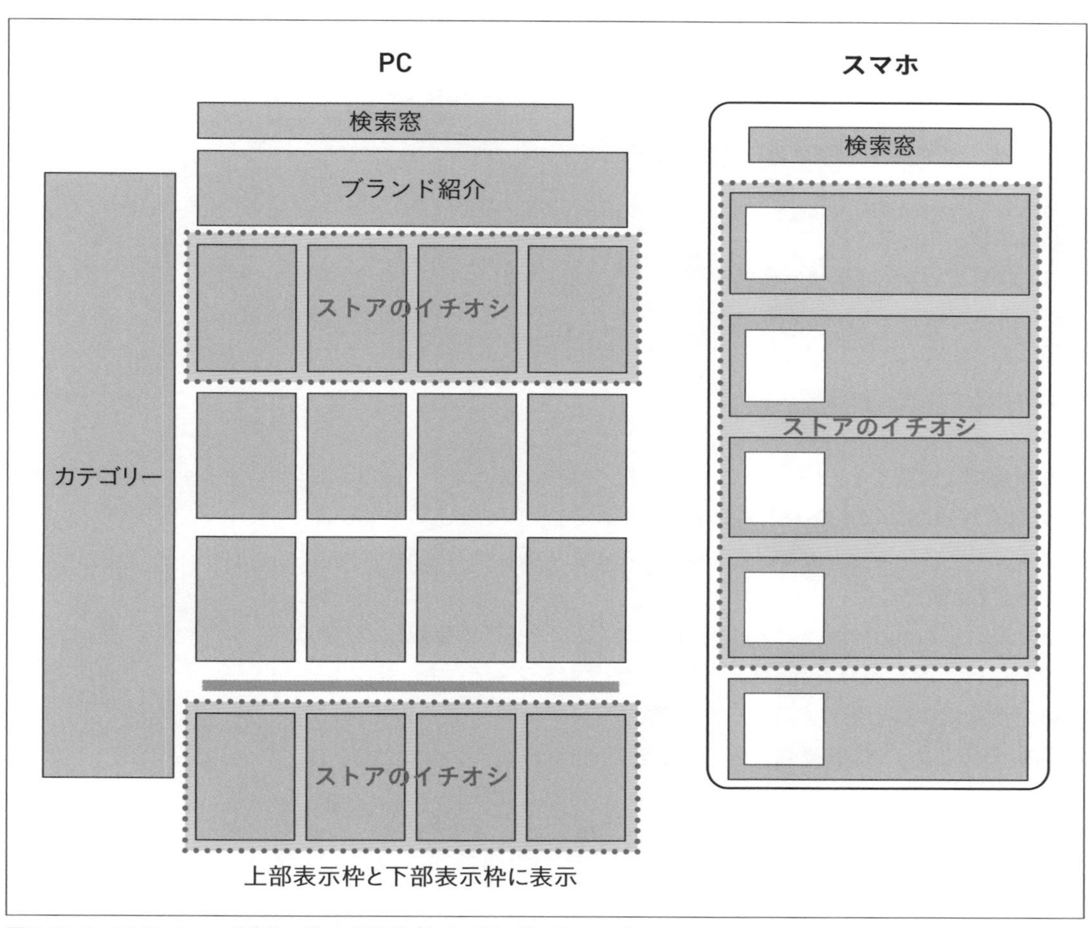

図5-18-2　**アイテムマッチ広告の主な掲載枠（カテゴリーリストページ）**

ストアマッチ広告、広告調整のポイント

ストアマッチ広告を調整する際のポイントは以下の3つです。

1.低単価でも入札する
2.プロダクトカテゴリーを設定する
3.できるだけ多くの商品を入札

順番に説明しましょう。

1.低単価でも入札する

カテゴリーによって1位の入札クリック単価が100円など上位への入札単価が高騰している場合がありますが、たとえ低単価しか設定できない場合であっても露出のチャンスがあります。

その理由がYahoo!ショッピングの独自システムである「均等配信」です。均等配信は、設定予算を期間内に均等に配信するシステムで、各ストアの設定予算に応じて制御することが可能です。そのため、上位入札ストアの予算状況によっては低単価でも広告が表示されるタイミングが残されているのです。

予算設定に関しては日次・週次・月次で上限予算設定が可能で、日割り換算で低い設定が優先されます。

2.プロダクトカテゴリーを設定する

アイテムマッチはプロダクトカテゴリーに対して入札する広告となっているため、しっかり商品ページ編集からプロダクトカテゴリーを設定しておきましょう。プロダクトカテゴリーを設定していないと商品が出ないため、そもそもアイテムマッチが設定できないなど機会損失に繋がります。

3.できるだけ多くの商品を入札

アイテムマッチで露出強化を行うことはストアへの流入にも繋がるため、できるだけ多く掲載することで流入傾向が増えるようになります。

その他「ストアクリエイターProを利用中で、取扱高上位のストア」が利用できる「PRオプション」という広告もあります。

PRオプションの掲載位置は、主にYahoo!ショッピングのPCサイトやア

項目	アイテムマッチ	ストアのイチオシ！
入札方式	商品に設定しているプロダクトカテゴリーに対して入札	キーワードに対して入札
主な掲載場所	・カテゴリーリストページ ・商品検索結果ページ※ ・季節販促企画ページ内	・商品検索結果ページ ・季節販促企画ページ内
最低入札単価	10円もしくは15円 (カテゴリーによって変動)	10円
広告作成	商品情報を広告として使用するため、広告作成の必要なし	広告作成、入稿、審査が必要
補足	※商品検索結果への掲載ロジックは非公開	ヤフオク!にも掲載

図5-18-3　**アイテムマッチ広告とストアのイチオシ!広告の違い**

プリの商品検索結果とカテゴリーリストページで、PRオプションを設定することでそれぞれのページで検索順位を決めるスコアの一部に有利に働きかけることが可能になります。掲載順位はスコアリングの結果によって常に上下することになります。

以上は、Yahoo！ショッピングのスタートダッシュに役立つ広告の説明となります。Yahoo！ショッピングの運営は、簡単に出店ができ、店舗数が多いことも含めて、まだ手が回っていない店舗も多い状況です。広告を有効に活用できればカテゴリーの上位ランクに上がれる可能性も高いので、広告の理解と活用を目指してください。

Appendix

商材別売上アップのコツ

EC業務の現場では、売上を上げていくためのポイントは商材ごとに異なります。また、新しいカテゴリーに参入する上での市場の大きさや参入の難易度もそれぞれ異なります。そこで、Appendixとして商材別に、EC繁盛店の多くが行っている売上アップのコツを掲載します。

【食品】

肉・加工品

市場の大きさ ★★★☆☆
参入の難易度 ★★★☆☆

ワンコインで新規客。毎月29の日でリピート買いを促進

精肉や肉加工品を売るためには、500円などのワンコイン商品を作って新規顧客を取込みやすくすることから始まります。例えば500円のバラ肉セット等、お試し商品があると初めて購入する方も手が出しやすく、新規顧客を獲得しやすくなります。

一方、利益を取っていくためにはリピート対策も重要です。『毎月29日は肉の日』などと決めて、毎月買ってもらうようなイベントを仕掛けるのも良いでしょう。精肉や肉加工品は定期的に買う人も多いので、豚肉といえば○○というようなお客さまのマインドシェアを高める施策が有効です。

まとめ買いをする人も多いため、冷凍庫などに保存しやすいように、100gで小分けするなどのサービスを取り入れるとよいでしょう。商品ページは、肉や加工品を調理したシズル感を重要視して、美味しそうな写真を使うようにしましょう。

【食品】

魚・加工品

市場の大きさ ★★★☆☆
参入の難易度 ★★★★☆

盆と正月は大量直送セット。日常は少量セット

魚介類や水産加工品は、お盆やお正月といった人が集まる際に、たくさん売れるタイミングがあるため、イベントに合わせてまとめ買いができるような商品があると新規顧客を取り込むためにも利益を得るためにも良いでしょう。

イベント時以外の平常時は、「本日獲れたてのものを直接配送!」や「昨日港に揚がった鮮度抜群の魚介セット!」など、鮮度感のあるものをおまかせ品にした商品が非常に受けています。また、年配の方は、一度に大量に食べることができないので、少ない容量のセットを作ることも必要です。

商品ページには、漁港の写真や、漁師が実際に漁で魚を取っている写真、加工場でさばいたり箱詰めしている写真を添えて、真心込めてお届けします!など、現地からお届けすることが見える演出を行うようにしましょう。

【食品】

和菓子

市場の大きさ ★★☆☆☆
参入の難易度 ★★☆☆☆

モダンなパッケージで「贈りたくなる」商品作りを

和菓子は、基本的にはギフト需要が大きいため、人にプレゼントしたいと思わせるような、デザインや形状が新鮮でモダンなパッケージ商品を作り、また包装にもこだわったギフト用商材を作ることがとても重要です。特に年間のイベントでも、母の日や敬老の日といったイベント時に和菓子のギフトセットがよく売れるため、そのタイミングで少し年配の方にも受け入れられる包装にこだわったギフトセットを用意して、広告などで露出を増やし、一気に新規を獲得できるようにしっかり準備しておきましょう。

また、煎餅などの米菓は定期的に購入してもらえる可能性があるため、定期購入への誘導を行うことも良いでしょう。

商品ページの対応としては、その商品やお店のメディア掲載情報や受賞歴の掲載、実店舗での行列情報などを掲載しておくと、購入率が高まるでしょう。

【食品】

スイーツ

市場の大きさ ★★★★☆
参入の難易度 ★★★☆☆

SNS＋メルマガ＋紙カタログで「おいしそう！」を伝える

スイーツはカジュアルなイベント、例えばクリスマス・バレンタイン・ハロウィンなどのタイミングでよく売れるため、それらに合わせた商品を用意して、3～4カ月前には準備するようにしましょう。

ページ訴求はシズル感のあるもの、例えばプリンであればとろけるようなイメージ写真や、ケーキであればスプーンやフォークで切った断面が見えるような訴求が必要です。

また、スイーツを買う人は、メルマガを読んだり、そのお店のSNSも見てくれるため、誕生日やイベントなど、顧客とタイミングに合わせた情報発信も重要です。

クリスマスやバレンタインといった大きなギフト需要のある時は、紙のカタログも特に効果的なので、ネット通販と連動させると良いでしょう。

【ドリンク】

お茶

市場の大きさ ★★☆☆☆
参入の難易度 ★★★★☆

「ダイエット」「健康」で春から夏に新規を増やす仕掛け

お茶という商材は、他の商材に比べて新規客を比較的獲得しにくく、他社との差別化も難しい商材なので、例えば『ダイエットに効く』などの新しい訴求や、抹茶スイーツなどのお茶に関連した入りやすい商材から新規をとる方法も考えられるでしょう。

また、お茶で新規を獲得できるタイミングは、新茶がとれる春～夏が狙い目なので、その時期に向けてしっかり準備を行いましょう。商品ページとしては、お茶のことを知ってもらうようなコンテンツが必要になります。お茶のおいしい淹れ方や、産地と銘柄も説明したコンテンツも良いでしょう。

また、お茶農園や加工場の最新の状況を動画やソーシャルで発信するのも効果が期待できるため、積極的に様々な角度から情報発信を行うようにしましょう。

【ドリンク】

お酒

市場の大きさ ★★★★☆
参入の難易度 ★★★★☆

「料理との相性提案」と「コンクール受賞セット」で迷わせない

型番商品のお酒は価格競争力があると、入口商品としてとても強く作用するため、新規顧客獲得に非常に有効です。

また、お酒はただ売るのではなく、そのお酒がどの料理と組み合わせると良いかといった提案を行うと、安さだけではない訴求で売ることができます。

ワインに関してはそのショップにファンがつくことが多いので、初めてのお客さまでもわかりやすい説明をした上で、さらに店主のオススメ商品も作ると買ってもらえるケースが多くなります。

品評会やコンクールで受賞したワインセット等も良く売れるので、該当する商品をセットにして品評会やコンクールの権威付けをしっかりと商品ページでアピールして売るのも良いでしょう。

【ファッション・雑貨】

レディースアパレル

市場の大きさ ★★★★★
参入の難易度 ★★★★☆

実店舗より2カ月早く売る＋モデルさんのサイズ感訴求を

ファッションカテゴリーのアイテムは、スマートフォンでの売上が70%を超えるケースも多いため、商品写真の数の多さは最重要になります。

また、サイズ表示も非常に重要で、複数のモデルさんを使って、それぞれの身長・サイズなども表示しつつ、モデルさんの使用感などの感想も書くとよく売れます。また、商品ページにはその商品に関連する商品を表示するレコメンド機能も高機能なものを使って、オススメ品が最適に表示されるようにすることがショップページからの離脱防止や客単価アップに繋がります。

シーズン品に関してはネット通販の場合、先取りして普通の店頭よりも早く売り始めることが重要です。決済方法や、配送方法の多様さも売上を上げる一つの手段になるため、できるだけ多く対応するようにしましょう。

【ファッション・雑貨】

メンズアパレル

市場の大きさ ★★★☆☆
参入の難易度 ★★★☆☆

「女子目線」「コンプレックス解決」の提案にすべてチェンジ

メンズファッションの場合は、自分で商品を選べない人も多くいるので、全身のコーディネートを丸ごと提案して売るような訴求が有効です。その際、訴求するポイントは女子目線から見てどう見えるかというようなコメントを入れると良いでしょう。

例えば、モテファッションやデートで爽やか好印象などのコピーで訴求するのも良いでしょう。また、お悩みやコンプレックスを解決するような打ち出しも良く、背が高く見えるシークレットシューズやシークレットブーツ、脚が長くスタイルが良く見える等の商品も良く売れます。

まとめ買いやリピート購入に繋がりやすいYシャツをセット販売したり、福袋を用意することも有効なため、会員へのメルマガで情報発信を行い、2回目3回目の購入に繋げると良いでしょう。

【ファッション・雑貨】

シューズ

市場の大きさ ★★★☆☆
参入の難易度 ★★★★☆

「気軽に履ける安い靴」と「自分の足に合うブランド靴」の2パターンで購入

シューズカテゴリーのショップには、毎日履けるような最安値の商品を揃えるタイプのショップと、足の悩みを理解してそれなりの価格で売るタイプの、2つのショップがあります。

特に女性で足に悩みを持つ人は一度気に入ったブランドの、足に合った商品をリピート購入するケースが多いので、ブランドの定番品などはきちんと揃えておくことが重要です。定番品に関してはスモールサイズからラージサイズまでのバリエーションもしっかり揃えておきましょう。

商品ページに関しては、様々なサイズ・カラー・ヒールの高さなど、色々な条件で検索できるような設定が必要です。靴業界は返品交換の対応が進んでいる業界のため、可能であれば返品交換をしっかりと受け止めるようなサービスも行うと初回購入のハードルを下げることができて良いでしょう。

【ファッション・雑貨】

バッグ

市場の大きさ ★★★☆☆
参入の難易度 ★★★☆☆

着用イメージ写真＋機能性とディテール訴求はマスト

バッグは、自分の持つ洋服とのコーディネートイメージが思い浮かぶかどうかが非常に重要です。そのため、ページづくりでは、できる限り多くの着用イメージを掲載することが必要です。

併せて、どれくらいの容量を収納することができるのか、実際に財布や鍵、化粧ポーチなどの収納状況を写真で掲載すると良いでしょう。

縫製や、内ポケットなどの細部の情報もできる限り写真を通して伝えましょう。

また、お客さまの声を集め、ページに掲載することでより転換率の向上が期待できます。ギフトに利用されることも想定されるため、ラッピングの情報や納期の情報も掲載し、安心して購入できるお店だということをアピールしましょう。

【ファッション・雑貨】

下着

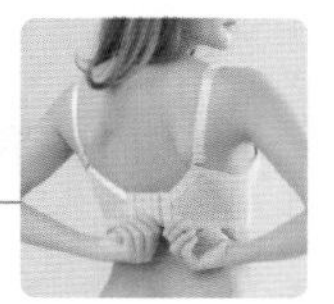

市場の大きさ ★★★☆☆
参入の難易度 ★★★★☆

使用感レビュー集めと個々にあったメルマガ・DMでリピート作り

EC業界では、補正下着がトレンドになっています。新鮮さがある新しいキャッチコピーで、下着の持つ機能性やお客さまが持つ悩み解消を訴求し、商品の特徴を打ち出しています。

高機能性商品は、その内容を細かく打ち出したページ訴求も必要です。

また、サイズ感を分かりやすくしてページに訴求することも重要です。ページ作りでは他にも、お客さまのレビュー・使用者の声を積極的に集めてページに表示することも有効です。

下着は同じ傾向の商品を買うことが多いので、商品購入のタイミングや、商品の購入傾向など顧客情報をセグメントして、個人個人に合ったようなメルマガやDMを送るなどパーソナライゼーションの発想も必要になります。

【ファッション・雑貨】

アクセサリー

市場の大きさ ★★☆☆☆
参入の難易度 ★★★☆☆

「店舗での作り方講習会」「動画の講習会」でファンを増やす

アクセサリーカテゴリーでは、石やチャーム・金具などのパーツとアクセサリー用の工具や接着剤を買って自分で作るという流れが伸びています。この流れに乗るためには、できれば実店舗のショップなども有効に活用して、アクセサリーの自作講座なども行うとファンが付きやすくなります。

また、オンラインで購入したパーツを使って自分でアクセサリーを作れるように、アクセサリーの作り方を説明したり、オススメの組み合わせを紹介する動画をたくさん作って公開することも効果的です。

他にも、アクセサリーは体に身につけるものだけではなく、バッグにつけるチャームやスマートフォンケースにつけるアクセサリーなども伸びているので、そのような品揃えを用意しておくことも需要があるでしょう。

【家具・インテリア】

布団

市場の大きさ ★★★★☆
参入の難易度 ★★★★☆

機能性だけでなくデザイン優先の提案

布団は買う頻度が低い商材の一つです。そのため、商品を選ぶ基準を明確に持っていない消費者が多いのですが、販売する側はついつい機能性や羽毛の軽さといったスペックばかりの訴求になりがちです。

他社と差別化するには、機能性に加え、柄のおしゃれなものや無地でシンプルな商材を品揃えするとよいでしょう。

また、家族のものをまとめて買うケースもあるので、まとめ買いセット割を用意しておくことも有効です。

布団に関しては、冬は羽毛を売り、同じ人に夏にタオルケットを売るなど、年に2回買ってもらえるようなリピートの仕掛けが必要です。枕は買い換える人や複数持つ人も増えているため、集客商品として活用することも良いでしょう。

【家具・インテリア】

収納家具

市場の大きさ ★★★★★
参入の難易度 ★★★★☆

「北欧・アジアン・和モダン」のテイストでお部屋まるごと提案

収納家具は、部屋の模様替えや引越し時などを想定して、テイスト別提案を行うのが効果的です。

例えば西海岸風やアジアンテイスト・和モダン・北欧などの提案を行うことで同じテイストの関連商品を買ってくれることも多くなります。

木工製品などは素材や使用している接着剤などが安全であることや、収納家具としての丈夫さをしっかり訴求することも重要です。また、実際に買ってくれた人の部屋で使っているイメージ写真をお客さまから集めてページで訴求すると、使用イメージが湧きやすく、売上アップに繋がります。

サイズなど、細かく対応するオーダーメイドの需要も伸びているので、そのような市場を狙うのも一つの手でしょう。

【家具・インテリア】

カーペット・カーテン

市場の大きさ ★★★★☆
参入の難易度 ★★★★☆

「西日・プライバシー・ダニ」のお悩み解決商品で需要喚起

カーテン・カーペットなどは用途別の提案が必要な商材です。

例えばカーテンであれば、西日対策などの遮光性や、外光を取り入れながらも外から見えにくいなどのプライバシー対策の他、エアコン効率を高める保温・遮熱と言ったマンションによくあるお悩みを解決する機能性商材が伸びています。

カーペットに関しても丸ごと洗える商品や、防ダニなどの対策に対応できる商材は必須なので、しっかり取り揃えるようにしましょう。

また、カーペット・カーテンといずれも高額品の場合は、買う前に素材のサンプルを提供することも必要になる他、住宅環境も多様化しているため、窓のサイズに合わせたり、部屋の形に合わせたオーダーメイド的な対応も必要になるでしょう。

【家具・インテリア】

オフィス家具

市場の大きさ ★★★★★
参入の難易度 ★★★★★

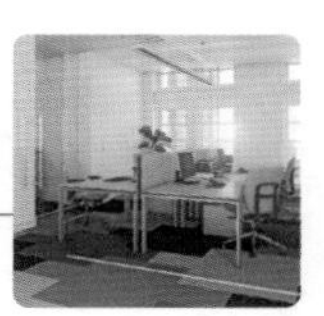

ウェブ見積り、動画接客の無店舗販売で大量注文を狙う

個人ではなく企業が相手となるため、見積もり対応や大量注文など電話でもしっかり対応できるよう体制を強化しましょう。

またウェブ上で簡易見積りもできるような仕組みを整えると良いでしょう。また、企業は決算期などにまとめて買うことも多いので、年度末等の時期には、防災用品などのまとめ買いを訴求したり、決済も決算に間に合うよう柔軟に対応する必要があります。

ページ作りに関しては、組み立て方や使い方などを15秒程度の動画で大量に作成して訴求することでお客さま満足度向上や購入率アップにも繋がります。

各種サービスも、送料無料やお支払方法、交換・組み立て対応などはページの目立つところに、まとめて説明することも忘れないようにしましょう。

【美容・健康】

コスメ（化粧品）

市場の大きさ ★★★★☆
参入の難易度 ★★★★★

ターゲットは具体的に＋今どきボトルで差別化

コスメ商品はネットだけでなく、コンビニやドラッグストアなどで色々な商品が売られているので、よりターゲットを絞り込んだピンポイントな訴求が必須です。例えば、昔は『30代以上の女性』というセグメントだったのが、より具体的に『38歳で○○でお悩みの方に』といった表現が必要です。同時にボトル等のパッケージはおしゃれな物が良く、シンプルだったりナチュラル感のある、インテリアショップなどで売られているようなおしゃれ感のあるものが受けています。商品の売り方としては、サンプルではなく本品を初回から定期購入していただく手法が多く取られています。決済方法は、若い女性がスマートフォンで買いやすいように、携帯のキャリア決済やコンビニ後払い、モールのID決済なども必須です。また、一人暮らしの女性がターゲットの商材を取り扱うのであれば、コンビニ宅配は欠かせません。

【美容・健康】

健康食品

市場の大きさ ★★★☆☆
参入の難易度 ★★★★☆

「いきなり定期」「漫画活用」「海外開拓」で成長を狙う

健康食品はお試しから本購入に引き上げるのではなく、いきなり定期的に購入してもらうような誘導を行うことが必要になります。

ソーシャル広告・アフィリエイト広告・リスティング広告などの様々な広告を出稿した際には、それぞれターゲットが異なるため、広告によってページの内容・デザインを変える工夫も必要です。また、漫画などを取り入れ、お客さまが読みやすくなるような工夫がされた表現も増えてきています。

最近は台湾市場でも、日本で売れていることを訴求したり、ソーシャル広告を使って健康食品で売上を伸ばす企業も増えているため、売上の底上げを行うために台湾やASEANなどの海外へ進出することを検討するのも良いでしょう。

【スポーツ・アウトドア】

スポーツ・アウトドア

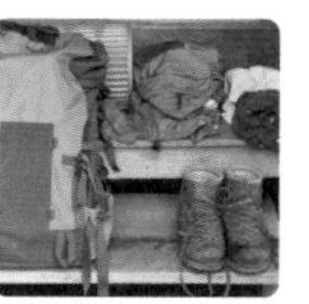

市場の大きさ ★★★☆☆
参入の難易度 ★★★☆☆

専門性を高め、関連グッズ、アクセサリーの品揃え一番でファンを作る

スポーツカテゴリーでは、総合品揃え型よりも競技の専門性を取り入れた専門店化が進んでいます。

ブランド品のアウトレットなどを集客商品にしながら、グッズや関連アクセサリー商品などの単価は低いが利益性の高い商品を買ってもらうようにすることが利益を上げていくポイントです。アウトドア関連商品は購入者が実際に使用している写真や動画をソーシャルに投稿してくれるコミュニティーなども用意しておくと使用感が伝わり、他のお客さまの商品選びの参考になり、ファン作りにも役立ちます。

メルマガも比較的購読率が高いので、毎週1回以上は情報発信を行い、そのメルマガのタイミングで新商品や専門商材の内容など必要な情報を訴求するようにしましょう。

【ベビー・キッズ】

ベビー・キッズ

市場の大きさ ★★★★☆
参入の難易度 ★★★☆☆

ストレッチ素材でサイズ対応を広げる。会員化で新着・セール情報を頻繁に

ベビー・キッズ用品は、様々なモデルが着用しているイメージ写真を用意します。商品の見せ方としても今売れている人気ランキングの表示や、トップスやボトムスといったアイテム別に加えて、アメカジ・ナチュラル・ストリートといったテイスト別のコーディネート提案も必要です。

近年人気が高まっているストレッチ商材などサイズの幅が広いものも揃えておくと良いでしょう。

レコメンドには、関連のファッションに合わせて帽子・シューズ・バッグなどのアクセサリーも一緒にオススメできるようなページ作りが必要です。

また、気に入れば定期的に購入する確率も高いので、会員化して新着情報や再入荷情報、セール情報などを中心にメルマガやソーシャルで情報発信することも有効です。

【ペット】

ペット

市場の大きさ ★★★☆☆
参入の難易度 ★★★★☆

「フード」＋「いろいろ商品が一度に揃う」が必須。早く届ける体制も整備

ペット関連商品は一度の買い物でフードやおやつ、お手入れグッズなどが全て揃うショップが選ばれる傾向にあるため、アイテム数を増やして顧客のニーズを満たすことは非常に重要です。

中でもペットフードは急に必要になることもあるため、注文が入ってからすぐに届ける出荷体制やリピート購入に繋げる施策も重要になります。

また、ペット関連商品のニーズは多様性が進んでおり、とりあえず簡単なもので済ませる人もいれば、家族の一員として多少単価の高い商品でも、安心・安全なものを欲する人もいるため、用意する商品の幅も広がっています。

最近ではさらに顧客とのコミュニケーションを深め、ペットの病気や悩み別の提案を行うショップも増えています。

【花・観葉植物】

花・観葉植物

市場の大きさ ★★★☆☆
参入の難易度 ★★★★☆

「スイーツコラボ」「オフィスの働く環境改善」で新規需要を開拓

花は、母の日ギフトなどで有名なお菓子や人気のあるスイーツなどとコラボしてセットで販売する方法が新しい提案として伸びています。

また、母の日などのギフトに加え、パーソナルな記念日の需要を獲得する店舗もあります。また、ギリギリの注文でも記念日に間に合うような出荷体制を整えるなどの仕掛けを行う例もあります。

観葉植物は、オフィスで働く環境を良くしようということで、積極的に活用する企業が増えています。

生きた緑を定期的に入れ替えたり、オフィス内で育ててメンテナンスするという需要も伸びていますので、ネットで企業のニーズを取り込む仕掛けを行うのも良いでしょう。

【DIY】

DIY

市場の大きさ ★★★★☆
参入の難易度 ★★★★★

ショールーム・工房でDIYレッスン会、組み立て方動画でファンを増やす

まず、工具や職人向けの商材など、1つのショップで全てが揃うほどの品揃えが必要です。

ショールームを作り、リフォームなどを考えている人がネットだけでなく、商品の現物を確認できる場と連携する動きも増えています。

また、購入した材料を使って、自分で作れるようなDIYレッスン会を行ったり、それらの情報をSNSやブログでコンテンツとして発信する取り組みも必要です。

すぐに必要なものも多いので、エリア限定の当日配送や翌日配送ができる仕組みも必要になるでしょう。

商品ページには商品を陳列するだけでなく、実際に使用しているイメージ写真や短い動画もスマートフォンのページにたくさん載せることで購入率が高まります。

Index

数字

A

C

D

E

F

I

J

K

L

O

P

R

S

T

U

W

Y

ア行

カ行

サ行

タ行

ナ行

ハ行

マ行

ヤ行

ラ、ワ行

著者プロフィール

株式会社いつも

D2C・ECマーケティング支援のリーディング企業として、全国のブランドメーカーを中心に延べ9800件以上の支援実績を持つ。自社公式EC、Amazon、楽天市場、PayPayモール、海外モールなどのECプラットフォームにて事業拡大を実現するためのコンサルティングから、プロモーション、デザイン、サイト運用、代理販売、フルフィルメント、物流代行、人材育成、海外販売まで支援を行う。化粧品、日用品、食品、家電、ベビー、インテリア、ペット、アパレルなどの商材別のノウハウも提供している。
著書に『先輩がやさしく教えるEC担当者の知識と実務』(翔泳社)、『EC戦略ナビ』(マイナビ出版)などがある。
2020年12月、東京証券取引所マザース市場に上場。

STAFF
ブックデザイン：三宮 暁子（Highcolor）
DTP・図版作成：AP_Planning
編集：角竹 輝紀

EC担当者 プロになるための教科書

2021年3月15日　初版第1刷発行

著者　株式会社いつも
発行者　滝口 直樹
発行所　株式会社マイナビ出版
〒101-0003
東京都千代田区一ツ橋2-6-3 一ツ橋ビル 2F
tel 0480-38-6872（注文専用ダイヤル）
03-3556-2731（販売）
03-3556-2736（編集）
E-Mail：pc-books@mynavi.jp
URL：https://book.mynavi.jp
印刷・製本　株式会社ルナテック

ISBN 978-4-8399-7198-4